Teubner Studienbücher

Physik

Bourne/Kendall: **Vektoranalysis**
227 Seiten. DM 16,80

Daniel: **Beschleuniger**
215 Seiten. DM 24,–

Großmann: **Mathematischer Einführungskurs für die Physik**
2. Aufl. 264 Seiten. DM 24,80

Heber/Weber: **Grundlagen der Quantenphysik**
Band 1: Quantenmechanik. VI, 158 Seiten. DM 15,80
Band 2: Quantenfeldtheorie. VI, 178 Seiten. DM 16,80

Kneubühl: **Repetitorium der Physik**
XVI, 632 Seiten. DM 26,80

Mayer-Kuckuk: **Physik der Atomkerne**
Eine Einführung. 2. Aufl. 288 Seiten. DM 21,80

Walcher: **Praktikum der Physik**
3. Aufl. 384 Seiten. DM 24,80

Wiesemann: **Einführung in die Gaselektronik**
Grundlagen der Elektrizitätsleitung in Gasen.
282 Seiten. DM 24,80

Elektrotechnik

Elsner: **Nachrichtentheorie**
Band 1: Grundlagen. 167 Seiten. DM 14,80
Band 2: Der Übertragungskanal

Heumann: **Grundlagen der Leistungselektronik**
240 Seiten. DM 24,80

Lautz: **Elektromagnetische Felder**
2. Aufl. 184 Seiten DM 24,80

Leonhard: **Regelung in der elektrischen Antriebstechnik**
216 Seiten. DM 22,–

Leonhard: **Statistische Analyse linearer Regelsysteme**
266 Seiten. DM 18,80

Fortsetzung auf der 3. Umschlagseite

Einführung in die Gaselektronik

Grundlagen der Elektrizitätsleitung in Gasen

Von Dr. rer. nat. K. Wiesemann
Professor an der Ruhr-Universität Bochum

1976. Mit 108 Figuren

 B. G. Teubner Stuttgart

Prof. Dr. rer. nat. Klaus Wiesemann

Geboren 1937 in Berlin. Von 1957 bis 1962 Studium
der Physik an der Universität Marburg (Lahn).
1968 Promotion zum Dr. rer. nat. an der Universität
Marburg, 1968 bis 1970 Habilitationsstipendiat des
Landes Hessen. 1972 Habilitation für das Fach Physik.
1973 Ernennung zum Professor. Seit 1974 Wissenschaft-
licher Rat und Professor an der Ruhr-Universität Bochum.
Arbeitsgebiete: Gasentladungsphysik, Plasmaphysik,
atomare und molekulare Stoßprozesse.

CIP-Kurztitelaufnahme der Deutschen Bibliothek

Wiesemann, Klaus
Einführung in die Gaselektronik : Grundlagen d.
Elektrizitätsleitung in Gasen. - 1. Aufl. -
Stuttgart : Teubner, 1976.
   (Teubner-Studienbücher : Physik)
   ISBN 978-3-519-03014-0   ISBN 978-3-322-92739-2 (eBook)
   DOI 10.1007/978-3-322-92739-2

Umschlaggestaltung: W. Koch, Sindelfingen

Meinem akademischen Lehrer
Herrn Professor Dr.-Ing. W. Walcher in Marburg
in Freundschaft gewidmet.

Vorwort

Das vorliegende Buch ist aus einer Vorlesung entstanden, die ich zunächst an der Universität Marburg und später an der Universität Bochum gehalten habe. Es war mein Hauptanliegen, den Zusammenhang zwischen den mikroskopischen und den makroskopischen Kenngrößen in der Gaselektronik darzustellen. Da letzten Endes jede Kenngröße aus einer modellmäßigen Deutung einer Beobachtung stammt, habe ich an den Anfang die experimentelle Erfahrung und ihre Deutung im Rahmen der allereinfachsten Modelle gestellt. Auf diese Weise hoffe ich, einerseits gezeigt zu haben, warum bestimmte Kenngrößen und nicht irgendwelche andere benutzt werden - bei der Auswahl sind historische Entwicklungen maßgebend gewesen, die leider nur andeutungsweise skizziert werden konnten - andererseits auch dem leichteren Eindringen in die Materie einen Weg bereitet haben. Insbesondere sind die ersten vier Kapitel als ein Vorkursus anzusehen, in dem die Beschreibung eines bestimmten Phänomens - nämlich der unselbständigen Entladung - mit Hilfe makroskopischer Koeffizienten demonstriert wird. In den Kapiteln 5 bis 14 werden jeweils die Elementarprozesse und die sie beschreibenden mikroskopischen Größen und daran anschließend die zugehörigen makroskopischen Koeffizienten behandelt. Dies geschieht in größter Ausführlichkeit in den Kapiteln 5 bis 10, in denen elastische Stöße sowie Diffusion und Drift behandelt werden. Reaktive Stöße (Anlagerung, Rekombination und Ionisierung) sind nicht in der gleichen Ausführlichkeit behandelt, da die Behandlung einerseits wesentlich schwieriger wäre und an den Leser größere Ansprüche stellt, andererseits die Behandlung der elastischen Stöße in gewissem Sinne als Modell gelten kann. Die letzten beiden Kapitel beschreiben den Übergang von der unselbständigen zur selbständigen Entladung detaillierter als dies im Vorkurs möglich war.
Die Betonung der Darstellung liegt auf dem Experiment und seiner Deutung. Daß ein Experiment durch eine Schemazeichnung für die Meßapparatur nicht adäquat beschrieben wird, weiß jeder, der im Laboratorium gearbeitet hat. Ich habe versucht, dem, in dem vorgegebenen Rahmen, Rechnung zu tragen. Bei der Darstellung elementarer Zusammenhänge kam es mir nicht auf formale Eleganz oder eine geschlossene Darstellung an, sondern darauf, an verschiedenen Beispielen darzulegen, wie man aus der Beobachtung eines Phänomens einen funktio-

nalen Zusammenhang und damit eine elementare Formalisierung ablei-
tet.

Zur Realisierung des Buchplans haben verschiedene Kollegen beigetragen, denen ich an dieser Stelle besonders danken möchte. Beson-
deren Anteil haben zwei Hörer meiner Marburger Vorlesung, W. Z a p-
k a und N. S t r i b e c k, die mit viel Engagement ein Skriptum
zu der Vorlesung angefertigt haben, das als Basis für das Buchmanus-
kript gedient hat. Die ständige Zusammenarbeit während der Vorlesung hat nicht nur stimuliert und Freude gemacht, sondern auch
viel dazu beigetragen, unverständliche Stellen und Ungereimtheiten
auszumerzen. F. d e H o o g aus Eindhoven hat mir freundlicher-
weise Material über moderne Messungen von Ionisierungskoeffizienten
zugänglich gemacht und die Erlaubnis gegeben, Figuren aus seiner
Dissertation ohne Umzeichnung wiederzugeben. K. S u c h y aus Düs-
seldorf hat mir aus seinen Vorlesungen über statistische Mechanik
Material für Kapitel 7 zur Verfügung gestellt und das Manuskript
einer kritischen Prüfung unterzogen, bei der einige Fehler und
Stilbrüche ausgeräumt werden konnten. Schließlich danke ich den
Herren O. E r n s t und B. A d l e r für die Erstellung der Rein-
zeichnungen und Frau E. H i l l e n b a c h für ihre Geduld und
Mühe bei der Herstellung der Druckvorlage.

Bochum, Herbst 1975   K. Wiesemann

Inhaltsverzeichnis

Verzeichnis der Formelzeichen

A	Fläche
dA	Flächenelement
$d\vec{A}$	Normalenvektor auf ein Flächenelement
a	Extinktionskoeffizient, Absorptionsvermögen
a_m	Stoßabregungskoeffizient für Metastabile
$\vec{a}, a$	Beschleunigung
$\vec{B}, B$	Magnetische Induktion
b	Stoßparameter, Umladungskoeffizient
c	Vakuumlichtgeschwindigkeit $2.997925(3) \cdot 10^8 \mathrm{ms}^{-1}$
D	Diffusionskoeffizient
d	Elektrodenabstand
$\vec{E}, E$	Elektrische Feldstärke, Teilchenenergie nach dem Stoß
e	Elementarladung $1.60210(7) \cdot 10^{-19} \mathrm{C}$
$\vec{F}, F$	Kraft
$f(\vec{u})$	Geschwindigkeitsverteilungsfunktion
g	Geometriefunktion, L a n g e v i n funktion
h	P l a n c k' sches Wirkungsquantum $6.6256(5) \cdot 10^{-34} \mathrm{Js}$
I	Elektrischer Strom
J	Teilchenstrom
$\vec{J}, j$	Elektrische Stromdichte
j	Imaginäre Einheit
k	B o l t z m a n n konstante $1.38054(18) \cdot 10^{-23} \mathrm{JK}^{-1}$
$\vec{L}, L$	Drehimpuls
ℓ	Mittlere freie Weglänge
M	Multiplikator
m	Teilchenmasse
N	Teilchenanzahl
n	Teilchenzahldichte
P	Wahrscheinlichkeit, Leistung
$\vec{P}, P$	Impuls nach dem Stoß
$\vec{p}, p$	Impuls
p	Gasdruck, Dipolmoment
Q	Ladung
R	Rekombinationskoeffizient
r	Radius

S	Streuvolumen
$\vec{s}, s$	Bahnvektor, Weglänge
T	Temperatur
t	Zeit (als Variable)
U	Spannung
$\vec{u}, u$	Geschwindigkeit
d^3u	Volumenelement im Geschwindigkeitsraum
V	Volumen
x, y, z	Ortskoordinaten
α	Symbol für Teilchenstrahlung, die aus Heliumkernen besteht, 1.T o w n s e n d` scher Ionisierungskoeffizient
α_i	Differentielle Ionisierung
β	Symbol für Elektronen - oder Positronenstrahlung T o w n s e n d` scher Ionisierungskoeffizient der Ionen
Γ	Teilchenstromdichte
γ	Symbol für energiereiche elektromagnetische Strahlung 2. T o w n s e n d` scher Ionisierungskoeffizient, molekulare Polarisierbarkeit
γ_0	Auslösekoeffizient
δ	D i r a c` sche Deltafunktion, Winkel
ε	Teilchenenergie
ε_i	Ionisierungsenergie
ε_0	Influenzkonstante $8.85419 \cdot 10^{-12}$ AsV^{-1}m^{-1}
ζ	Photoionisierungskoeffizient, Ionenladungszahl
ζ_i	Wechselfeldionisierungskoeffizient
η	Anlagerungskoeffizient
η_i	Ionisierungskoeffizient
Θ	Photonenerzeugungskoeffizient
θ	Einheitssprungfunktion, Streuwinkel, Koordinatenwinkel
κ	Statistischer Faktor
Λ	Diffusionslänge
λ	Wellenlänge
λ_B	d e B r o g l i e - Wellenlänge
μ	Beweglichkeit
ν	Frequenz
ξ	Energieverlust pro Stoß
π	3.141592654...
ρ	Ladungsdichte
σ	Wirkungsquerschnitt, Leitfähigkeit

τ	Zeit (als Parameter)
ϕ	Elektrisches Potential, Koordinatenwinkel, Phase
Φ	Potentielle Energie
χ	Winkel
ψ	Fluoreszenzausbeute der Anode
Ω	Raumwinkel
ω	Kreisfrequenz, Ionenauslösekoeffizient
ω_x	Fluoreszenzausbeute von Atomen

Verzeichnis häufig verwendeter Indices

$+$	Träger positiver Ladung betreffend
$-$	Träger negativer Ladung betreffend
e	Elektronen betreffend
f	Photonen betreffend
g	Neutralgas betreffend
i	Ionisierung oder Ionen betreffend, Laufindex
j,k,l	Laufindices
m	Metastabile betreffend, Impulsübertragungsgröße
r	Reduziert
eff	Effektiv
$a,0$	Anfangswert, reduzierter Wert
p	Dipol betreffend
s	Zündung betreffend
$min,$	Minimalwert
$max,$	Maximalwert
x,y,z	Vektorkomponenten
L	Lawinen betreffend

1 Historische Einführung

Das Phänomen der Elektrizitätsleitung in Gasen wurde entdeckt,
lange bevor ein eindeutiges Begriffssystem zur Beschreibung elektrischer Phänomene zur Verfügung stand. In seinem 16oo erschiene-
nen Buch " De Magnete " beschrieb G i l b e r t (1544-16o3), der
Leibarzt der englischen Königin Elisabeth, daß eine Flamme einem
geladenen Konduktorium die Fähigkeit nimmt, andere Körper anzuzie-
hen, und daß andererseits ein Elektroskop durch eine Kerzenflamme
hindurch, also ohne direkte Berührung, von einem geladenen Konduktorium aufgeladen wird. G i l b e r t besaß den Begriff der Ladung
zwar noch nicht, versuchte aber die Kraftwirkung geladener Körper
durch Ausströmen eines Mediums zu erklären. Dies war durch die
ständige Entladung des unvollkommen isolierten Konduktoriums und
die dadurch verursachte stetige Abnahme der Kraftwirkung nahege-
legt.
In der Florentiner Akademie wurden 1667 ähnliche Experimente ange-
stellt und ihre Ergebnisse als " Fließen von Elektrizität " durch
die Flamme erklärt. Später zeigte C o u l o m b (1736-18o6) in
vielen sorgfältigen Experimenten, daß ein geladener Körper auch
durch die normale Luft entladen werden kann. Durch Verwendung verschiedener Isolatoren konnte er die Entladung über den Isolator
von derjenigen durch die umgebende Luft trennen. Als Ursache der
so gefundenen " Luftelektrizität ", d.h. der Leitfähigkeit der
Luft, wurde von E l s t e r (1854-192o) und G e i t e l
(1855-1923) die Radioaktivität der Umgebung erkannt.
O t t o   v o n   G u e r i c k e (16o2-1686) baute die erste er-
giebige Elektrisiermaschine, eine von Hand geriebene Schwefelku-
gel, mit deren Hilfe sich auch elektrische Überschläge oder Funken erzeugen ließen, bei denen der Stromdurchgang durch Gase mit
Leuchterscheinungen und Schall verknüpft ist. Die Ähnlichkeit
zwischen diesen elektrischen Funken und dem atmosphärischen Blitz
wurde früh erkannt und etwa gleichzeitig im Jahre 1752 von
C o i f f i e r und F r a n k l i n (17o6-179o) in lebensgefähr-
lichen Experimenten nachgewiesen. Nachdem in der V o l t a ' schen
Säule eine einigermaßen konstante Stromquelle zur Verfügung stand
(seit 18oo), konnten auch Untersuchungen an stationären Entladun-

gen durchgeführt werden. Es zeigte sich, daß das für Metalle gefundene " O h m sche Gesetz " für stromleitende Gasstrecken nicht gültig ist. Im Jahre 1803 fand P e t r o f f bei Versuchen mit einer V o l t a batterie, die aus etwa 1000 Zellen bestand, die elektrische Bogenentladung bei Atmosphärendruck, die eine Lichtquelle von bis dahin unbekannter Leuchtstärke darstellte. Im leuchtenden Plasma der Bogenentladung ließen sich extrem hohe Temperaturen erreichen.

F a r a d a y (1791-1867) untersuchte den Stromdurchgang durch evakuierte Glasröhren und entdeckte dabei 1831 die Glimmentladung und die Dunkelentladung. Experimente bei immer niedrigeren Drucken und immer höheren Spannungen, die unter Zuhilfenahme eines Funkeninduktors erzeugt wurden, führten zur Entdeckung der verschiedenen " Strahlen " und schließlich des freien Elektrons.

2 Die unselbständige Entladung

2.1 Grundbegriffe

Wir wollen uns zunächst auf die Betrachtung von stationären (bzw. langsam veränderlichen) Strömen im Gas beschränken. Das Grundschema zum Studium der Elektrizitätsleitung in Gasen zeigt Fig. 2.1. In einen äußeren Stromkreis, der aus Stromquelle und Strommesser G besteht, ist eine Gasstrecke geschaltet, die aus zwei voneinander isolierten Platten, den *Elektroden*, in einer definierten Gasatmosphäre besteht. Die Stromquelle sorgt dafür, daß die Platten auf unterschiedlichem Potential gehalten werden, im Gasraum existiert also ein (äußeres) elektrisches Feld $\vec{E}$. Ein elektrischer Strom kann fließen, wenn im Gasraum frei bewegliche Träger elektrischer Ladungen vorhanden sind. Gasmoleküle bzw. -atome sind normalerweise elektrisch neutral, sie werden zu Ladungsträgern, wenn die Elektronenhülle aufgebrochen wird, so daß geladene Bruchstücke entstehen: positiv geladene *Ionen* und negativ geladene freie Elektronen. Die Elektronen können sich in einer Folgereaktion an neutrale Atome oder Moleküle anlagern und *negative Ionen* bilden. Dieser Vorgang wird *Ionisierung* oder *Ionisation* genannt. Um ihn einzuleiten, muß auf das betreffende Molekül bzw. Atom Energie übertragen werden,

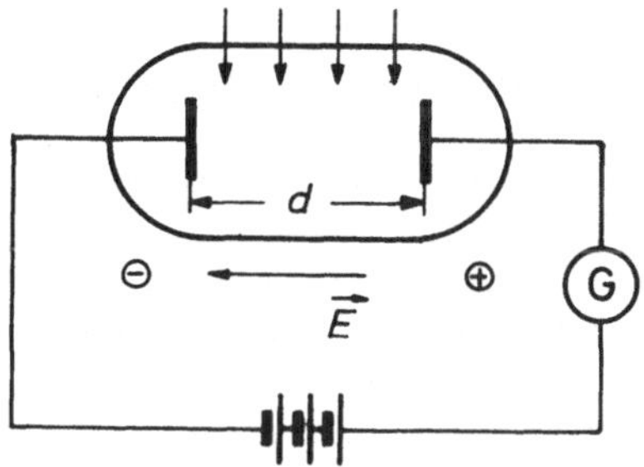

Fig. 2.1   Grundschaltung zur Untersuchung der Elektrizitätsleitung in Gasen. Zur Untersuchung der sog. unselbständigen Entladung (Ionisierung durch ein äußeres Agens) muß die Stromquelle eine Spannung bis über 1 kV liefern und der Strommesser G Ströme bis herab zu etwa 10^{-11} A anzeigen, wenn die Elektrodenfläche einige dm^2 beträgt.

die einen unteren Wert, die *Ionisierungsenergie* ε_i, nicht unterschreiten darf. Als Überträger von Energie kommt kurzwellige elektromagnetische Strahlung (ultraviolettes Licht, Röntgenstrahlen, γ-Quanten) oder eine energiereiche Teilchenstrahlung (z.B. α- oder β-Strahlung aus einem radioaktiven Präparat oder die Höhenstrahlung)in Frage. Wir wollen die Energieträger allgemein als *ionisierendes Agens* bezeichnen, da es für unsere Überlegungen auf die speziellen Eigenschaften der Strahlung nicht ankommt. Ionisierung kann auch im Ablauf einer chemischen Reaktion in der Gasphase stattfinden (z.B. Flammenionisierung) oder durch im elektrischen Feld des Gasraums beschleunigte Elektronen (Elektronenstoßionisierung) und Ionen ausgelöst werden.
Die Stromleitung in einer Gasstrecke kann auch durch Ladungsträger bewirkt werden, die nicht im Gasraum selbst, sondern an den ihn begrenzenden Festkörperoberflächen, insbesondere an den Elektroden, durch energiereiche Strahlen oder Teilchen ausgelöst werden. Es können sowohl Elektronen als auch positive Ionen ausgelöst werden. Aufgrund des elektrischen Feldes können jedoch von der negativen Elektrode, der *Kathode*, nur Elektronen starten, von der positiven Elektrode, der *Anode*, nur positive Ionen. Die Bewegung von Ladungsträgern im Gasraum kann man als Überlagerung zweier Bewegungstypen ansehen:

Durch Stöße (bzw. Wechselwirkung) mit den neutralen Atomen bzw. der Ladungsträger untereinander nimmt das Ladungsträgergas eine Temperatur an, die einzelnen Ladungsträger nehmen an der ungeordneten *thermischen Bewegung* des Gases teil; der thermischen Bewegung wird unter der Wirkung des elektrischen Feldes eine *Drift* in Richtung der vom Feld auf die Träger ausgeübten Kraft überlagert, die die eigentliche Ursache für den elektrischen Strom ist. Die Ladungsträger driften so auf die Elektrode, deren Polarität der ihrer Ladung entgegengesetzt ist, zu und werden beim Auftreffen absorbiert (Elektronen) oder entladen (Ionen). Der Stromfluß in der Gasstrecke ist daher zwangsläufig mit einer ständigen Vernichtung von Ladungsträgern verknüpft, ein stationärer Strom kann nur durch eine ständige Trägerneuerzeugung unterhalten werden. Geschieht die Trägerneuerzeugung durch ein äußeres Agens, so spricht man von einer *unselbständigen Entladung*. Eine Entladung wird *selbständig*, wenn die Trägererzeugung bzw. -auslösung durch Elektronen und Ionen geschieht, die im Gasraum gebildet wurden, und der Strom auch ohne Mitwirkung eines äußeren Agens unterhalten wird. Der Strommesser im äußeren Kreis registriert einen elektrischen Strom nicht erst, wenn ein Ladungsträger die Elektroden berührt, sondern bereits, wenn er sich im Gasraum in oder gegen die Richtung des elektrischen Feldes bewegt. Dies läßt sich anschaulich durch die Influenzwirkung der Ladung des Trägers auf die Oberflächenladung der Elektroden erklären. Die Dichte der vom Träger influenzierten Ladungen hängt vom Abstand zwischen Träger und Oberfläche ab und ändert sich, wenn er sich bewegt. Dann müssen also im Stromkreis Ladungen verschoben werden, d.h. es fließt ein elektrischer Strom. Ladungen werden nicht nur an den Elektroden vernichtet. Aufgrund der thermischen Bewegung können Ladungsträger auch zu den Gefäßwänden *diffundieren* und dort entladen werden. Sind die Gefäßwände isolierend, so laden sie sich lokal so auf, daß Träger mit Ladungen beider Vorzeichen in gleicher Anzahl eintreffen und kein elektrischer Strom fließt. Bei leitenden isolierten Wänden stellt sich das Potential der Wand so ein, daß die Zahl der negativen Ladungen, die insgesamt auf die Wand treffen, pro Zeiteinheit gleich der Zahl der insgesamt auftreffenden positiven Ladungen ist.

Als dritte Möglichkeit der Vernichtung von Ladungen ist die (Volumen-)*Rekombination* zu nennen, bei der sich Träger ungleichnamiger Ladungen im Gasraum unter Neutralisation der gegenseitigen Ladungen und Bildung eines neutralen Atoms oder Moleküls zusammenlagern. Die Rekombination ist der Umkehrprozeß der Ionisation.

2.2 Charakteristik einer unselbständigen Entladung

Fig. 2.2 zeigt die Charaktcristik,d.h. dic Strom-Spannungs-Kennlinie, einer unselbständigen Entladung, die durch Variation der Spannung U an einer Gasstrecke erhalten wurde. Dabei wurde die Gasstrecke durch eine äußere Strahlungsquelle (Röntgenröhre) konstant ionisiert. Die Charakteristik enthält drei deutlich voneinander verschiedene Bereiche:

I. $U \leq$ 1oo V   Starke Abhängigkeit des Stromes I von der Spannung U;

II. 1oo V $< U \leq$ 1ooo V   Sättigung des Stromes, d.h.I ist konstant;

III. 1ooo V $\leq U$ Steiler Anstieg des Stromes mit der Spannung.

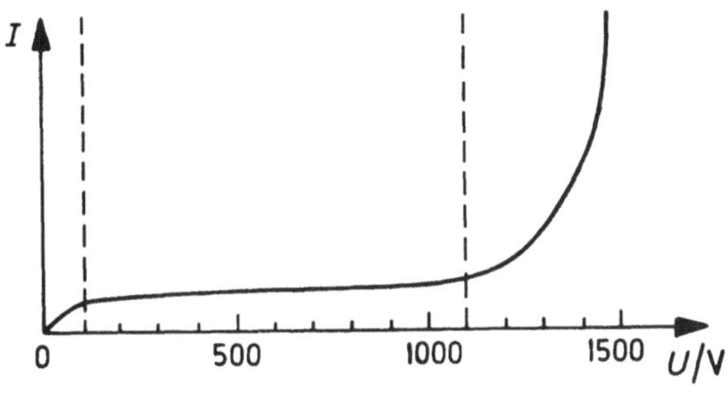

Fig. 2.2 Charakteristik einer unselbständigen Entladung[1]

Wir wollen uns in diesem Kapitel auf die Diskussion der Bereiche I und II beschränken, da sie die Bereiche der unselbständigen Entladung sind.Der starke Stromanstieg in Bereich III beruht auf einer starken Vermehrung der Ladungsträger durch ionisierende Stöße der Elektronen mit den Gasmolekeln und stellt damit einen Übergangsbereich zur selbständigen Entladung dar. Wir werden die dort sich abspielenden Vorgänge in Kap. 3 diskutieren.
Befinden sich in einem Gasvolumen Ladungsträger mit der Ladungs-

18

dichte ρ, die mit der Geschwindigkeit $\langle\vec{u}\rangle$*)driften, so fließt ein
elektrischer Strom mit der Stromdichte

$$\vec{j} = \rho \, \langle\vec{u}\rangle \qquad\qquad (2.1).$$

Sind mehrere Sorten von Ladungsträgern mit unterschiedlichen Driftgeschwindigkeiten vorhanden, so ist die resultierende Stromdichte $\vec{j}$
die Vektorsumme der von den einzelnen Ladungsträgersorten getragenen Stromdichten

$$\vec{j} = \Sigma \rho_n \langle\vec{u}_n\rangle \qquad\qquad (2.2).$$

Der elektrische Strom I ist das Flächenintegral der Stromdichte
über einen passend gelegten Querschnitt durch die Entladung

$$I = \int_{Fl.} \vec{j} \cdot d\vec{A} \qquad\qquad (2.3).$$

Um die Charakteristik, d.h. die Abhängigkeit des Stromes von der
Spannung zu deuten, müssen wir daher zum einen den Einfluß des
elektrischen Feldes auf die Trägerdrift, zum anderen den Einfluß
des Feldes auf die Trägerdichten bestimmen.

Das Klammersymbol $\langle\ \rangle$ bedeutet eine Mittelung über das betrachtete Ensemble,in unserem Fall über das Ladungsträgergas.
Ist $f(\vec{u})$ die Geschwindigkeitsverteilungsfunktion der Ladungsträger und n ihre Anzahldichte, so ist

$$\langle\vec{u}\rangle = \frac{1}{n} \int \vec{u} f(\vec{u}) \, d^3u \, .$$

Hierbei ist das Integral über alle möglichen Geschwindigkeiten
zu erstrecken.

2.3 Bewegung von Ladungsträgern im Feld

Für die Drift erhalten wir durch die folgende Überlegung ein einfaches Modell. Wir betrachten ein schwach ionisiertes Gas, d.h.
die Gasmolekeldichte n_g ist groß gegen die Anzahldichten n der
Ladungsträger (n ist nicht zu verwechseln mit der Ladungsdichte
ρ !). Dann wird die Bewegung der Ladungsträger nur durch Stöße
mit Gasmolekeln und durch die vom elektrischen Feld ausgeübte
Kraft bestimmt. Im Mittel fliegt ein Ladungsträger eine Zeit τ
frei durch den Gasraum und stößt dann mit einem Molekel zusammen;
(die Zeit, während der der Ladungsträger mit dem Molekel in Wechselwirkung steht, ist kurz gegen τ). Man nennt τ die *mittlere
Stosszeit*, das Reziproke die *Stossfrequenz* ν

$$\nu = 1/\tau \tag{2.3}.$$

Die Stoßfrequenz gibt die mittlere Anzahl der Stöße pro Zeiteinheit an. Zwischen zwei Stößen unterliegt der Ladungsträger der
Beschleunigung $\vec{a}$ durch das elektrische Feld $\vec{E}$, wobei

$$\vec{a} = \frac{Q\vec{E}}{m} \tag{2.4}$$

(Q Ladung, m Masse des Ladungsträgers) ist. In Richtung der vom
Feld ausgeübten Kraft $\vec{F} = Q\vec{E}$ legt der Ladungsträger zwischen zwei
Stößen, d.h. während der Zeit τ den Weg $\vec{s}$ zurück

$$\vec{s}\,(\tau) = \frac{1}{2}\,\vec{a}\tau^2 = \frac{Q\vec{E}\tau}{2m\nu} \tag{2.5},$$

der vektoriell zu dem aufgrund der thermischen Energie zurückgelegten Weg zu addieren ist. Die thermische Bewegung der Ladungsträger ist völlig ungeordnet, so daß sie nicht zu einer geordneten makroskopischen Bewegung des Ladungsträgergases führt. Die
Wege $\vec{s}\,(\tau)$ jedoch zeigen für alle Ladungsträger mit Ladungen
gleicher Polarität in die gleiche Richtung und sind im Mittel
gleich. Das Ladungsträgergas bewegt sich also insgesamt mit der
Driftgeschwindigkeit $\langle\vec{u}\rangle = \vec{s}/\tau$ in Richtung der vom Feld herrührenden Kraft, d.h.

$$\langle \vec{u} \rangle = \vec{s}/\tau = \frac{Q\vec{E}}{2m\nu} \tag{2.6}.$$

Man nennt den Proportionalitätsfaktor zwischen Driftgeschwindigkeit und erzwingender Kraft $\vec{F}$ die *Beweglichkeit* μ, d.h.

$$\langle \vec{u} \rangle = \mu\vec{F} = \mu Q\vec{E} \tag{2.7}.$$

Der Vergleich zwischen Gl. (2.6) und (2.7) liefert unter Vernachlässigung des Zahlenfaktors, dessen genauer Wert von der Art der
Mittelung abhängt, für die Beweglichkeit den Ausdruck:

$$\mu = \frac{1}{m\nu} \tag{2.8}.$$

(In manchen Büchern wird eine Beweglichkeit $\tilde{\mu}$ durch die Gleichung
$\langle \vec{u} \rangle = \tilde{\mu}\vec{E}$ definiert. Sie unterscheidet sich von unserer Definition
durch den Faktor Q, d.h. in Größe und Dimension).

2.4 Deutung der Charakteristik einer unselbständigen Entladung

2.4.1 Elektronenauslösung an der Kathode

Wir wollen getrennt die Fälle betrachten, in denen die Ladungsträger an einer Elektrode ausgelöst werden und in denen im Volumen ionisiert wird. Bei der Trägerauslösung an *einer* Elektrode
sind im Volumen nur Ladungsträger *eines* Vorzeichens vorhanden,
dieser Fall ist daher am einfachsten zu behandeln. Wir beschränken uns auf die Betrachtung der Elektronenauslösung an der Kathode. Die Kathode soll mit einer konstanten Quanten- oder Teilchen-
flußdichte bestrahlt werden, so daß pro Flächen- und Zeiteinheit
γ_o Elektronen ausgelöst werden. Dann emittiert die Kathode Elektronen mit einer konstanten Stromdichte $j_{Emission}$, die durch
(e Elementarladung)

$$j_{Emission} = e\gamma_o \tag{2.9}$$

gegeben ist. Diese Elektronen bilden vor der Kathode eine Wolke

mit der Anzahldichte n, die zur Anode hin driftet, gleichzeitig
findet eine Diffusion in alle Richtungen statt, ein Teil der Elektronen diffundiert zur Kathode zurück und wird dort absorbiert.
Die tatsächlich von der Kathode ausgehende Stromdichte ist daher
durch die Differenz zwischen der Emissionsstromdichte nach Gl.
(2.9) und der Diffusionsstromdichte gegeben.

$$j = j_{\text{Emission}} - j_{\text{Diffusion}} = e(\gamma_o - \frac{n<u>}{4}) \qquad (2.\text{1o}).$$

Dabei ist $<u>$ die mittlere thermische Geschwindigkeit der Elektronen. (Der Unterschied zwischen $<\vec{u}>$ und $<u>$ besteht darin, daß
bei der Berechnung der Driftgeschwindigkeit $<\vec{u}>$ alle Einzelge-
schwindigkeiten *vektoriell* zu addieren sind, während bei der Bestimmung der mittleren thermischen Geschwindigkeit $<u>$ die Geschwin-
digkeits*betraege* addiert werden. Im Englischen unterscheidet man
daher zwischen der vektoriellen Größe *velocity* und der skalaren
Größe *speed*. Im Deutschen läßt sich dieser Unterschied durch die
Worte *Geschwindigkeit* und *Schnelle* oder *Schnelligkeit* wiederge-
ben). In der Gasstrecke läßt sich die Stromdichte mit Hilfe des
Beweglichkeitsansatzes ausdrücken:

$$j = en \ |<\vec{u}>| = e^2 n \mu E \qquad (2.11).$$

Gleichung (2.11) läßt sich nach der Elektronendichte n auflösen
und damit n in Gl. (2.1o) eliminieren. Damit erhalten wir einen
Zusammenhang zwischen Stromdichte j und Feldstärke E :

$$j = \frac{4e^2 \mu \gamma_o \ E}{4e\mu E + <u>} \qquad (2.12).$$

Auch $<u>$ hängt von der Feldstärke E ab, da sich die Ladungsträger
im Feld aufheizen (wir reden von Ladungsträgern, da die ursprünglich ausgelösten Elektronen durch Anlagerung negative Ionen bilden können). Um diese Abhängigkeit zu bestimmen, stellen wir eine
einfache Energiebilanz für die Ladungsträger auf: Das Ladungsträgergas befindet sich in einem stationären Zustand (man sagt: es
steht mit dem Feld im Gleichgewicht), wenn ein Ladungsträger die
während eines freien Fluges im Feld aufgenommene Energie bei dem
folgenden elastischen Stoß wieder abgibt. Beim elastischen Stoß

wird im Mittel der Bruchteil κ_1 der Differenz zwischen der kinetischen Energie eines Ladungsträgers und eines Gasmolekels übertragen. Da die Flugrichtungen jeden beliebigen Winkel zur Feldrichtung einnehmen können, wird auf der freien Weglänge ℓ im Mittel die Energie $\kappa_2 e E \ell$ aufgenommen. Die Stationaritätsbedingung lautet also

$$\frac{3}{2}\,\kappa_1 k (T_L - T_g) = \kappa_2 e \ell E \qquad (2.13).$$

Hierbei ist k die Boltzmannkonstante, T die Temperatur, die Indices L und g bedeuten "*Ladungstraeger*" bzw. "*Gas*". Aus (2.13) erhält man die mittlere Energie der Ladungsträger $\langle\varepsilon\rangle$:

$$\langle\varepsilon\rangle = \frac{3}{2}\,kT_L = \frac{\kappa_2}{\kappa_1}\,e\ell E + \frac{3}{2}\,kT_g \qquad (2.14).$$

(Wenn die Verteilungsfunktion der Ladungsträger keine M a x w e l l-verteilung ist, ist T_L als kinetische Temperatur aufzufassen).
Für negative Ionen überwiegt normalerweise der zweite Term der rechten Seite, der Einfluß des Feldes auf $\langle\varepsilon\rangle$ und damit auf $\langle u\rangle$ ist zu vernachlässigen. Für Elektronen ist $\kappa_1 \approx 2m_e/m_g$ (m_e Elektronen-, m_g Gasmolekelmasse), d.h. der erste Term in Gl. (2.14) ist sehr groß. Für genügend schwache Felder verschwindet jedoch auch er. Es sei angemerkt, daß ℓ i.a. ebenfalls eine Funktion von T_L und T_g ist. Wir wollen diese Abhängigkeit hier jedoch nicht weiter diskutieren. Für kleine Feldstärken wird in jedem Fall $\langle u\rangle$ in Gl. (2.12) konstant, d.h. $j \propto E$. Da $I = jA$ ist (A Elektrodenfläche) und $E = U/d$ (d Elektrodenabstand), folgt daraus für den Anfangsteil der Charakteristik $I \propto U$, was die Spannungsabhängigkeit erklärt. Für höhere Feldstärken kann man - falls die Ladungsträger negative Ionen sind - $\langle u\rangle$ gegen $|\langle\vec{u}\rangle|$ im Nenner von (2.12) vernachlässigen, j strebt gegen $e\gamma_0$ oder I gegen $e\gamma_0 A$, d.h. gegen einen konstanten Wert. Dies erklärt die Sättigung. Der Sättigungsstrom ist proportional dem Auslösefaktor γ_0, der seinerseits der Flußdichte der ionisierenden Strahlung proportional ist. Der Sättigungsstrom kann also zur Messung von Flußdichten einer ionisierenden Strahlung benutzt werden. Sind die Ladungsträger im Gasraum Elektronen, so liegen die Verhältnisse komplizierter, da weitere Prozesse ins Spiel kommen können. Jedoch tritt auch hier ein Sättigungsstrom auf, der dem Fluß der

ionisierenden Strahlung proportional ist.

2.4.2 Fremdionisierung im Volumen

In diesem Fall werden Träger von Ladung beiderlei Vorzeichens gebildet, deren Beweglichkeiten i.A. verschieden sind. Wir wollen
uns zunächst auf die Behandlung des Falles beschränken, in dem die
Träger negativer Ladung Ionen sind, dann sind die Beweglichkeiten
gleich (dies gilt nicht in Gasgemischen). Wir wollen weiterhin annehmen, daß nur einfach geladene Ionen auftreten, d.h., daß für die
Ionenladung Q gilt:

$$Q_{\pm} = \pm\, e \tag{2.15}.$$

(Indices + oder − beziehen sich auf Träger positiver bzw. negativer Ladung). $N_{\pm}$ seien die Gesamtzahlen der Ladungsträger im Volumen; wir nehmen an, daß $n_{\pm} = N_{\pm} / V$ sei ($V = A \cdot d$ Gasvolumen).
Zur Bestimmung von $N_{\pm}$ müssen wir die Bilanzgleichung aufstellen.
Träger positiver wie negativer Ladung werden in gleicher Anzahl
erzeugt, folglich auch in gleicher Anzahl vernichtet. Daher gilt
$N_{+} = N_{-} = : N$ und $n_{+} = n_{-} = : n$. Wir nennen die Erzeugungsrate,
die i.A. der Gasdichte n_{g} proportional ist, $n_{g}\nu_{o}$ (ν_{o} ist die Ionisierungsfrequenz; sie ist der Flußdichte der ionisierenden
Strahlung proportional). D.h.

$$\left(\frac{dN}{dt}\right)_{\text{Erzeugung}} = n_{g} \cdot V\, \nu_{o} \quad .$$

Verluste entstehen durch Rekombination, durch Diffusion zu den
Wänden und durch Drift auf die Elektroden. Die Diffusionsverluste
beschreiben wir durch die mittlere Verweilzeit τ_{W} der Ladungsträger
in der Entladung:

$$\left(\frac{dN}{dt}\right)_{\text{Diff}} = -\frac{N}{\tau_{W}} \quad .$$

Die Zahl der rekombinierenden Stöße ist sowohl der Anzahl der Träger positiver als auch der negativer Ladung proportional.

24

$$\left(\frac{dN}{dt}\right)_{Rek} = - R\ N_+ N_- = - R\ N^2 \ .$$

Die Proportionalitätskonstante R heißt *Rekombinationskoeffizient*.
Die Zeit, die ein Ladungsträger benötigt, um die gesamte Gasstrek-
ke zu durchdriften, beträgt $d/\ |<\vec{u}>|$. Da die Ionenpaare homogen im
Gasraum erzeugt werden, benötigen sie im Mittel vom Entstehungsort
bis zur Elektrode jedoch nur die Zeit $d/2\ |<\vec{u}>|$. D.h.

$$\left(\frac{dN}{dt}\right)_{Drift} = - \frac{2N\ |<\vec{u}>|}{d} \ .$$

Im stationären Zustand muß $\Sigma\ \left(\frac{dN}{dt}\right) = o$ sein, d.h.

$$n_g V\ \nu_o - N/\tau_W - RN^2 - 2N\ |<\vec{u}>|/d = o \qquad (2.16).$$

Wir wollen uns auf den Fall vernachlässigbarer Rekombination, d.h.
$N/\tau_W \gg RN^2$ beschränken. Dann liefert Gl. (2.16)

$$n = N/V = \frac{n_g \nu_o d\tau_W}{2\ |<\vec{u}>|\tau_W + d} \qquad (2.17).$$

Die elektrische Stromdichte j in der Gasstrecke ist

$$j = j_+ + j_- = 2\ e^2 n\mu E \qquad (2.18)$$

bzw.

$$j = \frac{2e^2 \mu E d n_g \nu_o \tau_W}{2e\mu E\tau_W + d} \qquad (2.19).$$

Nun ist $E \cdot d = U$ und $j \cdot A = I$; wir erhalten also als Charakteristik
der Gasstrecke

$$I = \frac{2e^2 n_g V \nu_o \tau_W \mu U}{2\mu e U\tau_W + d^2} \qquad (\ 2.2o).$$

D.h. für kleine U steigt $I \propto U$; wir erhalten

$$I = \frac{2e^2 n_g V \nu_o \tau_W \mu U}{d^2}$$

für $\mu e U \tau_W \ll 2\, d^2$, für große Spannungen einen Sättigungsstrom

$$I_{\text{Sätt.}} = e n_g V \nu_o \qquad\qquad (2.21).$$

$N_g \nu_o$ ist die Anzahl der im Volumen pro Zeiteinheit erzeugten Ladungsträgerpaare. Der Sättigungsstrom kommt dadurch zustande, daß
keine Ladungsträger auf die Wand oder durch Rekombination verlorengehen, sondern daß sie sämtlich zum Stromtransport beitragen, ihre
Anzahl begrenzt den maximal möglichen Strom. Wie im Fall der Trägerauslösung an den Elektroden ist der Sättigungsstrom dem Fluß
der ionisierenden Strahlung proportional. Dieser Sachverhalt wird
in der *Ionisationskammer* zur Messung des Flusses von radioaktiver
Strahlung ausgenutzt.

2.5 Lokale Bilanzgleichung und Ladungsverteilung in der Gasstrecke

In unseren bisherigen Betrachtungen hatten wir stillschweigend angenommen, daß die Ladungsträger im Gasvolumen homogen verteilt
sind, und daß keine Raumladungsfelder existieren, so daß das Feld
E im gesamten Gasraum konstant gleich U/d ist. Wir wollen im folgenden diese Voraussetzungen fallen lassen, um ein etwas detailliertes Bild von den Verhältnissen im Gasraum zu erhalten. Wir wollen
uns jedoch auf die Betrachtung einer Gasstrecke im Sättigungsbereich

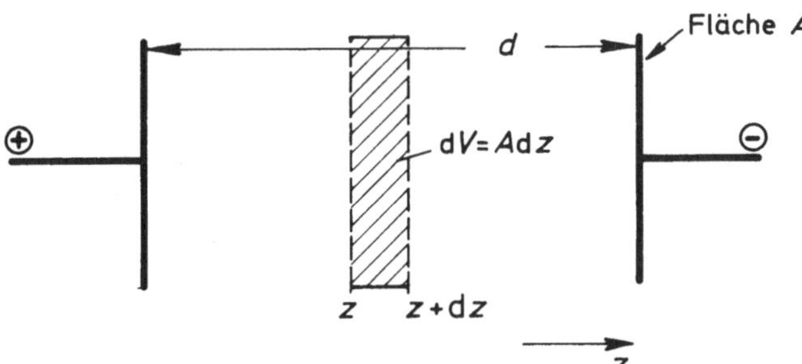

Fig.2.3 Schema einer Gasentladung zur Definition der Koordinaten.

der Kennlinie (Bereich II, vgl. Fig. 2.2) beschränken, in dem wir
Verlustprozesse vernachlässigen können. Damit ist der Verlauf der
Charakteristik in unserer Betrachtung vorgegeben.

Fig. 2.3 zeigt das Modell, das wir unserer Betrachtung zugrunde
legen. Wir erhalten die Verteilungen der Ladungsträger und des elektrischen Feldes, indem wir die Ladungsträgerbilanz im Volumenelement
dV = Adz aufstellen und simultan mit der P o i s s o n gleichung
lösen. Wir wollen annehmen, daß die Fläche A so groß ist, daß Randeffekte zu vernachlässigen sind, so daß wir eindimensional rechnen
können. $n_{\pm}\, dV$ sei die Anzahl der Ladungsträger im Volumenelement
dV. Dann ist die Erzeugungsrate gegeben durch

$$\left(\frac{d(n_{\pm}dV)}{dt}\right)_{\text{Erzeugung}} = \left(\frac{dn_{\pm}}{dt}\right)_{\text{Erzeugung}} Adz = n_g v_0 Adz \qquad (2.22).$$

Von n_g und v_0 ist angenommen, daß beide von z unabhängig sind. Hingegen sind $n_{\pm}$ und E Funktionen von z. Diese Abhängigkeit entwickeln
wir in der Umgebung von z in eine T a y l o r reihe nach dem Muster

$$E\ (z+dz)\ =\ E\ (z)+\ dE\quad \text{usw.}$$

Aufgrund der Trägerdrift erhalten wir an der Stelle z einen Strom
von Trägern in das Volumen (I ist ein elektrischer Strom, also
I/e ein Teilchenstrom)

$$(I/e)_{\pm_{\text{ein}}} = \pm\ n_{\pm}e\mu_{\pm}EA \qquad (2.23);$$

entsprechend strömt an der Stelle $z+dz$ aus dV

$$(I/e)_{\pm_{\text{aus}}} = \pm\ (n_{\pm}+\ dn_{\pm})\,e\mu_{\pm}(E+dE)A$$
$$= \pm\ (n_{\pm}e\mu_{\pm}E\ +\ n_{\pm}e\mu_{\pm}dE\ +dn_{\pm}e\mu_{\pm}E)A$$

$$(2.24)$$

(Vernachlässigung quadratisch kleiner Glieder) heraus.
Hierbei wurde angenommen, daß $\mu_{\pm}$ unabhängig von E ist, was nur in
schwachen Feldern gilt. Aus (2.23) und (2.24) folgt

$$\left(\frac{dn_{\pm}}{dt}\right)_{\text{Drift}} dV\ =(I/e)_{\pm_{\text{ein}}}\ -\ (I/e)_{\pm_{\text{aus}}}$$

27

$$= \mp (n_{\pm} e\mu_{\pm} dE + dn_{\pm} e\mu_{\pm} E) A \qquad (2.25).$$

Im stationären Fall müssen sich Erzeugungs- und Verlustprozesse gerade die Waage halten. Aus (2.22) und (2.25) erhalten wir die beiden Bilanzgleichungen:

$$n_g \nu_o - n_+ e\mu_+ \frac{dE}{dz} - e\mu_+ E\frac{dn_+}{dz} = o$$

$$(2.26)$$

und

$$n_g \nu_o + n_- e\mu_- \frac{dE}{dz} + e\mu_- E\frac{dn_-}{dz} = o \quad .$$

Da im allgemeinen Fall $n_+ \neq n_-$ anzunehmen ist, müssen diese Glei-chungen simultan mit der P o i s s o n gleichung

$$\frac{\varepsilon_0}{e} \frac{dE}{dz} = n_+ - n_- \qquad (2.27)$$

(ε_o Influenzkonstante) gelöst werden.
Als weitere Bestimmungsgleichung benötigen wir den Zusammenhang zwischen Feldstärke und Stromdichte j :

$$j = e^2 E(z)\{\mu_+ n_+(z) + \mu_- n_-(z)\} = \text{konst.}$$

$$(2.28).$$

Aus Gl. (2.26 - 2.28) folgt, wenn wir $n_+(o) = o$ und $n_-(d) = o$ einsetzen, in Übereinstimmung mit Gl. (2.21)

$$j = e n_g \nu_o d \qquad (2.29).$$

Zur Lösung des Gleichungssystems eliminieren wir n_+ und $\frac{dn_+}{dz}$ mit Hilfe von Gl. (2.27) und setzen dies in die Bilanzgleichungen ein. Nach Multiplikation mit μ_+ bzw. μ_- und Addition der beiden Bilanzgleichungen erhalten wir als Differentialgleichung für E

28

$$\frac{d}{dz}\left(\frac{dE}{dz}\right)^2 = \frac{n_g\nu_0}{\varepsilon_0\mu_a} \tag{2.30},$$

wobei $\mu_a = \dfrac{\mu_+ \cdot \mu_-}{\mu_+ + \mu_-}$ ist. Integration liefert

$$E(z) = \left(\frac{d^2 n_g\nu_0}{\mu_a\varepsilon_0}\right)^{1/2} \cdot \left\{\left(\frac{z}{d}\right)^2 - 2\frac{\mu_a}{\mu_-}\frac{z}{d} + c\right\}^{1/2} \tag{2.31},$$

wenn die Randbedingung (2.29) benutzt wird.
Die Integrationskonstante c läßt sich aus der Bedingung

$$U = -\int_0^d E\,dz \tag{2.32}$$

bestimmen. Gl. (2.32) ist nicht explizit lösbar, da das Integral
logarithmische Terme enthält. Für die Trägerdichten erhält man die
Beziehung

$$n_+(z) = \left(\frac{\mu_a\varepsilon_0 n_g\nu_0}{\mu_+^2 e^2}\right)^{1/2} \frac{z/d}{\{(z/d)^2 - 2\mu_a z/\mu_- d + c\}^{1/2}} \tag{2.33}$$

und

$$n_-(z) = \left(\frac{\mu_a\varepsilon_0 n_g\nu_0}{\mu_-^2 e^2}\right)^{1/2} \frac{(1 - z/d)}{\{(z/d)^2 - 2\mu_a z/\mu_- d + c\}^{1/2}} \tag{2.34}.$$

Der erste Term der Ausdrücke in (2.33) und (2.34) ist eine Amplitude, der zweite Term liefert die z-Abhängigkeit der Dichten. Das
Verhältnis der Amplituden der Trägerdichten ist gleich dem Reziproken des Verhältnisses der Beweglichkeiten.
Nimmt man an, daß die Stoßfrequenzen ν für elastische Stöße der
Träger mit Gasmolekeln für alle Trägersorten von der gleichen
Größenordnung sind, so folgt aus Gl. (2.8), daß das Verhältnis
der Beweglichkeiten gleich dem Reziproken des Massenverhältnisses
ist, d.h. $\mu_+/\mu_- = m_-/m_+$. Sind also die Träger negativer Ladung
freie Elektronen, so ist ihre Dichte nahezu im gesamten Gasraum
gegenüber der der Ionen zu vernachlässigen, obwohl die Elektro-

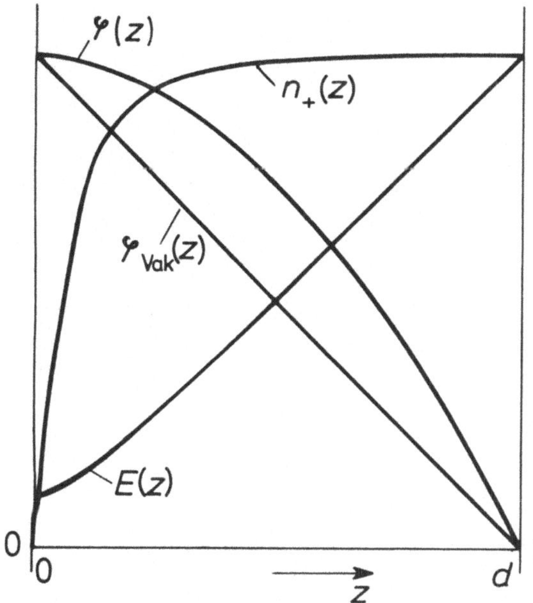

Fig. 2.4 Potentialverlauf $\phi(z)$, Feldverlauf $E(z)$ und Dichte der positiven Ladungsträger $n_+(z)$ in einer fremdionisierten Gasstrecke, wenn $\mu_+ \ll \mu_-$ ist.

nen einen großen Anteil des elektrischen Stromes tragen; Potentialverlauf $\phi(z)$, Feldverlauf $E(z)$ und Ionendichte $n_+(z)$ sind für
diesen Fall in Fig. (2.4) dargestellt. Zum Vergleich ist der
Potentialverlauf in einem raumladungsfreien Kondensator als
$\phi_{Vak}(z)$ eingezeichnet. Der dargestellte Verlauf entspricht dem-
jenigen, der in unselbständigen Entladungen in reinen Edelgasen
oder reinem Stickstoff auftritt.

In elektronegativen Gasen (Halogene, Sauerstoff, Wasserdampf u.a)
sind Ionen die negativen Ladungsträger, d.h. wir haben $\mu_+ = \mu_-$.
Diesen Fall zeigt Fig. 2.5, in die auch die Raumladungsverteilung $\rho(z) = n_+(z) - n_-(z)$ eingezeichnet ist. Man sieht, daß die
Trägerarten gegeneinander driftende Ladungswolken bilden. In der
Mitte der Gasstrecke, wo die Raumladung verschwindet, bildet sich
ein Gebiet geringer Feldstärke, während an den Elektroden höhere
Feldstärken auftreten. Die Gebiete hoher Feldstärke heißen "Fael-
le" u.zw. nach den Elektroden, denen sie vorgelagert sind, An-
oden- bzw. Kathodenfall. Mit steigender Trägerdichte wird die
Feldstärke in der Mitte immer geringer und kann bei hoher Trägerdichte ganz verschwinden, während in den Fallgebieten immer höhere

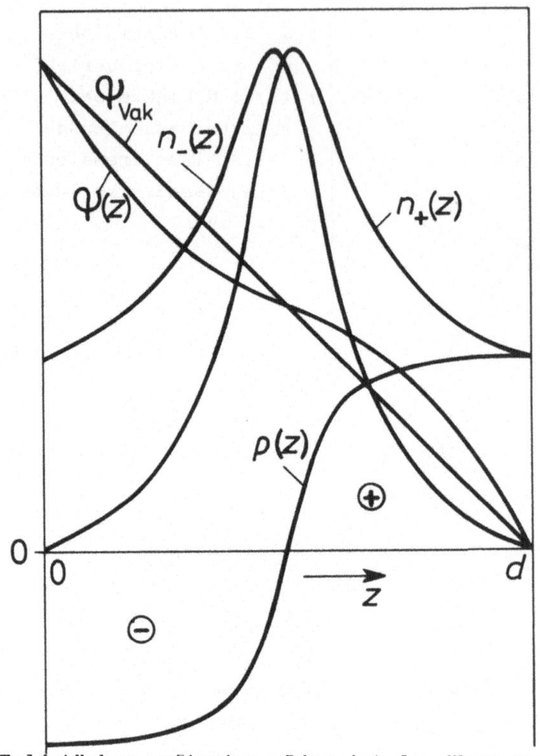

Fig. 2.5 Potential-
verlauf $\phi(z)$, Ver-
lauf der Dichten der
positiven und nega-
tiven Ladungsträger
$n_+(z)$ und $n_-(z)$ sowie
der Raumladung
$\rho(z) = n_+(z) - n_-(z)$
in einer fremdioni-
sierten Gasstrecke,
wenn $\mu_+ = \mu_-$ ist.

Feldstärken auftreten. Dies ist der Übergang zur Ausbildung eines
"*Plasmas* " in einer selbständigen Entladung.

Fig. 2.6 zeigt eine Messung des Potentialverlaufs in einer unselbständigen Entladung in Luft. Träger negativer Ladung sind O_2^--
Ionen, Träger positiver Ladung O_2^+ und N_2^+ Ionen. Da Stickstoff
etwas leichter ist als Luft, ist μ_+ etwas größer als μ_-. Dies erklärt die Unsymmetrie der Potentialkurve. Man sieht, daß unsere
einfache Betrachtung die Potentialverteilung zumindest qualitativ
recht gut beschreibt. Damit haben wir die eingangs gestellte Aufgabe erfüllt, den Verlauf der Charakteristik einer unselbständigen Entladung in den Bereichen I und II zu erklären und darüber
hinaus für den Bereich II ein Modell geliefert, das die Verteilung
der Trägerdichten und des elektrischen Feldes beschreibt.
Bevor wir die Bewegung der Ladungsträger im Gasraum noch etwas

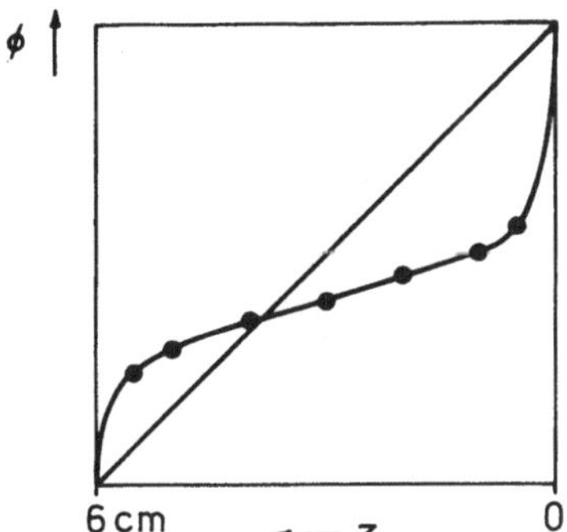

Fig. 2.6 Potentialverlauf ϕ in einer fremdionisierten Gasstrecke von 6 cm Länge.[2] In Luft ist $\mu_+ > \mu_-$, jedoch sind die Unterschiede der Beweglichkeiten gering .

genauer studieren, wollen wir im nächsten Kapitel den Bereich III der Kennlinie untersuchen, der durch zusätzliche Trägervermehrung im Gasraum bestimmt ist.

3 Ionisierung durch Ladungsträger

3.1 Vorbemerkung

Wir hatten gesehen, daß die in Bereich II (vgl. Fig. 2.2) der Kennlinie einer unselbständigen Entladung sich einstellende Sättigung des Entladungsstromes darauf beruht, daß sämtliche im Gasraum von außen erzeugten Ladungsträger am Stromtransport beteiligt sind. Die weitere Steigerung des Stromes, wie sie in Bereich III zu beobachten ist, muß daher auf einer weiteren Steigerung der Anzahl der Ladungsträger beruhen. Da der Fluß der von außen kommenden ionisierenden Strahlung nicht erhöht wird, muß diese Vermehrung der Ladungsträger ihre Ursache in Prozessen haben, die von der Entladung selbst verursacht werden. Die wichtigsten dieser Prozesse sind: Ionisierung durch Stoß zwischen schnellen Elektronen und Gasmolekeln und Trägerauslösung an den Elektroden durch auftreffende Partikel. Außerdem können Stöße angeregter Atome und Photoionisation eine Rolle spielen.
Bei der detaillierten Diskussion beschränken wir uns auf eine unselbständige Entladung, in der durch ein äußeres Agens Elektronen an der Kathode ausgelöst werden. Die Fremdionisation im Gasraum wird vernachlässigt.

3.2 <u>Begriffsdefinitionen</u>

Man nennt den Strom, der aufgrund der Fremderzeugung von Ladungsträgern fließt, den *Anfangsstrom* I_a, die ihn tragenden Elektronen, die *Anfangselektronen*. Wie wir in Abschnitt 2.4.1 gesehen
haben, kehrt ein Teil der an der Kathode befreiten Elektronen
zur Kathode zurück und trägt infolgedessen zum Anfangsstrom nicht
bei; wir zählen sie deshalb auch nicht zu den Anfangselektronen.
Der aus Anfangsstrom und Ionisierung resultierende *Gesamtstrom* I
der Entladung ist proportional zum Anfangsstrom I_a. Wird die Dichte des Anfangsstromes genügend niedrig gehalten(etwa $10^{-8} A/m^2$),
so ist die den Stromfluß begleitende Raumladung vernachlässigbar
gering, d.h. das elektrische Feld E ist im Gasraum konstant. Er-
fahrungsgemäß kann man mit einem konstanten elektrischen Feld
rechnen, solange der Stromdurchgang nicht mit der Emission von
sichtbarem Licht verbunden ist. Man spricht daher von einer
Dunkelentladung (oder *T o w n s e n d entladung*). Da das konstante elektrische Feld die Diskussion der Verhältnisse in einer
Entladung sehr vereinfacht, wollen wir uns hier auf die Betrachtung von Dunkelentladungen beschränken.
Da ein Teil des Stromes aufgrund von Prozessen fließt, die von
der Entladung selbst verursacht werden, nennt man eine Entladung
in Bereich III der Kennlinie auch eine *teilselbstaendige Entladung*.
Bei den zusätzlich zur Fremdionisierung auftretenden Ionisierungs-
prozessen unterscheidet man *Primaerprozesse* und *Sekundaerprozesse*.
Als das eigentlich ionisierende Agens *in* der Entladung wird das
Elektronengas angesehen. Wie bereits in Kapitel 2 diskutiert,
bilden die Elektronen ein Gas, dessen Temperatur i.A. höher ist
als die Gastemperatur und dessen thermischer Bewegung eine Drift
in Richtung der vom elektrischen Feld ausgeübten Kraft überlagert
ist. Im allgemeinen ist die Driftgeschwindigkeit $|\langle\vec{u}\rangle| \ll \langle u\rangle$,
die mittlere thermische Geschwindigkeit. Man nennt das driftende
Elektronengas einen *Elektronenschwarm* (analog:*Ionenschwarm*) im
Gegensatz zum *Elektronenstrahl*, der aus Elektronen besteht, die
auf einheitliche Energie in eine definierte Richtung beschleunigt
wurden. Bei genügender Energie können die Elektronen des Schwarms
Energie auf innere Freiheitsgrade der Gasmolekel übertragen, d.h.

sie ionisieren oder *anregen*. Die Ionisierung durch direkten Elektronenstoß heißt im Sinne der oben diskutierten Unterscheidung *Primaerionisation*, weil sie an dem Ort stattfindet, an dem die Elektronen stoßen und damit Energie abgeben. Die lokale Vermehrung der Ladungsträger ist der Dichte der Elektronen unmittelbar proportional.

Auch die durch Anregung an Gasmolekel übertragene Energie kann mittelbar zur Ionisierung bzw. Trägervermehrung führen, z.B. können zwei angeregte Atome aufeinander stoßen, dabei wird das eine abgeregt, das andere ionisiert (Autoionisation). Solche Prozesse, zusammen mit Prozessen, die zur Trägerauslösung an den Elektroden führen (Elektronenauslösung durch Ionen, Photonen, angeregte Molekel an der Kathode, Ionenauslösung durch Elektronen an der Anode), faßt man unter dem Begriff *Sekundaerionisation* zusammen.

3.3 Primärionisation, Lawinen, Gasverstärkung

Wir wollen als erstes die Wirkung der Primärionisation, d.h. der Ionisierung durch Elektronenstoß auf den Gesamtstrom, untersuchen. Zu diesem Zweck betrachten wir zunächst ein einzelnes an der Kathode startendes Elektron. Auf der Drift zur Anode ionisiert es ein Gasmolekel und setzt damit ein weiteres Elektron frei. Beide driften gemeinsam zur Anode und ionisieren ihrerseits, wobei vier Elektronen entstehen, usw. Auf diese Weise vervielfacht sich die Zahl der Elektronen, es entsteht eine *Elektronenlawine*. Die Zahl der auf dem Wegstück dz erzeugten Elektronen dN ist der Länge des Wegstücks und der Anzahl N der dort bereits in der Lawine vorhandenen Elektronen proportional

$$dN = \alpha N(z)\, dz \qquad\qquad (3.1).$$

Aus dieser Gleichung erhält man die Mächtigkeit der Lawine an der Stelle z, wenn man berücksichtigt, daß die Lawine an der Kathode $(z=d)$ mit N_o Elektronen startet

$$N(z) = N_o \exp \alpha\,(d-z) \qquad\qquad (3.2).$$

Der Koeffizient α heißt der *1. T o w n s e n d'sche Ionisierungs-koeffizient*. Die von einem einzelnen Elektron ausgelöste Lawine heißt *Einzellawine*. Einzellawinen werden wir später genauer diskutieren. An dieser Stelle wollen wir eine stationäre Entladung betrachten, bei der an der Kathode der konstante Anfangsstrom I_a ausgelöst wird. Wir erhalten dann im Gasraum eine Elektronendichteverteilung $n_e(z)$, die wir uns als Überlagerung vieler, sukzessiv ausgelöster Lawinen denken können, d.h. $n_e(z)$ ist gegeben durch

$$n_e(z) = n_o \exp \alpha(d-z) \qquad (3.3).$$

Dabei ist n_o die Dichte unmittelbar vor der Kathode. Den Zusammenhang zwischen n_o und I_a erhalten wir, wenn wir annehmen, es fände keine Ionisierung im Gasraum statt. Dann wäre n_o die Elektronendichte im gesamten Gasraum. In dem Volumenelement $dV = Adz$ wären $dn = n_o Adz$ Elektronen vorhanden, sie trügen die Ladung $dQ = en_o Adz$. Der von dieser Ladung getragene Anteil dI des Gesamtstroms I_a ergibt sich aus der Bedingung, daß die von den Elektronen beim Durchlaufen der Strecke Δz aufgenommene Energie $\Delta\varepsilon_{in} = dQE\Delta z$ (E El. Feldstärke) gleich der von der äußeren Stromquelle abgegebenen Energie $\Delta\varepsilon_{außen} = UdI\Delta t$ sein muß, wobei $\Delta t = \Delta z/|<\vec{u}>|$ die zum Durchlaufen der Strecke Δz benötigte Zeit ist. Aus dieser Bedingung erhält man

$$dI = |<\vec{u}>|\,(E/U)\,dQ = (|<\vec{u}>|/d)\,dQ \qquad (3.4).$$

Integration über das gesamte Volumen liefert den unter dieser Bedingung fließenden Gesamtstrom

$$I_a = en_o A|<\vec{u}>| \qquad (3.5)$$

d.h.

$$n_o = \frac{I_a}{eA|<\vec{u}>|} \qquad (3.6).$$

Mit (3.6) erhalten wir die Dichteverteilung der Elektronen

$$n_e(z) = (I_a/eA|\langle\vec{u}_e\rangle|)\exp\,\alpha(d-z) \qquad (3.7).$$

Den von den Elektronen getragenen Anteil des Gesamtstroms I_e erhalten wir, indem wir wiederum Gl. (3.4) benutzen, jedoch $dQ(z) = en_e(z)Adz$ einsetzen, da die Elektronendichte im Gasraum nicht konstant ist, wenn ionisiert wird. Integration über den gesamten Gasraum liefert

$$I_e = (I_a/\alpha d)(\exp\,\alpha d - 1) \qquad (3.8).$$

Zur Berechnung des Anteils I_+ der Ionen am Gesamtstrom berechnen wir zunächst die Ionendichte $n_+(z)$ und wenden dann wiederum Gl. (3.4) an. Für die im Volumenelement Adz gebildeten Ionen gilt wie für die Elektronen

$$dN_+ = \alpha n_e(z)Adz,$$

d.h. die Erzeugungsrate im Volumenelement $\dfrac{dN_+}{dt}$ ist gegeben durch

$$\frac{dN_+}{dt} = \frac{dN_+}{dt}\,Adz = \alpha n_e(z)A\,\frac{dz}{dt} \qquad (3.9).$$

Nun ist $dz/dt = |\langle\vec{u}\rangle|$ die Driftgeschwindigkeit der Elektronen. Setzen wir dies in die Bilanzgleichung (2.26) für die Ionen ein und berücksichtigen, daß wir das elektrische Feld E als konstant vorausgesetzt hatten, so erhalten wir

$$\alpha n_e(z)|\langle\vec{u}\rangle| - |\langle\vec{u}\rangle|\frac{dn_+}{dz} = 0 \qquad (3.1o)$$

(dabei wurde die Beziehung $\langle\vec{u}\rangle = e\mu_+\vec{E}$ verwendet, Verluste durch Rekombination und Diffusion wurden wie in Kap. 2.5 vernachlässigt). Aus Gl. (3.1o) erhalten wir die Ionenverteilung $n_+(z)$ zu

$$n_+(z) = \frac{I_a}{eA|\langle\vec{u}_+\rangle|} \; \exp \alpha d\{1 - \exp(-\alpha z)\} \quad (3.11),$$

Hieraus ergibt sich mit Hilfe von Gl. (3.4) I_+ , der von den Ionen getragene Anteil des Entladungsstromes I

$$I_+ = I_a \left\{\frac{1}{\alpha d} + (\exp \alpha d)(1 - \frac{1}{\alpha d})\right\} \quad (3.12).$$

Und wir erhalten schließlich den Gesamtstrom I zu

$$I = I_e + I_+ = I_a \exp \alpha d \quad (3.13).$$

Durch die Gasionisierung wird der ursprünglich ausgelöste (Anfangs-)Strom I_a um den Faktor $\exp \alpha d$ verstärkt. Man nennt $\exp \alpha d$ die *Gasverstaerkung* der Entladungsstrecke.
Gl. (3.11) zeigt, daß die Ionendichte erheblich größer als die Elektronendichte in der Entladung ist. Wie im Falle des Bereiches II einer Gasstrecke mit Fremdionisierung im Volumen gilt, daß **das** Verhältnis der Amplituden der Dichten gleich dem Reziproken des Verhältnisses der Beweglichkeiten ist. Bei stärkeren Entladungsströmen treten daher Raumladungen in der Gasstrecke auf, die das elektrische Feld verformen. Will man den Einfluß der Raumladung mit in die Betrachtung einbeziehen, muß man in analoger Weise, wie in Kap. 2.5 verfahren und die P o i s s o n gleichung (2.27) simultan mit den Bilanzgleichungen lösen.Ein Vergleich von Gl. (3.8) und (3.12) zeigt: geht αd gegen o, so geht I_e gegen I_a und I_+ gegen o. Für kleine αd übertrifft der von den Elektronen getragene Anteil des Stromes den von den Ionen getragenen Anteil. Für $\alpha d = 1.593...$ ist $I_e = I_+$, für größere αd ist der von den Ionen getragene Anteil des Stromes größer als der von den Elektronen getragene Anteil. Dieses Ergebnis erscheint zunächst paradox, da die Elektronen die beweglicheren Ladungsträger sind. Die Erklärung liegt im Entstehungsort der Ladungsträger. Aus Gl. (3.7) und (3.1) folgt, daß der überwiegende Anteil der Ladungsträger unmittelbar vor der Anode gebildet wird. Daher ist die mittlere Driftstrecke eines Elektrons klein gegen d, denn die Elektronen driften zur Anode und werden von ihr absorbiert. Die

mittlere Driftstrecke eines Ions ist demgegenüber nur wenig kleiner als d. D.h. die mittlere Driftstrecke der Ionen ist groß gegen die mittlere Driftstrecke der Elektronen. Dies führt dazu, daß der Entladungsstrom für $\alpha d \gg 1.593\ldots$ überwiegend von positiven Ionen getragen wird.

Diese Schlußfolgerungen gelten nur, solange im Volumen und an den Wänden keine Verluste von Ladungsträgern auftreten und solange die von der Ionenraumladung herrührenden elektrischen Felder vernachlässigbar klein sind. Werden die Raumladungsfelder merklich, so beeinflussen sie die Trägerbewegung so, daß sich die Werte von n_+ und n_- einander annähern. Im Extremfall wird $n_+ = n_-$ und der elektrische Strom wird überwiegend von den Elektronen getragen. Dies ist i.a. in selbständigen Entladungen der Fall.

3.4 Elektronenauslösung an der Kathode, Sekundärverstärkung

Als wichtigsten Sekundärprozeß wollen wir zunächst die Elektronenauslösung durch Ionen an der Kathode betrachten. Elektronenauslösung an der Kathode bedeutet, daß der Teilchenstrom der dort startenden Elektronen nicht durch $J_a = I_a/e$ allein gegeben ist. Wenn außerdem Elektronen durch positive Ionen ausgelöst werden, ist der Strom der zusätzlich zu den Anfangselektronen startenden Elektronen proportional zu $J_+(d)$ dem (Teilchen-)Strom der auf die Kathode auftreffenden Ionen: d.h. der Strom der an der Kathode startenden Elektronen $J_e(d)$ ist gegeben durch

$$J_e(d) = J_a + \gamma_i J_+(d) \qquad (3.14).$$

Der Faktor γ_i heißt *2. Townsend koeffizient*. (Wir betrachten hier Teilchenströme, da sie lokal veränderliche Größen sind, im Gegensatz zum elektrischen Strom, der im gesamten Stromkreis konstant ist). Wir erhalten $J_+(d)$ mit Hilfe von $n_+(d)$ aus der Beziehung

$$J_+(d) = n_+(d)\, A\, |\langle \vec{u}_+ \rangle| \qquad (3.15).$$

Zur Berechnung des Gesamtstromes müssen wir in Gl. (3.13) I_a

durch eJ_e (d) ersetzen, weil dies den Strom der startenden Elektronen angibt (das gleiche gilt in Gl. (3.11) für die Ionendichte). Eliminieren wir mit Hilfe von Gl.(3.15) und (3.11) J_+ (d),
so erhalten wir anstelle von Gl. (3.13) für den Gesamtstrom

$$I = \frac{I_a \exp \alpha d}{1 - \gamma_i \ (\exp \alpha d - 1)} \qquad (3.16)$$

Man nennt den Faktor $\dfrac{1}{1 - \gamma_i \ (\exp \alpha d - 1)}$ die *Sekundaerver-*

staerkung der Gasstrecke. Die Primärverstärkung einer Gasstrecke
nimmt exponentiell mit der Länge d der Gasstrecke zu; die Sekun-
därverstärkung sorgt dafür, daß der Gesamtstrom stärker als exponentiell mit der Länge der Gasstrecke steigt. Wird d so groß, daß

$$\gamma_i \ (\exp \alpha d - 1) = 1 \qquad (3.17)$$

wird, dann divergiert der Ausdruck für den Gesamtstrom. Dies ist

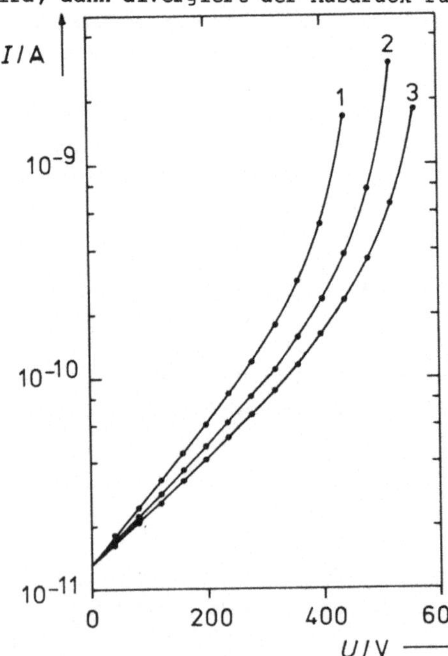

Fig. 3.1 (vgl. Fig. 2.2)
Stromspannungs-(bzw. Strom-
abstands-)Kennlinie in Bereich III einer T o w n s -
e n d entladung in Neon
von 165.5 Torr. Die Kurven
1,2,3 gelten für verschiedene reduzierte Feldstärken.
Da die Feldstärke $E=U/d$ für
eine Kurve konstant gehalten
wurde, ist $U \propto d$ (aus Ref. 3).

die Bedingung für das *Zuenden* einer *selbstaendigen* Entladung.
Gl. (3.17) heißt daher die *Zuendbedingung*. Wir wollen den Prozeß der Zündung im nächsten Kapitel eingehend diskutieren.
Fig. 3.1 zeigt den Verlauf des elektrischen Stromes in Bereich III
einer unselbständigen Entladung, wenn der Plattenabstand und die
Spannung so variiert werden, daß das elektrische Feld $E=U/d$ konstant bleibt. Kennlinien dieser Art werden benutzt, um den Koeffizienten α zu bestimmen. Wenn man annimmt, daß der Faktor
γ_i (exp αd - 1) für kleine d vernachlässigbar ist, läßt sich die
Kennlinie nach Gl.(3.13) auswerten, d.h.

$$\alpha = \frac{d \, \ln I}{d \, d} \qquad\qquad (3.18).$$

Eine solche Auswertung ist jedoch nur zulässig, wenn die halblo-
garithmische Kennlinie ln $I(d)$ über einige Zehnerpotenzen linear
verläuft. Andernfalls sind große Fehler bei der Bestimmung von α
möglich. Aus dem Zündabstand läßt sich bei Kenntnis von α mit
Hilfe von Gl. (3.17) der Koeffizient γ bestimmen.

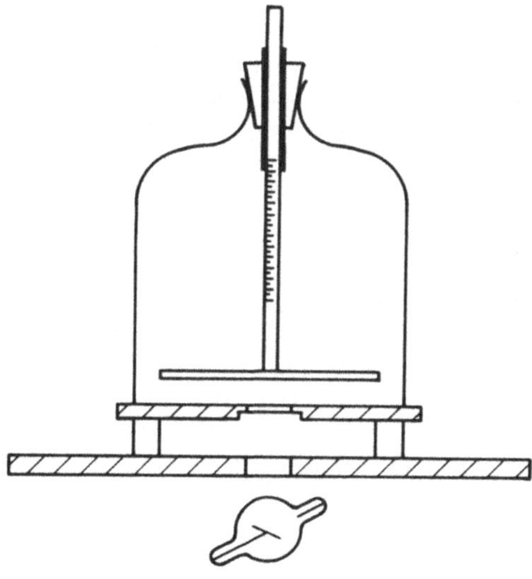

Fig. 3.2 Entladungsge-
fäß von T o w n s e n d[3]
zur Bestimmung von α.
Da α stark von der Gasreinheit abhängt und γ
von der Oberflächenbe-
schaffenheit der Katho-
de, sind moderne Appara-
turen in Ultrahochvakuum-
technik, d.h. ausheizbar,
ausgeführt und besitzen
Vorrichtungen zur Reini-
gung des Entladungsgases
(Absorptionsfallen, Get-
ter, usw.).

Fig. 3.2 zeigt eine Apparatur zur Bestimmung von α und γ auf diese Art. Der experimentell bestimmte Koeffizient γ ist stark von dem Material und der Behandlung der Kathode abhängig. Er beschreibt nicht nur die Elektronenauslösung durch Ionen, sondern auch eine Reihe anderer Effekte, von denen wir im folgenden einige diskutieren wollen.

3.5 Sekundärprozesse, 2.Townsendkoeffizient γ

Der nach der in Abschnitt 3.4 beschriebenen Prozedur bestimmte Koeffizient γ läßt nicht erkennen, welcher Sekundärprozeß in der Entladung wirksam ist. Wir wollen in diesem Abschnitt zeigen, daß es eine Reihe Oberflächenprozesse, aber auch Volumenprozesse gibt, die alle zu einer Kennlinie der Form (3.16) führen. Daher ist der Koeffizient γ im Grunde als Kenngröße für eine Entladung schlecht geeignet, zumal sein Wert von Experiment zu Experiment starken Schwankungen unterworfen ist. Es ist daher auch wenig sinnvoll,γ zu tabellieren. Unter reinen Bedingungen (saubere Oberflächen im Ultrahochvakuum) sind zwar die meisten der im folgenden beschriebenen Oberflächenprozesse und die zugehörigen Auslösekoeffizienten untersucht und gemessen (vgl. Ref. 5), jedoch sind die Ergebnisse dieser Untersuchungen auf Gasentladungen nicht übertragbar, da sich Elektroden in einer Gasatmosphäre stets mit einer Gashaut überziehen, die den Wert der Auslösekoeffizienten stark beeinflußt.

Bei der Diskussion werden wir wie in Kap. 3.4 verfahren, d.h. die Kennlinie I (d) für konstantes E unter der Annahme berechnen, der gerade betrachtete sei der einzig wirksame Sekundärprozeß. Zum Schluß werden wir den Koeffizienten γ aus den so erhaltenen Einzelkoeffizienten zusammensetzen. Da wir die Elektronenauslösung durch Ionen bereits in Kap. 3.4 diskutiert haben, wollen wir sie hier von der Betrachtung ausnehmen.

3.5.1 Photoeffekt an der Kathode

Treffen Photonen auf die Kathode auf, so werden pro Photon γ_f

Elektronen ausgelöst. γ_f ist vom Kathodenmaterial und von der Photonenenergie bzw. der Energieverteilung der Photonen abhängig.
Photonen entstehen im Gasraum durch Abregung angeregter Gasmolekel und bei Stößen zwischen Elektronen und Molekeln (Bremsstrahlung). Sie entstehen an der Anode als weiche Röntgenquanten beim Abbremsen der Elektronen. Die Energieverteilung der Photonen hängt also zum einen von der Energieverteilung der Elektronen, zum anderen von Gasart und Anodenmaterial ab.
Der vom Volumenelement $dV = Adz$ an der Stelle z ausgehende Photonenstrom ist proportional zu $N(z) = n(z)Adz$ der Anzahl der Elektronen im Volumenelement (Proportionalitätsfaktor Θ). Der Bruchteil $g(z)$ der Photonen fliegt in Richtung Kathode. Jedoch gelangt auch von diesen Photonen nur ein Bruchteil zur Kathode, da durch Streuung und Absorption im Gas Photonen verloren gehen. Diese Prozesse beschreiben wir durch den Extinktionskoeffizienten a. Die auf die Kathode treffenden Photonen lösen den Anteil $dJ_f\,(d,z)$ der an der Kathode startenden Elektronen aus:

$$dJ_f(d,z) = \gamma_f g(z)\,\Theta n(z)\exp\{-a(d-z)\}Adz \qquad (3.19).$$

Drücken wir $n(z)$ durch Gl. (3.3) und (3.14) aus, so erhalten wir durch Integration den von den Photonen an der Kathode ausgelösten Elektronenstrom $J_f(d)$

$$J(d) = \cfrac{J_a}{1 - \cfrac{\gamma_f g\Theta}{|<\vec{u}_e>|\,(\alpha-a)}\{\exp(\alpha-a)d-1\}} \qquad (3.2o).$$

Aus Gl. (3.2o) folgt unmittelbar eine Charakteristik in Form der Gl. (3.16), sofern $\alpha \gg a$ ist.
Der von der Anode ausgehende Röntgenstrom ist proportional dem Elektronenstrom auf die Anode $J_e(0) = J_e(d)\exp \alpha d$. Nennen wir den Proportionalitätsfaktor ψ, so erhalten wir durch eine analoge Betrachtung als Charakteristik

$$I = \cfrac{I_a \exp \alpha d}{1 - \cfrac{\gamma_f g\psi}{|<\vec{u}_e>|}\exp(\alpha-a)d} \qquad (3.21).$$

Diese Charakteristik stimmt mit Gl. (3.16) überein, sofern $\alpha \gg a$ und exp $\alpha d \gg 1$ ist. Ist $a \gg \alpha$, so spielt der Photoeffekt keine Rolle, ist $a \approx \alpha$, so erhält man eine abweichende Form der Charakteristik.

3.5.2 Elektronenauslösung durch metastabile Atome

Wir bezeichnen mit γ_m die Anzahl der pro metastabiles Atom ausgelösten Elektronen, mit a_m den Extinktionskoeffizienten der metastabilen Atome. Wir erhalten dann einen Ausdruck analog Gl. (3.2o) für die an der Kathode ausgelösten Elektronen, der für $a_m \ll \alpha$ eine Charakteristik in der Form der Gleichung (3.16) liefert.

3.5.3 Elektronenauslösung durch schnelle neutrale Atome

Für viele Ionensorten ist bei Stößen mit Molekeln des gleichen Gases die Wahrscheinlichkeit für eine Umladung größer als für einen elastischen Stoß. Unter Umladung versteht man die Neutralisation des Ions durch ein Elektron des Molekels. Dadurch wird das Molekel positiv geladen. Es entsteht ein neutrales Molekel mit der Energie des Ions und ein Ion mit der Energie des Gasmolekels. Sind in einer Entladung aufgrund hoher Feldstärken schnelle Ionen vorhanden, so können durch diesen Prozeß schnelle Molekel entstehen, die bei einem Stoß mit der Kathode Elektronen auslösen können. Wir bezeichnen mit γ_n die Zahl der von einem schnellen Neutralteilchen im Mittel ausgelösten Elektronen. Mit b bezeichnen wir den Anteil derjenigen Ionen, die umladen. Die Auslösewahrscheinlichkeit für Elektronen durch Ionen γ_i hängt von der Ionenenergie kaum ab. Daher erhalten wir den Elektronenstrom aus der Kathode zu

$$J_e(d) = J_a + \gamma_i J_+(d) + b\gamma_n J_+(d) \qquad (3.22).$$

Benutzen wir Gl. (3.22) statt (3.14) in Kap. 3.4 zur Berechnung der Charakteristik, so erhalten wir

$$I = \frac{I_a \exp \alpha d}{1 - (\gamma_i + b\gamma_n)(\exp \alpha d - 1)} \tag{3.23}.$$

3.5.4 Ionenemission der Anode

Bei niedrigen Drucken im Gasraum ($p \lesssim 10^{-4}$ Torr) kann die Ionen-
emission der Anode die Ionenerzeugung im Volumen überwiegen. Sie
kommt dadurch zustande, daß die Elektronen die auf der Anode ab-
sorbierte Gashaut ionisieren. Die emittierten Ionen sind also von
der gleichen Art wie diejenigen, die im Volumen entstehen. Die
Ionen laufen zur Kathode und lösen dort mit der Wahrscheinlichkeit
γ_i Sekundärelektronen aus. Wir nehmen an, daß jedes Elektron ω
Ionen an der Anode auslöst. Bei Fehlen von Volumenprozessen ist

$$J_e(d) = J_e(0) = J_a/+\gamma_i J_+(d) = J_a + \omega\gamma_i J_e(d) \tag{3.24}.$$

Daraus erhalten wir als Charakteristik

$$I = \frac{I_a (1 + \omega)}{1 - \omega\gamma_i} \tag{3.25}.$$

Liegt zusätzlich Volumenionisation vor, so wird

$$J_+(d) = J_e(d) \{(1 + \omega) \exp \alpha d - 1\} \tag{3.26},$$

d.h. wir erhalten die Charakteristik

$$I = \frac{I_a (1 + \omega)}{1 - \gamma_i \{ (1+\omega) \exp \alpha d - 1 \}} \tag{3.27}.$$

3.5.5 Volumenionisation durch Ionen

Stöße zwischen schnellen Ionen und Gasmolekeln können zur Ionisierung der Molekel führen. Ursprünglich nahm man an, daß dieser Prozeß der dominierende Sekundärprozeß sei. Daher heißt der ihn beschreibende Koeffizient β (Definition analog zu α) in der älteren
Literatur der 2. *T o w n s e n d*'sche Ionisierungskoeffizient. In
Wirklichkeit ist der Einfluß dieses Prozesses jedoch in Dunkelentladungen sehr gering. Dies liegt daran, daß das Ionengas i.a. eine
viel geringere Temperatur besitzt als das Elektronengas, da bei
Stößen zwischen Ionen und Gasmolekeln viel mehr Energie auf die Molekel übertragen wird als bei Stößen zwischen Elektronen und Molekeln. Daher besitzen nur vergleichsweise wenige Ionen die zur Ionisierung erforderliche Energie. Außerdem ist die Wahrscheinlichkeit einer Ionisierung bei Stößen zwischen Gasmolekeln und Ionen mit
Energien in der Nähe der Ionisierungsenergie etwa um den Faktor 100
niedriger als bei Stößen von Gasmolekeln und Elektronen.
Zur Berechnung der Charakteristik darf man nicht von Gl. (3.3) ausgehen, sondern muß für Elektronen und Ionen eine Bilanzgleichung
in Analogie zu Gl. (3.1o) aufstellen, wobei jedoch Gl. (3.1) durch

$$\frac{dn_{e/+}}{dt} = \alpha \, |<\vec{u}_e>| \, n_e(z) + \beta \, |<\vec{u}_+>| \, n_+(z) \tag{3.28}$$

zu ersetzen ist. Das Gleichungssystem für n_+ und n_e ist mit der
Randbedingung $n_+(0)=0$ und

$$n_e(d) = \frac{I_a}{e \, |<\vec{u}_e>| \; A}$$

zu lösen. Die Kennlinie erhält man aus $n(z)$ mit Hilfe von Gl.(3.4)
und (3.13) wie in Kap. 3.4. Es ergibt sich

$$I = \frac{I_a \, (\alpha-\beta) \exp \, (\alpha-\beta) d}{\alpha-\beta \, \exp \, (\alpha-\beta) d} \tag{3.29},$$

d.h. für $\beta \ll \alpha$ erhalten wir

$$I = \frac{I_a \, \exp \, \alpha d}{1-\beta/\alpha \, \exp \, \alpha d} \tag{3.3o}.$$

Ist exp $\alpha d \gg 1$, so entspricht dies der Kennlinie (3.16).

3.5.6 Photoionisierung im Volumen

Als letzten Prozeß wollen wir die Ionisierung im Volumen durch die
von der Anode ausgehenden weichen Röntgenstrahlung betrachten. Das
Ergebnis gilt annähernd auch für Ionisierung durch die im Gasraum
erzeugten Photonen;(auch bei den ionisierenden Photonen, die aus
dem Volumen stammen, handelt es sich um Bremsstrahlung, da die Rekombination i.a. vernachlässigbar ist), da die Elektronendichte von
der Kathode zur Anode exponentiell ansteigt und die Erzeugungsrate
der Photonen proportional zur Elektronendichte ist. Daher stammen
die meisten der im Volumen erzeugten Photonen aus der unmittelbaren
Umgebung der Anode. Der von der Anode ausgehende Photonenstrom ist
gleich $\psi J_e(o)$. Von diesen Photonen kommen im Abstand z noch
$\psi J_e(o) \, g \, \exp(-az)$ Photonen pro Zeiteinheit an.Von diesen Photonen
werden auf der Strecke dz pro Zeiteinheit $a\psi J_e(o)g \, \exp(-az)dz$
absorbiert und bilden $\zeta a\psi J_e(o)g \, \exp(-az)dz$ Ionenpaare.
Die so gebildeten Elektronen driften zur Anode, wobei jedes Elektron
durch Gasionisation eine Lawine bildet. Dadurch wächst der Gesamtstrom um den Anteil dI, der in Analogie zu Gl. (315) durch die Beziehung

$$dI_f = \zeta a\psi J_e(o)g \, \exp(\alpha-a)z\,dz \qquad (3.31)$$

gegeben ist. D.h. der durch die Photonen verursachte Anteil des Gesamtstromes ist

$$I_f = \frac{\zeta a\psi J_e(o)g}{\alpha -a} \{\exp(\alpha-a)z - 1\} \qquad (3.32).$$

Andererseits ist der Entladungsstrom durch die Beziehung

$$I = eJ_e(d) \, \exp \alpha d + I_f \qquad (3.33)$$

gegeben. Eliminieren wir $J_e(d)$ und $J_e(o)$, so erhalten wir aus (3.33)
und (3.32) die Charakteristik

$$I = \frac{I_a \exp \alpha d}{1 - \frac{\zeta a \psi g}{\alpha - a} \{\exp(\alpha-a)d-1\}} \tag{3.34}.$$

Wir können nun eine Beziehung für den 2. *Townsend*-Koeffizienten
aufstellen, die die diskutierten Prozesse umfaßt. Näherungsweise
erhalten wir

$$\gamma = (\omega+1)\gamma_i + b(\omega+1)\gamma_n + \frac{\gamma_f}{|<\vec{u}_e>|} \left(\frac{g_1\Theta}{\alpha} + g_2\psi \right) + \frac{\beta}{\alpha} + \frac{\zeta a\psi g}{\alpha} \ldots . \tag{3.35}.$$

Die in Gl. (3.35) vorgenommene lineare Superposition gilt jedoch
nur näherungsweise. In vielen Fällen ändert sich die Form der
Charakteristik. γ ist dann kein von der Versuchsbedingung unabhän-
giger Koeffizient mehr.

4. Zündbedingung, P a s c h e n gesetz

4.1 Vorbemerkung

Wir wollen in diesem Kapitel die Diskussion der unselbständigen Entladung zu einem gewissen Abschluß bringen. Daher wollen wir uns auf
die Diskussion des Übergangs der unselbständigen oder teilweise
selbständigen Entladung zur selbständigen Entladung beschränken.
Dies bedeutet, daß wir nur einen einzigen Zündmechanismus diskutieren werden, den sog. *Generations*- oder *T o w n s e n d mechanismus*.
Eine ausführliche Diskussion verschiedener möglicher Zündmechanismen und der Zündvorgänge in einem hochfrequenten Wechselfeld wird
in den letzten Kapiteln dieses Buches erfolgen.

4.2 Zündbedingungen

In Abschnitt 3.4 hatten wir mit einem rein formalen Argument (divergieren von I/I_a) die Beziehung

$$\gamma \, (\exp \alpha d - 1) = 1 \tag{4.1}$$

als Zündbedingung eingeführt. Hierbei ist der Koeffizient γ entsprechend Gl. (3.35) aus den Einzelkoeffizienten der verschiedenen Sekundärprozesse zusammenzusetzen.
An dieser Stelle wollen wir versuchen, eine physikalische Deutung der Beziehung (4.1) zu geben.

Die sog. Gasverstärkung $\exp \alpha d$ gibt die Zahl der Elektronen an, die eine von einem einzigen Elektron gestartete Lawine ($N_0 = 1$) nach Durchlaufen der Strecke d enthält. Da ein Elektron aus der Kathode befreit wurde, ist ($\exp \alpha d - 1$) die Zahl der im Gasraum gebildeten Ionenpaare und damit die Zahl derjenigen Ionen, die von einer Lawine ausgelöst, auf die Kathode auftreffen.
Nehmen wir zunächst an, γ sei gleich γ_i, d.h., der einzig wirksame Sekundärprozeß sei die Auslösung von Elektronen an der Kathode durch Ionen, dann ist $\gamma_i (\exp \alpha d - 1)$ die Zahl der von den Ionen einer Einzellawine ausgelösten Elektronen.

$$\gamma_i (\exp \alpha d - 1) = 1$$

bedeutet also, daß die über den Lawinenprozeß von einem einzelnen Elektron im Mittel im Gasraum erzeugten Ionen insgesamt im Mittel wieder ein Elektron an der Kathode freisetzen. Daraus ersieht man, daß sich der Vorgang - einmal in Gang gesetzt - ohne Mitwirkung eines äußeren Agens stationär selbst unterhält. (Da Gasverstärkung und Sekundärelektronenauslösung Prozesse sind, die statistischen Schwankungen unterliegen, gilt dies nur, wenn viele Anfangselektronen an dem Prozeß beteiligt sind, da die statistischen Schwankungen die Entladung sonst wieder zum Erlöschen bringen können). Bei Mitwirkung eines äußeren Agens muß die Zahl der Lawinen linear mit der Zeit ansteigen, da ständig neue zusätzliche Anfangselektronen ausgelöst werden. Dies erfolgt solange, bis nichtlineare Prozesse für eine Sättigung des Stroms sorgen. Ist $\gamma_i (\exp \alpha d - 1) > 1$, so erzeugt jede Einzellawine mehr als eine Folgelawine, so daß der Strom exponentiell mit der Zeit ansteigt.
Aus dieser Diskussion folgt, daß die formal auftretende Divergenz in Gl. (3.17) daher rührt, daß für $\gamma_i (\exp \alpha d - 1) \geq 1$ eine Betrachtung stationärer Zustände, bei denen der Gesamtstrom I proportional zum Anfangsstrom I_a ist, nicht mehr zulässig ist. Bei der Zündung kommt als wesentlich neuer Parameter die Zeit hinzu, die in

48

die Betrachtung des Vorgangs mit einbezogen werden muß. Wir werden
später sehen, daß das Studium der Zündvorgänge eine typische Aufgabe der sog. Kurzzeitphysik ist und einen entsprechenden appara-
tiven Aufwand erfordert.

Betrachten wir die übrigen der in Kap. 3.5 diskutierten Sekundärprozesse, so finden wir, daß in jedem Fall Träger von kinetischer
oder potentieller Energie auftreten, die entgegen der Wanderungs-
richtung der Elektronen, d.h. in Richtung von der Anode zur Kathode
wandern. Die von ihnen transportierte Energie kann entweder zur
Ionisierung im Volumen oder zur Elektronenauslösung an der Kathode
führen. Ein selbständiger Strom kann fließen, wenn die Sekundärprozesse insgesamt dafür sorgen, daß im Mittel für jedes an der Kathode startende Elektron, unabhängig von den Lawinenelektronen, mindestens ein neues Elektron an der Kathode erzeugt wird, das dann
einen neuen Lawinenprozeß auslöst. In diesem Sinne läßt sich unsere oben geführte Diskussion auf andere Sekundärprozesse übertragen. Sekundärprozesse, die nur zu einer Vermehrung der Lawinenelektronen führen, d.h. eine - effektive - Vergrößerung des
1. T o w n s e n d koeffizienten α bewirken, können hingegen -
zumindest unter den hier diskutierten Bedingungen - keine Zündung
einer selbständigen Entladung bewirken.

4.3 P a s c h e n gesetz

Die Bedingung (4.1) ist sehr unhandlich, zumal die Koeffizienten
α und insbesondere γ oft nicht bekannt sind. Die äußeren Kenngrös-
sen einer Gasstrecke sind neben der Gasart der Gasdruck p bzw. die
Gasdichte n_g, der Elektrodenabstand d und die an den Elektroden
anliegende Spannung U. Daher ist es wünschenswert, (4.1) in eine
Beziehung, die die Zündspannung U_s einer Gasstrecke mit p und d
verknüpft, umzuwandeln. Auf experimentellem Wege hat P a s c h e n
den Zusammenhang zwischen diesen Größen untersucht (Ref. 6). Er
fand dabei den als P a s c h e n gesetz bezeichneten Zusammenhang,
daß die Zündspannung eine Funktion des Produktes aus Druck und
Elektrodenabstand ist

$$U_s = U_s \ (pd) \eqno{(4.2).}$$

Berücksichtigt man, daß der Gasdruck nach der Beziehung

$$p = n_g kT \qquad\qquad (4.3)$$

der Gasdichte n_g bei konstanter Gastemperatur T (k Boltzmannkonstante) proportional ist und andererseits das Volumen der Gasstrecke V dem Elektrodenabstand d wegen $V = Ad$ (A Elektrodenfläche), so sieht man, daß pd proportional zu $N_g = n_g V$, der Gesamtzahl der Gasmolekel im Volumen der Gasstrecke ist. Die Molekelzahl N_g ist der bestimmende innere Parameter der Zündung, da sie ein Maß für die Anzahl der insgesamt in einer Lawine stattfindenden ionisierenden Stöße ist. Es ist daher besser, von der Variablen pd zu der Variablen $n_g d$ überzugehen, da sonst über Gl. (4.3) eine scheinbare Abhängigkeit der Zündkurve (4.2) von der Gastemperatur auftritt.

In der älteren Literatur ist jedoch als Variable meist pd mit den Einheiten Torr cm angegeben, wobei der tatsächliche Druck auf eine Temperatur von 0° C reduziert wurde. Zur Umrechnung auf SI-Einheiten für $n_g d$ benutze man die Beziehung

$$1 \text{ Torr cm} \; \hat{=} \; 3.54 \cdot 10^{20} \text{ m}^{-2} \qquad\qquad (4.4).$$

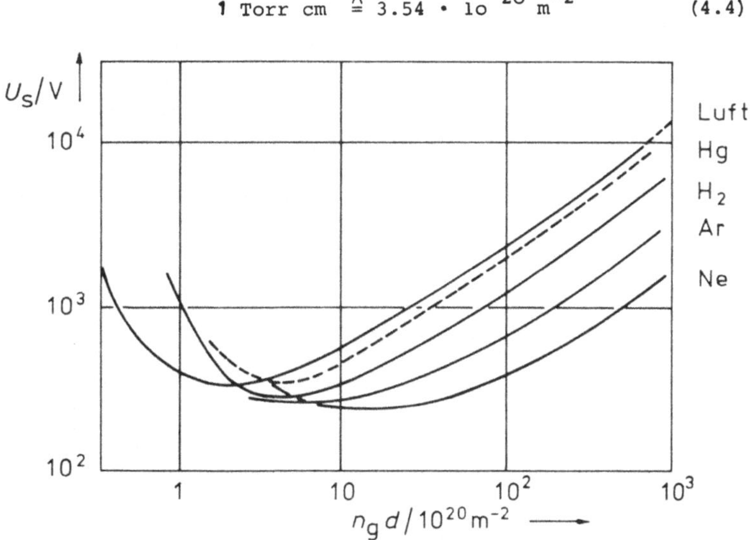

Fig. 4.1 Zündspannungskurven für verschiedene Gase (nach Ref. 7)

Fig. 4.1 zeigt Zündkurven für verschiedene Gase. Charakteristisch
ist, daß die Zünakurven von kleinen Werten von $n_g d$ her steil ab-
fallen, ein Minimum durchlaufen und dann wieder flach ansteigen.
Dieser Verlauf hat wichtige Konsequenzen. Will man z.B. eine Entladung zwischen zwei Elektroden verhindern, so ist es günstig,
durch Absenken des Druckes bzw. V e r r i n g e r n des Elektrodenabstandes in den *linken* Ast der Zündkurve zu kommen, in dem geringe Änderungen von Abstand oder Druck große Änderungen der Zündspannung bewirken. Stellt man einer Entladung zwei Brennwege zur
Verfügung, so brennt sie im längeren (Beispiel H i t t d o r f
sches Umwegrohr, Fig. 4.2).

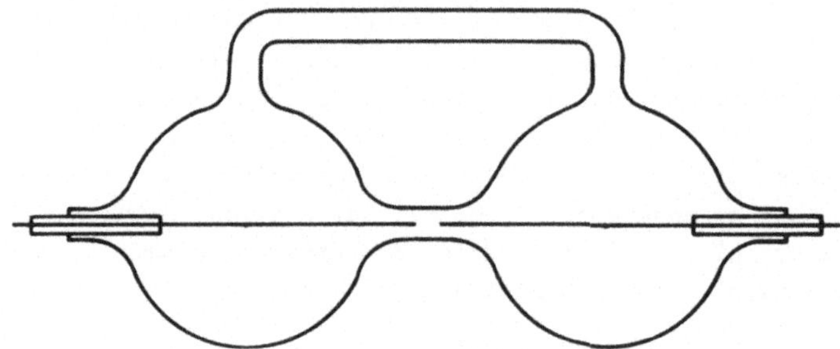

Fig.4.2   H i t t d o r f`sches Umwegrohr. Bei niedrigem Druck
brennt eine Entladung nicht zwischen den Spitzen der als Elektroden dienenden axialen Drähte , sondern durch den äußeren Verbin-
dungsarm der Kolben, selbst wenn dessen Länge mehrere Meter beträgt (nach Ref. 8).

Zur Deutung der Zündkurve müssen wir berücksichtigen, daß sich mit
dem Elektrodenabstand d auch das elektrische Feld in der Gasstrecke
ändert. Es gilt, daß

$$E = U/d$$

ist. Außerdem benötigen wir die Abhängigkeit der inneren Parameter
α und γ von der elektrischen Feldstärke E. Diese Abhängigkeit werden wir in einem späteren Kapitel diskutieren. Für den Moment genügt es zu wissen, daß α und γ nicht direkt Funktionen der elektrischen Feldstärke sind, sondern der sog. *reduzierten Feldstaerke*
E/p oder besser E/n_g. D.h. die Zündbedingung lautet (E_s Zündfeldstärke)

$$\gamma \, (E_s / n_g) \, \{ \exp \, \alpha \, (E_s n_g) \, d - 1 \} = 1 \, .$$

Die Zündfeldstärke E_s hängt mit der Zündspannung U_s über die Beziehung

$$E_s = U_s / d$$

zusammen. Führen wir dies in (4.1) ein, so erhalten wir

$$\gamma \, (U_s / n_g d) \, \{ \exp \, \alpha \, (U_s / n_g d) \, d - 1 \} = 1 \, .$$

Wie man sieht, erhalten wir aus dieser Beziehung U_s als eine Funktion von $n_g d$.

4.4 Ähnlichkeitsbeziehungen

In Kap. 4.3 traten an zwei Stellen als Variable nicht die äußeren Parameter einer Gasstrecke, sondern sog. reduzierte Parameter $n_g d$ und E/n_g (bzw. pd und E/p) auf. Damit ist das P a s c h e n - gesetz ein Sonderfall der sog. *Aehnlichkeitsbeziehungen*, die in der Gasentladungsphysik eine große Rolle spielen (vgl. Ref. 9). Zwei Gasstrecken mit verschiedenen Elektrodenabständen d_1 und d_2 haben die gleiche Zündspannung U_s, wenn sich die Gasdichten n_{g1} und n_{g2} verhalten wie

$$\frac{n_{g1}}{n_{g2}} = \frac{d_2}{d_1} \, .$$

Bei gleicher Spannung an den Elektroden herrschen zwar verschiedene Feldstärken, aber die reduzierten Feldstärken E/n_g sind in beiden Strecken die gleichen. In Gasentladungen kommt als weiterer reduzierter Parameter noch die reduzierte Stromdichte j/n_g (oder j/p) hinzu. Man kann die reduzierten Parameter als Invarianten auffassen. Aufgrund der Ähnlichkeitsbeziehungen ist es möglich, aus dem Verhalten einer Gasstrecke auf das einer anderen geo-

metrisch ähnlichen, unter anderen Bedingungen zu schließen.
Ähnlichkeitsbeziehungen treten nur auf, wenn sich in einer Entladung nur solche Prozesse abspielen, deren Prozeßraten der Gasdichte n_g und der Elektronen- o d e r der Ionendichte proportional sind. Prozesse, wie z.B. die Rekombination, deren Prozeßraten
dem Produkt aus Ionen- und Elektronendichte oder höheren Potenzen
der Träger- oder Gasdichten proportional sind, zerstören die Ähnlichkeitsbeziehungen. Auf diese Weise lassen sich aus dem Ähnlich-
keitsverhalten von Entladungen Rückschlüsse auf die in Entladungen
auftretenden Elementarprozesse ziehen. Man nennt in einer unglück-
lichen Terminologie Prozesse, bei deren Auftreten die Anwendung
von Ähnlichkeitsbeziehungen möglich ist, *erlaubte* Prozesse. Prozesse, bei deren Auftreten keine Ähnlichkeitsbeziehungen bestehen, heis-
sen *verbotene* Prozesse (sprachlich sauberer wäre es, von erlauben-
den bzw. verbietenden Prozessen zu sprechen).
Mit Ausnahme der Rekombination sind alle in Kap. 2 und 3 diskutierten Primär- und Sekundärprozesse erlaubte Prozesse. Die Gültigkeit der Ähnlichkeitsbeziehung (4.1) beweist, daß unsere Annahme, die Rekombination sei bei Zündprozessen zu vernachlässigen,
berechtigt war.

5 Elastische Stöße zwischen Elektronen und Gasmolekeln

5.1 Vorbemerkung, Historisches

In den vorhergehenden Kapiteln hatten wir zur Beschreibung der
Elektrizitätsleitung in Gasen, anhand der Diskussion der unselbständigen Entladung, eine Reihe phänomenologischer Koeffizienten,
wie Beweglichkeit μ und Ionisierungskoeffizient α eingeführt. Es
handelt sich dabei um sog. *makroskopische Koeffizienten*, da sie
zur Beschreibung einer Teilchengesamtheit dienen und damit *Mittelwerte ueber eine Gesamtheit* darstellen. In den folgenden Kapiteln
wollen wir den Zusammenhang zwischen diesen Koeffizienten und den
mikrophysikalischen Groessen, die zur Charakterisierung mikrophysikalischer Objekte - Elektronen, Ionen, Gasmolekeln - dienen, diskutieren (die von uns betrachteten mikrophysikalischen Größen, vor-
nehmlich der *Wirkungsquerschnitt*, sind, streng genommen, keine Ei-

genschaften, die einzelnen Elektronen, Atomen, usw. zukommen, sondern sog. mikrokanonische Ensembles. Das sind Ensembles, die viele
Elektronen, Atome und dgl. einheitlicher Energie enthalten).

Der Begriff des *Wirkungsquerschnittes* (das Wort wurde m.W. von
C. R a m s a u e r geprägt) ist aus der Beschäftigung mit dem
Durchgang von Teilchenstrahlen, speziell Elektronenstrahlen, durch
Gase entwickelt worden.J. P l u e c k e r (18o1 - 1868) beobachtete
1859 in einer Entladung in einer *G e i s s l e r'schen Roehre* ein
grünes Fluoreszenzleuchten der Glaswand. Sein Schüler,J.W.H i t -
t o r f (1824 - 1914) konnte 1869, anhand des Schattenwurfs von
einem eingebrachten Hindernis, nachweisen, daß die Fluoreszenz von
einer "Strahlung" bewirkt wird, die von der Kathode ausgeht (Ref. 8).
E. G o l d s t e i n (185o - 193o) gab diesen Strahlen den Namen
Kathodenstrahlen. Bereits H i t t o r f hatte nachweisen können, daß
die Kathodenstrahlen im Magnetfeld wie Träger negativer Ladungen abgelenkt werden. Jedoch mißlang H. H e r t z (1857 - 1894) der Ver-
such der Ablenkung im elektrischen Feld. Dies lag daran, daß er an
dem evakuierten Versuchsrohr aus Glas außen Elektroden zur Erzeugung
des Feldes anbrachte.Ionen, die im Gefäß erzeugt wurden, bildeten
auf der Glaswand eine Oberflächenladung und schirmten so das äußere
elektrische Feld ab. Aus den H e r t z'schen Versuchen wurde daher
irrtümlicherweise geschlossen, die Kathodenstrahlen seien "longi-
tudinale Ätherwellen". J.J. T h o m s o n (1856 - 194o) konnte
jedoch durch Verwendung eines Rohres mit Innenelektroden die Ablenkung der Kathodenstrahlen im elektrischen Feld nachweisen.
J. P e r r i n (187o - 1942) fing die Kathodenstrahlen in einem
F a r a d a y becher auf, der mit einem Elektrometer verbunden war
und zeigte so, daß sie negative Ladungen transportieren, also eine
Teilchenstrahlung sind. Da die Eigenschaften dieser Teilchenstrahlung sich als unabhängig von Gasart und Kathodenmaterial heraus-
stellten, folgerte man, daß die Partikel einen Elementarbaustein
der Materie darstellen, dem man den Namen Elektron gab.
P. L e n a r d (1862 - 1947) untersuchte in einer Reihe von Arbeiten die sog. "Absorption" der Kathodenstrahlen in verschiedenen Gasen. Unter dem Einfluß der Ätherwellenhypothese benutzte er als
Nachweisgerät zunächst einen Fluoreszenzschirm, später einen Becherauffänger mit Elektrometer. Fig. 5.1 zeigt eine Skizze von L e -
n a r d s Versuchsanordnung.

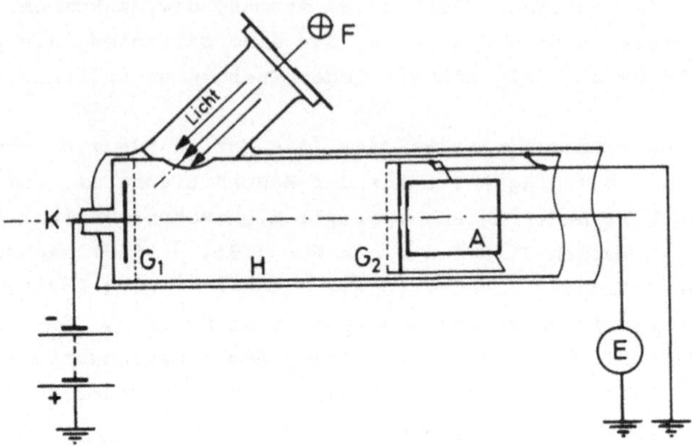

Fig. 5.1 L e n a r d s Apparatur zur Messung des "Absorptionsver-
mögens" verschiedener Gase für Kathodenstrahlen (nach Ref. 1o)

In der geerdeten Metallhülse H wird durch die zwei Gitter G_1 und
G_2 ein feldfreier Raum gebildet, dessen Länge sich durch Verschieben des Rohrstücks h, auf das das Gitter G_2 montiert ist, variieren
läßt. Hinter Gitter G_1 sitzt eine negativ vorgespannte Kathode K,
an der durch das durch einen seitlich angebrachten Stutzen einfal-
lende (UV-) Licht einer Funkentladung F Elektronen ausgelöst werden.
Die Elektronen werden durch das Feld zwischen Kathode und Gitter
G_1 beschleunigt. Im feldfreien Raum wird ein Teil aus seiner ursprünglichen Richtung abgelenkt und ein gewisser Bruchteil gelangt
durch das Gitter G_2 und die dahinter befindlichen Blenden in den
Auffänger A und wird mit dem Elektrometer E nachgewiesen. Die Anordnung kann mit verschiedenen Gasen von unterschiedlichen Drucken
gefüllt werden.
L e n a r d fand, daß man die Abhängigkeit des Auffängerstromes
$I(d)$ vom Abstand d der beiden Gitter durch die Formel

$$I(d) = I_o \exp(-ad) \qquad (5.1)$$

beschreiben kann. Den Koeffizienten a nannte er unter dem Einfluß
der Ätherwellenhypothese das "Absorptionsvermögen". L e n a r d

fand, daß dieses Absorptionsvermögen verglichen mit dem für Licht-
strahlen sehr groß war und schloß daraus, daß die Kathodenstrahlen
eine Wellenlänge klein gegen die Abmessungen der Moleküle haben, was
durch die Quantenmechanik bestätigt worden ist.Weiterhin schloß er
aus der Abhängigkeit von a von der Elektronenenergie, daß die Gasmolekel keine starren Kugeln sind, sondern aus Kraftzentren bestehen, deren Volumen nur einen Bruchteil des aus der kinetischen Gastheorie bekannten Atomvolumens ausmacht.Seine *Dynamidentheorie des
Atombaus* war damit ein wichtiger Vorläufer von R u t h e r f o r d s
Atommodell. Sie nahm die Zusammensetzung des Atoms aus verschiedenen Bauteilen vorweg.
Für unsere Zwecke von besonderer Bedeutung ist sein Ergebnis, daß
die Schwächung des Strahls in Gasen von dem Produkt aus Gasdichte
und Strahllänge abhängt, d.h. nur von der Anzahl der auf der Strahllänge vorhandenen Moleküle, unabhängig von deren Verteilung. Damit
war gezeigt, daß es eine Eigenschaft der Moleküle ist, die die "Absorption" bewirkt.
Aus heutiger Sicht ist die Bezeichnung des Vorgangs der Strahlschwächung als "Absorption" irreführend bzw. falsch. Mit der Strahllänge ändert sich in L e n a r d s Apparatur die Stromverteilung zwischen Hülle und Auffänger. Die Elektronen werden im Gas nicht absorbiert, sondern nur auf einen anderen Auffänger gestreut.

5.2 Modell starrer Kugeln, Wirkungsquerschnitt

Um L e n a r d s Experiment zu interpretieren, nehmen wir zunächst
einmal an, die Moleküle und Elektronen seien starre Kugeln mit den
Radien r_g und r_e, die elastisch miteinander stoßen. Streng genommen haben beide Stoßpartner, d.h. sowohl die Elektronen als auch
die Gasmoleküle, eine Eigenbewegung. Wir wollen zur Vereinfachung
jedoch die Gasmoleküle als ruhend ansehen. Dies ist wegen der geringen Elektronenmasse berechtigt; (bei gleicher Energie gilt
$u_e/u_g = (m_e/m_g)^{1/2}$). In unserem Modell findet immer dann ein Stoß
statt, wenn der Mittelpunkt eines Elektrons eine Scheibe mit dem
Radius $r_e + r_g$ um den Mittelpunkt eines Gasatoms trifft. D.h. der
für einen Stoß wirksame Querschnitt o ist

$$\sigma = \pi \ (\hbar_e + \hbar_g)^2 \qquad\qquad (5.2).$$

Da wir wissen, daß $\hbar_e \ll \hbar_g$ ist, können wir

$$\sigma = \pi \hbar_g^{\ 2} \qquad\qquad (5.3)$$

annehmen. Wir wollen nun überlegen, wieviel Elektronen aus einem
homogenen Elektronenbündel der Stromdichte j herausgestreut werden,
wenn es eine Strecke z durch einen Gasraum zurücklegt. Beträgt die
Gasdichte n_g, so ist von einer Querschnittfläche A auf der Länge
dz der Anteil

$$dA = \sigma n_g A dz \qquad\qquad (5.4)$$

bedeckt. Man nennt das Produkt σn_g den *makroskopischen Querschnitt*.
Ist die Elektronenstromdichte über den Querschnitt konstant, d.h.
die Wahrscheinlichkeit für jeden Bereich der Fläche A, daß pro Zeiteinheit ein Elektron hindurchtritt, die gleiche, so ist die Wahrscheinlichkeit dP, daß Elektronen auf der Strecke dz einen Stoß erleiden, durch das Verhältnis der bedeckten zur unbedeckten Fläche
gegeben, d.h.

$$dP = \frac{dA}{A} = \sigma n_g dz \qquad\qquad (5.5).$$

Der insgesamt herausgestreute Anteil dI des Stromes $I(z)$ ist daher
gegeben durch

$$dI = - I \cdot dP = - I\sigma n_g dz \qquad\qquad (5.6),$$

woraus nach Integration folgt

$$I\ (z) = I_o \exp \ (-\sigma \cdot n_g \cdot z) \qquad\qquad (5.7).$$

Gl.(5.7) beschreibt den Strom derjenigen Elektronen, die bis zur
Stelle z noch keinen Stoß mit Gasmolekeln erlitten haben. Der nach
(5.7) berechnete Strom $I\ (d)$ ist aber nicht identisch mit dem Strom
derjenigen Elektronen, die im Auffänger A von L e n a r d s Appa-

ratur gemessen werden. Um dies einzusehen, betrachten wir ein ver-
einfachtes Schema der Anordnung nach Fig. 5.2 (alle Anordnungen
zur Messung von Wirkungsquerschnitten aus der Strahlschwächung
funktionieren nach dem gleichen Prinzip).

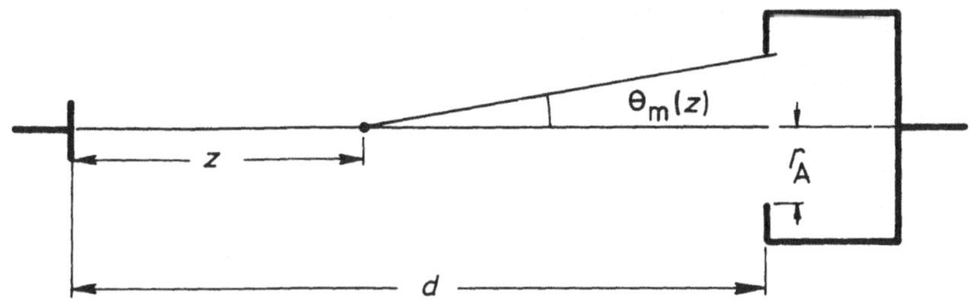

Fig. 5.2 Schema einer Streuapparatur

Ein längs der Achse fliegendes Elektron, das an der Stelle z gestreut wird, gelangt noch in den Becherauffänger, wenn der Winkel,
um den es gestreut wird, kleiner als θ_m ist, wobei θ_m durch die
Beziehung

$$\tan \theta_m = \frac{\kappa_A}{d-z} \tag{5.8}$$

gegeben ist (κ_A Radius der Auffängeröffnung). D.h. nur solche Elektronen werden n i c h t mehr mit gemessen, die um größere Winkel
als θ_m gestreut werden. Dabei ist θ_m eine Funktion von $d-z$ und κ_A.
Als nächstes überlegen wir uns den Streuwinkel beim elastischen
Stoß. Wir nehmen dazu an, daß Masse und Radius des Elektrons gegen
die des gestoßenen Atoms zu vernachlässigen sind.
Dann ist der Einfallswinkel zwischen Lot und Elektronenbahn gleich
dem Auffallswinkel zwischen Lot und Elektronenbahn. Ziehen wir
eine Parallele zur Bahn des einlaufenden Elektrons durch den Mittelpunkt des Atoms und nennen ihren Abstand zur Elektronenbahn b
den *Stossparameter*, so gilt

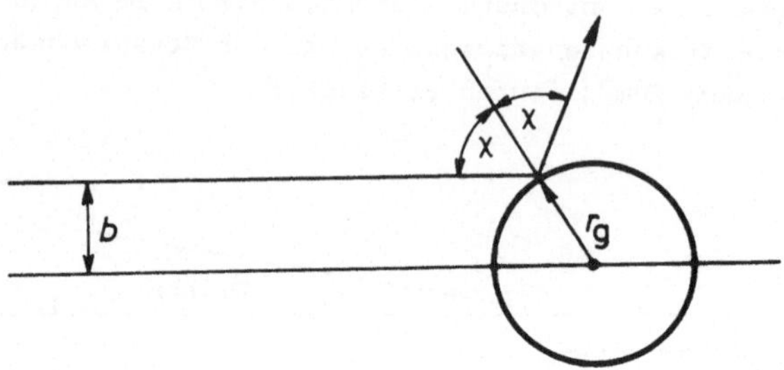

Fig. 5.3   Ablenkung beim elastischen Stoß zwischen elastischen Kugeln.

$$\sin \chi = \frac{b}{r_g} \qquad (5.9).$$

Alle Elektronen für die ($\pi - 2 \chi$) kleiner als θ_m ist, werden vom
Auffänger noch aufgesammelt. D.h. der für die Stromschwächung am
Auffänger wirksame Querschnitt des Moleküls ist nicht πr_g^2, sondern
πb_m^2, wobei b_m durch die Bedingung $\pi - 2 \chi_m = \theta_m$ gegeben ist und
χ_m mit b_m nach Gl. (5.9) zusammenhängt. Für b_m erhalten wir aus
einfachen Geometriebetrachtungen die Beziehung

$$\frac{b_m^2}{r_g^2} = \frac{1}{2} + \left[\frac{1}{4} - \frac{r_A^2}{4(r_A^2 + dz^2)} \right]^{1/2} \qquad (5.10).$$

Wir erhalten also für den aus dem Bereich des Auffängers gestreuten Strom dI

$$dI = I\pi b_m^2 n_g dz = I\pi n_g \frac{r_g^2}{2} \left\{ 1 + \left(1 - \frac{r_A^2}{r_A^2 + (d-z)^2} \right)^{1/2} \right\} dz \qquad (5.11).$$

Integration von Gl. (5.10) über alle möglichen z, d.h. von 0 bis d

liefert unter Verwendung von Gl. (5.3) anstelle von Gl. (5.7)

$$I(d) = I_0 \exp\left[-\sigma n_g d \left(\frac{1}{2} - \frac{r_A}{2d} + \left(\frac{1}{4} + \frac{r_A^2}{4d^2} \right)^{1/2} \right) \right] \qquad (5.12),$$

die erst im Grenzfall $r_A/d \to 0$ in Gl. (5.7) übergeht.

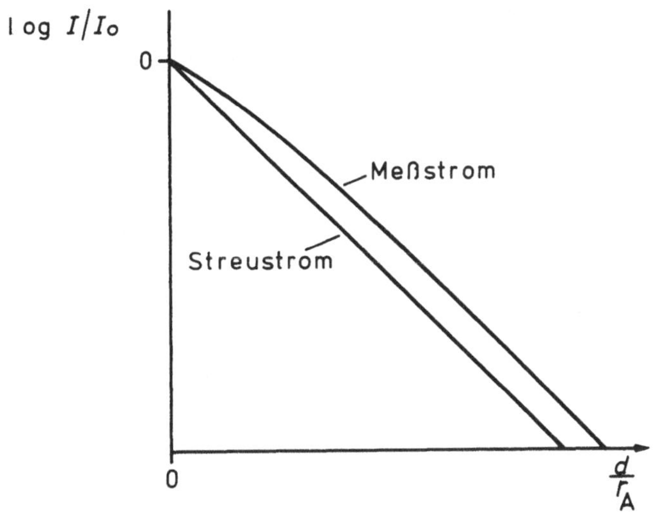

Fig. 5.4 Vergleich zwischen dem Meßstrom und dem Strom der ungestreuten Elektronen in einer Streuapparatur.

In Fig. 5.4 haben wir den Strom der ungestreuten Elektronen
("Streustrom") nach Gl. (5.7) und den Meßstrom nach Gl. (5.12)
halblogarithmisch aufgetragen.
Unsere Betrachtung gilt nur für Elektronen, die auf der Achse flie-
gen, d.h. für eine Apparatur mit punktförmiger Kathode. Der Quotient
r_A/d ist der Tangens desjenigen Winkels, unter dem der Rand der
Auffängeröffnung von der Kathode aus erscheint. Je kleiner r_A/d
ist, bei desto geringerem Streuwinkel wird ein Elektron nach der
Streuung nicht mehr mitgemessen. Wir können daher das Reziproke,
d.h. d/r_A, als ein Maß für das Auflösungsvermögen der Apparatur

für Streuwinkel ansehen. Im Grenzfall $r_A/d \to o$, d.h. nur für genügend großes Auflösungsvermögen liefert eine Messung des Stromes mit Hilfe von Gl. (5.7) den Querschnitt der Gasmolekel für Elektronenstöße. Fig. 5.4 zeigt, daß der Verlauf des gemessenen Stromes bereits für endliches Auflösungsvermögen in eine Exponentialkurve übergeht, deren logarithmische Ableitung den Querschnitt liefert. Dies ist in Übereinstimmung mit der experimentellen Erfahrung, daß gemessene Querschnitte gegen einen konstanten Wert konvergieren, wenn man das Auflösungsvermögen der Apparatur erhöht. Wären die Elektronen und Gasmoleküle jedoch elastische Kugeln, so müßten die gemessenen Querschnitte außerdem auch unabhängig von der Energie der Elektronen sein. Die Erfahrung zeigt jedoch, daß sie i.A. mit wachsender Elektronenenergie abnehmen. Man kann den Molekeln daher nicht einen eindeutigen Querschnitt zuordnen. Die mit Hilfe von Gl. (5.7) aus Streumessungen bestimmte Fläche $\sigma(\varepsilon)$ (ε Elektronenenergie) wird als der bei der Elektronenenergie ε wirksame Querschnitt bzw. als *Wirkungsquerschnitt* der Gasmolekel bezeichnet.

5.3 Wechselwirkungspotentiale, M o t t 'sches Paradoxon

Die Energieabhängigkeit der Wirkungsquerschnitte läßt sich erklären, wenn man die Streuung der Elektronen an Gasmolekeln nicht als den Stoß von elastischen Kugeln beschreibt, sondern annimmt, daß zwischen Elektron und Molekel eine Kraft wirkt, die mit abnehmenden Abstand stark zunimmt. Das Vorhandensein einer solchen Kraft kann man auch direkt aus den Eigenschaften der Atome bzw. Elektronen ersehen.

Aufgrund der Ladung des Elektrons herrscht im Abstand r vom Elektron ein elektrisches Feld, dessen Betrag E durch

$$E = \frac{e}{4\pi\varepsilon_0 r^2} \tag{5.13}$$

gegeben ist (ε_0 Vakuumpermittivität). Gerät ein Gasmolekel in dieses Feld, so verschiebt sich der Schwerpunkt der Verteilung der negativen Ladungen in der Hülle gegen den Schwerpunkt der Vertei-

lung der positiven Ladungen im Kern (oder den Kernen). Das Molekel
wird polarisiert, sein induziertes Dipolmoment p ist proportional
zu E:

$$p = \frac{\gamma e}{4\pi\varepsilon_0 \hbar^2} \qquad (5.14).$$

γ heißt *molekulare Polarisierbarkeit* des Gasmolekels. Das elektrische Potential ϕ_p des Dipols ist gegeben durch

$$\phi_p(\hbar) = \frac{\gamma e}{2(4\pi\varepsilon_0)^2 \hbar^4} \quad \propto \quad \frac{1}{\hbar^4} \qquad (5.15).$$

Das Potential bewirkt, daß Elektron und Gasmolekel sich gegenseitig
a n z i e h e n.

In einem solchen Potential wird ein Elektron um so stärker abgelenkt, je näher es dem Molekel kommt und je geringer seine Energie
ist. Um ein Elektron um einen bestimmten Winkel abzulenken, muß es
mit wachsender Energie, also mit immer kleineren Stoßparametern,
stoßen. Dies erklärt die Abnahme des Wirkungsquerschnitts mit der
Energie. Wir werden diesen Sachverhalt in Abschnitt 5.7 noch genauer betrachten. Andererseits erstreckt sich das Wechselwirkungspotential ϕ_p zwischen Molekel und Elektron über beliebig große Abstände. D.h., daß bei beliebig großem Stoßparameter eine, wenn auch
geringe Ablenkung, des Elektrons stattfindet. Da der gemessene Wirkungsquerschnitt als die Kreisfläche gegeben ist, deren Radius der
Stoßparameter ist, bei dem das Elektron gerade um θ_m abgelenkt wird,
müßte man also bei beliebiger Vergrößerung der Winkelauflösung der
Streuapparatur einen immer größeren Wirkungsquerschnitt messen; der
Wirkungsquerschnitt müßte für $\hbar_A/d \to o$ divergieren. Dieser Widerspruch, daß der experimentell gefundene endliche Wirkungsquerschnitt
einerseits auf ein scharf begrenztes Wechselwirkungsvolumen, die Natur der Wechselwirkung zwischen Elektron und Molekel und die Energieabhängigkeit des Wirkungsquerschnitts andererseits auf ein dif-
fuses, unbegrenztes Wechselwirkungsvolumen hinweist, heißt das
M o t t 'sche Paradoxon. Es wurde von M o t t mit Hilfe der quantenmechanischen Unbestimmtheitsrelation aufgelöst (Ref. 11).

In der Quantenmechanik hat man sich der H e r t z 'schen Ansicht,

62

die Kathodenstrahlen seien Ätherwellen, insofern wieder genähert,
als den Elektronen Welleneigenschaften zugeschrieben werden. Man
kann ein einzelnes Elektron als ein Wellenpaket auffassen, das im
Laufe der Zeit auseinanderläuft. Man kann nur dann eine klassische
Bahn definieren, wenn die Breite des Wellenpakets Δr klein gegen
den Wert der radialen Ortskomponente r ist. Nun ist andererseits
Δr mit der Unbestimmtheit Δu_r der Transversalkomponente der Geschwindigkeit nach der Unbestimmtheitsrelation verknüpft:

$$\Delta r \Delta u_r = h/m \tag{5.16}.$$

Hierbei ist h das Planck'sche Wirkungsquantum. Es muß also
$h/m\Delta u_r \ll r$ gelten. Wenn der Transversalkomponente der Geschwindigkeit u_r eine Unsicherheit Δu_r zuzuordnen ist, bedeutet das, daß
das Wellenpaket über einen Winkelbereich $\Delta u_r/u_z$ verschmiert wird.
Die klassische Beschreibung des Meßprozesses durch Bahn- und Ablenkwinkel erfordert also, daß der Bahnwinkel $\theta \gg \Delta u_r/u_z$ ist. Insgesamt erhalten wir also die Bedingung

$$\theta r \gg h/mu_z \tag{5.17}.$$

Nun zeigt die quantenmechanische Durchrechnung des Problems, daß
für Streuung an einem Potential, das stärker als mit der dritten
Potenz des Abstands nach außen abfällt $\theta r \rightarrow$ o strebt, wenn $\theta \rightarrow$ o
geht. D.h. die Bedingung (5.17) ist nicht für beliebig kleine Ab-
lenkwinkel zu erfüllen. Streuwinkel kleiner als

$$\theta_G = h/rmu_z \tag{5.18}$$

sind prinzipiell nicht beobachtbar. Da aber gerade die Beiträge der
beliebig kleinen Streuwinkel in unserer Betrachtung zur Annahme der
Divergenz von σ führen, sieht man, daß o endlich groß bleiben muß.
Trotzdem muß das Auflösungsvermögen der Meßapparatur ziemlich hohen
Anforderungen genügen, um den Grenzwert von σ zu messen. Um z.B.
den Wirkungsquerschnitt mit einer Genauigkeit von 1 % zu messen,
dürfen Elektronen, die unter folgenden Winkeln gestreut werden,
nicht mehr zum gemessenen Strom beitragen (Ref. 12) :

```
Bei   1   eV Elektronenenergie 11°
 "   10   eV              "          6,5°
 "  100   eV              "          2,3°
 "    1  keV              "          0,85°
 "   10  keV              "          0,2°.
```

Da der in Gl. (5.18) definierte Grenzwinkel θ_G umgekehrt proportional zur Masse des Geschoßpartikels ist, sind die Anforderungen an die Auflösung bei der Messung der Wirkungsquerschnitte für positive Ionen noch erheblich höher.

5.4 Totaler Wirkungsquerschnitt, R a m s a u e r methode

Die ersten sauberen Messungen von Wirkungsquerschnitten wurden von R a m s a u e r (Ref. 13) durchgeführt. Seine Meßanordnung ist in Fig. 5.5 skizziert.

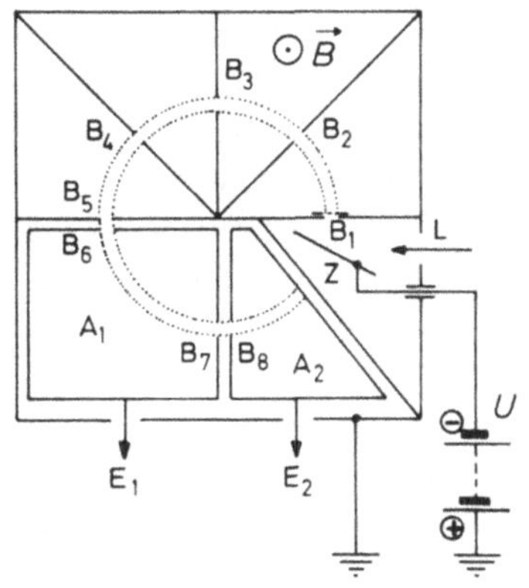

Fig. 5.5 R a m s a u e r s Anordnung zur Messung totaler Wirkungsquerschnitte.

An der negativ vorgespannten Zinkplatte Z werden photoelektrisch Elektronen ausgelöst. Die mit einem Gitter elektrisch abgeschirmte Blende B_1 blendet einen Strahl aus, der durch das Magnetfeld B auf die durch die Blenden B_1 ... B_8 definierte Kreisbahn gezwungen wird. Der Radius r_c der Bahn eines geladenen Teilchens der Ladung Q, der Masse m und der Geschwindigkeit u ist gegeben durch

$$r_c = \frac{m\,u}{Q\,B} \qquad\qquad (5.19).$$

D.h. mit Hilfe des Magnetfeldes wird an den Blenden ein Elektronenstrahl mit einheitlicher Geschwindigkeit ausgeblendet. Außerdem
werden alle Elektronen, die durch einen Stoß ihre Richtung oder ihre
Geschwindigkeit und damit Energie geändert haben, aus dem Strahl
abgelenkt und fallen auf eine der Wände. Gemessen wird zum einen
der Strom auf den Auffänger A_2. Er liefert den Strom I_2 am Ort der
Blende B_7. Zum anderen die Summe der Ströme auf die Auffänger A_1
und A_2, die den Strom I_1 am Ort der Blende B_5 liefert. Damit erhält
man den Strom an zwei verschiedenen Orten und kann aus der Gasdichte
mit Hilfe von Gl. (5.7) den Wirkungsquerschnitt bestimmen. Bezeichnen wir mit x_1 den Weg des Strahls von Blende B_1 bis B_5 und mit x_2
den Weg von Blende B_1 bis B_7, so gilt nach Gl. (5.7)

$$\sigma = \frac{1/n\ (I_1/I_2)}{n_g\ (x_2 - x_1)} \qquad\qquad (5.2o).$$

Sieht man vom endlichen Auflösungsvermögen auch dieser Anordnung
ab, so sieht man, daß σ alle Streuprozesse beschreibt, und zwar
unabhängig vom Streuwinkel, aber auch unabhängig davon, ob die
Streuung elastisch oder unelastisch (Anregung oder Ionisation der
Stoßpartner) erfolgt. Man nennt den so gewonnenen Wirkungsquerschnitt daher auch den totalen Wirkungsquerschnitt. Hat man verschiedene Streuprozesse, die mit den Wahrscheinlichkeiten P_1, P_2,
P_3 ... stattfinden, so ist die gesamte Streuwahrscheinlichkeit P

$$P = \Sigma P_n \qquad\qquad (5.21)$$

und entsprechend

$$\sigma = \Sigma \sigma_n \qquad\qquad (5.22);$$

d.h. wir können den totalen Wirkungsquerschnitt als Summe der verschiedenen Einzelprozeß-Wirkungsquerschnitte auffassen.
Die R a m s a u e r`sche Methode ist nur geeignet, totale Wirkungs-
querschnitte von A t o m e n solcher Substanzen zu messen, deren
Gase oder Dämpfe unter normalen Bedingungen monoatomar vorliegen,

d.h. von Edelgasen und Metalldämpfen. Um die a t o m a r e n Wirkungsquerschnitte von Substanzen zu messen, deren Gase bzw. Dämpfe
in Molekülform vorliegen, z.B. von Wasserstoff oder Sauerstoff
(diese Wirkungsquerschnitte sind für die Ionosphärenphysik von besonderer Bedeutung), muß man mit gekreuzten Atom- und Elektronenstrahlen arbeiten. Eine ausführliche Diskussion der Meßmethoden
findet sich in   Ref. 12 .

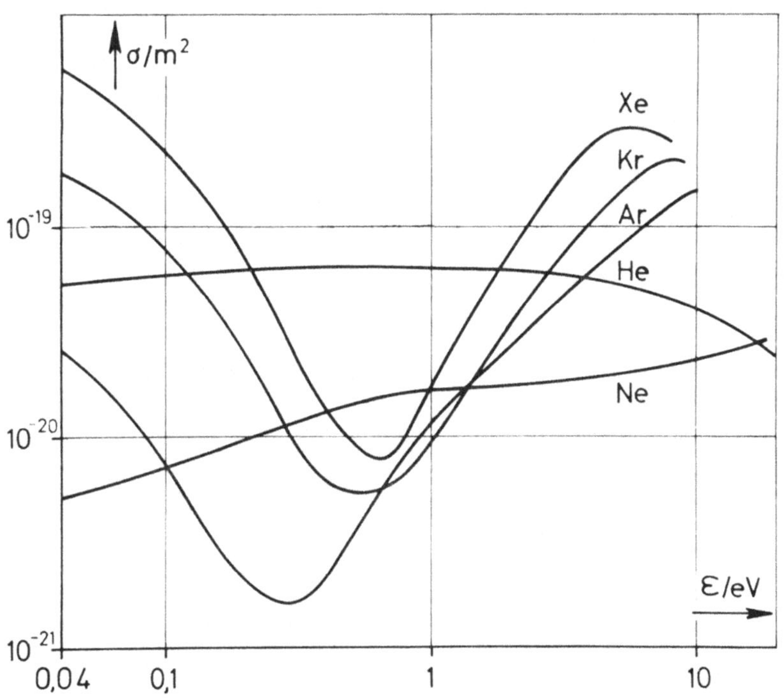

Fig. 5.6 Totaler Wirkungsquerschnitt für die elastische Streuung
von Elektronen an Edelgasen (nach Ref. 16).

In Fig. 5.6 sind gemessene Verläufe des totalen Wirkungsquerschnitts
der Edelgase für Elektronenstreuung bei Energien kleiner als die
Energie des ersten Anregungszustandes der betreffenden Gase aufge-
tragen. Man sieht, daß bei den schweren Edelgasen ein deutliches
Minimum im Wirkungsquerschnitt auftritt. Diese Anomalie wird als
R a m s a u e r e f f e k t bezeichnet. Hinweise auf den Effekt wurden
unabhängig von R a m s a u e r auch von A k e s s o n[14] und in
Schwarmexperimenten von T o w n s e n d und B a i l e y[15] gefunden.
Der R a m s a u e r effekt läßt sich nur quantenmechanisch deuten.
Er tritt bei einer Elektronenenergie auf, bei der in den Potential-
topf des Atoms ganzzahlige Vielfache der Elektronenwellenlänge pas-
sen. Zwischen gestreuter und ungestreuter Elektronenwelle ist dann
keine Phasenverschiebung vorhanden, d.h. es gibt keinen Einfluß
der Streuung auf die Elektronenwelle. Die so formulierte Bedingung
ist nur für bestimmte Stoßparameter erfüllbar, deshalb verschwindet der Wirkungsquerschnitt nicht vollständig, sondern nimmt nur
sehr kleine Werte an.

5.5 Differentieller Wirkungsquerschnitt

Die Streuung der Elektronen erfolgt je nach dem Wert des Stoßpara-
meters um verschiedene Winkel. Dies gilt bereits für die Streuung elastischer Kugeln, wie man sich an Fig. 5.3 klarmachen kann.
Daher ist der Wirkungsquerschnitt außer aus der von L e n a r d
eingeführten Analyse des Stroms der ungestreuten Elektronen auch
aus einer Messung der gestreuten Elektronen zu gewinnen. Untersuchungen an gestreuten Elektronen haben ergeben, daß der Strom der
in verschiedene Raumwinkel gestreuten Elektronen sehr stark vom
Streuwinkel abhängt (vgl. Fig. 5.9). Zur Beschreibung der Winkel-
abhängigkeit der Streuung ist der totale Wirkungsquerschnitt unge-
eignet. Man benutzt den sog. *differentiellen Wirkungsquerschnitt*
$d\sigma/d\Omega$. Streuwinkel sind nur dann in einem Experiment feststellbar,
wenn nur solche Teilchen gemessen werden, die in einem kleinen,
möglichst genau definierten, Volumen S gestreut wurden(vgl. Fig.
5.7). Wir betrachten zunächst ein einziges streuendes Molekel im
Volumen S mit dem totalen Wirkungsquerschnitt σ. Ein Elektron, das
die Fläche σ trifft, wird mit der Wahrscheinlichkeit 1 überhaupt

gestreut. Wenn es das Flächenelement $d\sigma$ trifft, wird es in das Raumwinkelelement

$d\Omega$ ($= \sin \theta \, d\theta \, d\phi$ in Kugelkoordinaten, vgl. **Fig. 5.7**)

gestreut, d.h. die Wahrscheinlichkeit dP für Streuung nach $d\Omega$ ist $dP = d\sigma/\sigma$. Nach der Definition von dP ist

$$\int_{4\pi} dP = \frac{1}{\sigma}\int_{4\pi} d\sigma = \frac{1}{\sigma} \int_{0}^{4\pi} \frac{d\sigma}{d\Omega} \, d\Omega = 1 \qquad (5.23).$$

Daraus folgt, daß

$$\int_{0}^{2\pi} \int_{0}^{\pi} \frac{d\sigma}{d\Omega} \sin \theta d\theta d\phi = \sigma \qquad (5.24)$$

ist. Im Experiment mißt man den Strom dI der gestreuten Elektronen mit einem Auffänger der Fläche dA (vgl. Fig. 5.7), so daß $d\Omega = dA/r^2$ ist (r Abstand zwischen Streuvolumen und Auffänger).

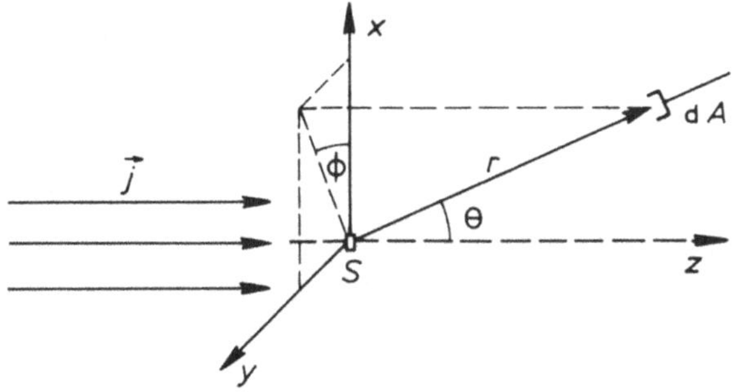

Fig. 5.7   Zur Definition des differentiellen Wirkungsquerschnittes.

Der Strom dI ist durch den in das Streuvolumen eintretenden Strom I ,multipliziert mit der Wahrscheinlichkeit, daß nach $d\Omega$ gestreut wird, gegeben. Die Zahl der Streuer im Volumen S ist $n_g S$, so daß sich dI in Analogie zu Gl. (5.6) ergibt zu

$$dI = \frac{I}{A}\, n_g S d\sigma = j n_g S\, \frac{d\sigma}{d\Omega}\, d\Omega \qquad\qquad (5.25).$$

Hierbei ist A die Querschnittsfläche des Streuvolumens und j die Stromdichte der in S eintretenden ungestreuten Elektronen. Aus Gl. (5.25) wird ersichtlich, daß eine genaue Kenntnis des Streuvolumens S für genaue Messungen des Wirkungsquerschnittes unerläßlich ist. Um das Auflösungsvermögen für den Streuwinkel zu erhöhen, muß die Auffängerfläche möglichst klein gemacht werden; dies erfordert Techniken zur Messung kleinster Ströme. In modernen Experimenten werden daher vielfach statt elektrischer Ströme einzelne Teilchen mit Hilfe von Sekundärelektronenvervielfachern (SEV) nachgewiesen. Sind inelastische Stöße möglich, so müssen die gestreuten Teilchen außerdem einer Energieanalyse unterworfen werden, um die von verschiedenen Streuprozessen herrührenden Anteile voneinander trennen zu können.

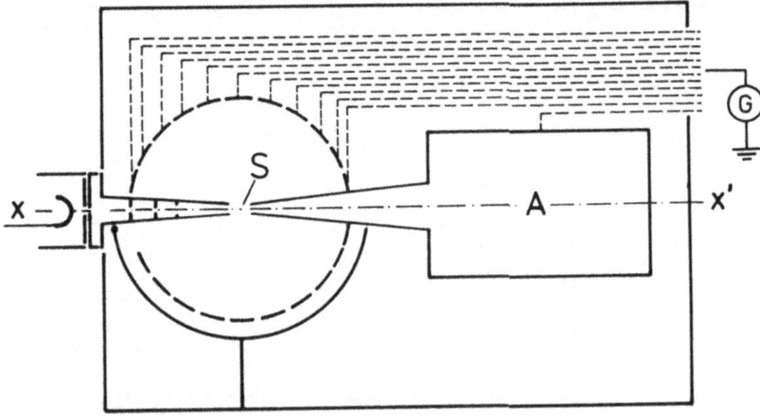

Fig. 5.8 Zonenapparatur zur Messung differentieller Wirkungsquerschnitte für die elastische Streuung von Elektronen an Gasmolekel. Die Auffänger bilden 11 Zonen einer Kugel, die Anordnung ist um die Achse x-x' zylindersymmetrisch.

Die erste Apparatur, die diese Gesichtspunkte berücksichtigte, war

die "Zonenapparatur" von R a m s a u e r und K o l l a t h
(Ref. 17) nach Fig. 5.8. Das Streuvolumen wird darin dadurch definiert, daß der größte Teil des Strahlweges durch Rohre an der
Elektronenkanone und am Strahlfänger A abgeschirmt wird. Der frei-
gelassene Teil definiert das Streuvolumen S. Die in S gestreuten
Elektronen werden von elf ringförmigen Auffängern gemessen, deren
jede Elektronen aus einem bestimmten endlichen Streuwinkelbereich
aufsammelt. Nach Gl. (5.25) geben die Auffängerströme ein Maß für
den differentiellen Streuquerschnitt,von dem angenommen wird, daß
er nur vom Azimut abhängt.

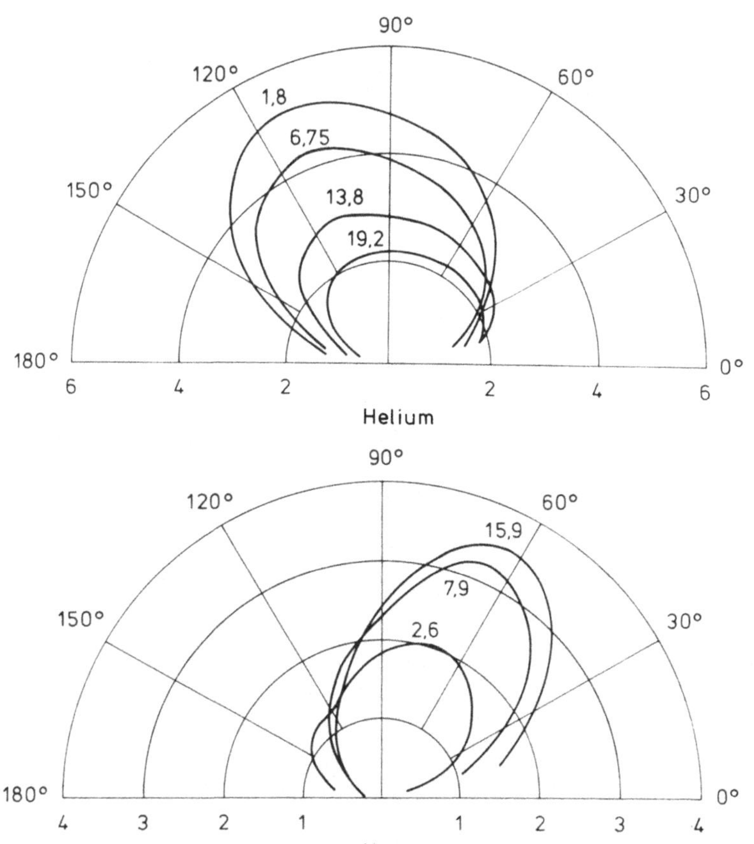

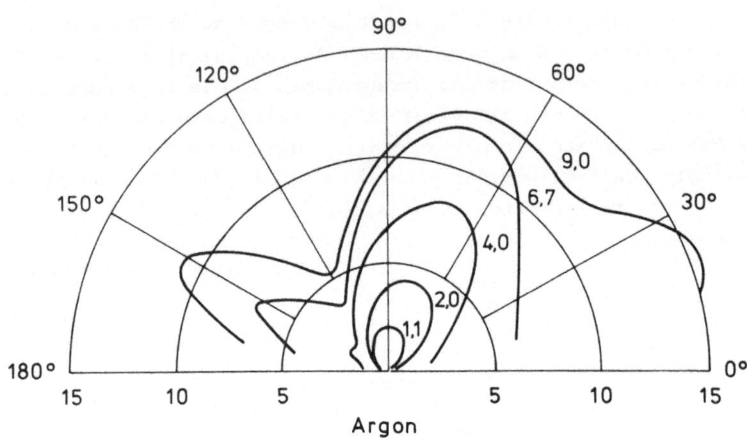

90°
120°
60°
9,0
150°
6,7
30°
4,0
2,0
1,1
180°
0°
15
10
5
5
10
15
Argon

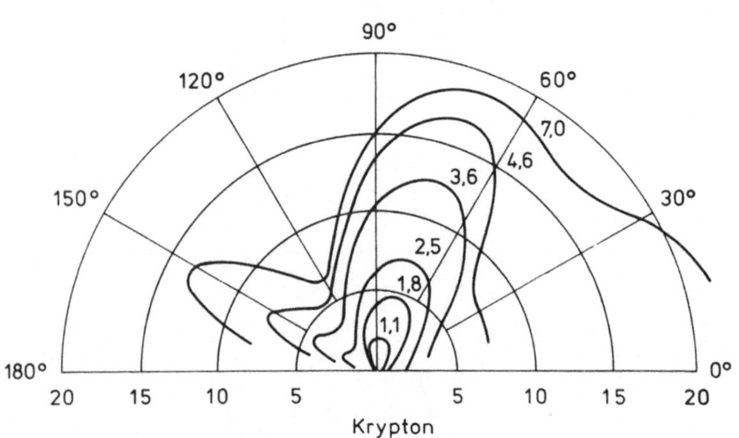

90°
120°
60°
7,0
4,6
150°
3,6
30°
2,5
1,8
1,1
180°
0°
20
15
10
5
5
10
15
20
Krypton

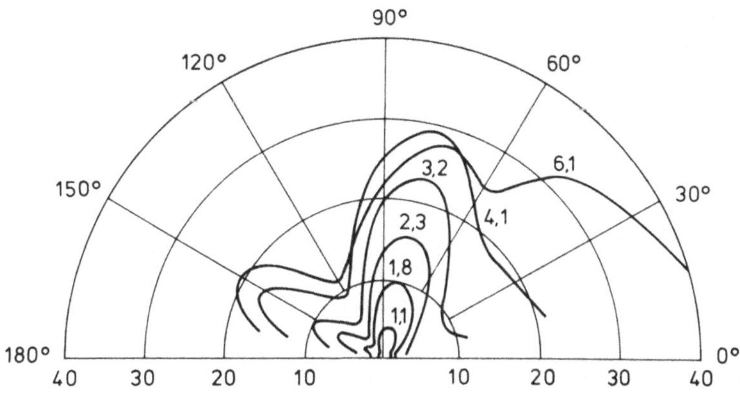

Fig. 5.9 a - e Differentielle Wirkungsquerschnitte für die Streuung von Elektronen an Edelgasatomen. Man beachte die unterschiedlichen Maßstäbe des Radius (relative Einheiten in jeweils gleicher
Normierung)[17].

Dies ist erlaubt, solange neben der Strahlrichtung keine weitere
Richtung ausgezeichnet ist.

Die Apparatur erlaubt nur Messung von Elektronen, die um mittlere
Winkel gestreut werden. Streuung um Winkel von der Größenordnung
o oder π führt dazu, daß die gestreuten Elektronen auf die Abschir-
mungen treffen. Über spezielle Anordnungen zur Messung der Streuung bei diesen Winkeln vgl. Ref. 12.
Fig. 5.9 zeigt Meßergebnisse von R a m s a u e r und K o l l a t h
in Polarkoordinatendarstellung, d.h. die Länge des Radius gibt ein
Maß für den differentiellen Streuquerschnitt. Die an den einzelnen
Meßkurven stehenden Zahlenwerte geben die Energie des Primärstrahls
in eV an. Eine Energieanalyse der gestreuten Elektronen wurde nicht
vorgenommen, da nur in Energiebereichen unterhalb der ersten Anregungsenergie der Gasatome gearbeitet wurde, d.h. es handelt sich um
rein elastische Streuung. Man entnimmt aus Fig. 5.9, daß $d\sigma/d\Omega$
nicht konstant ist, sondern, daß - besonders bei schweren Edelga-

sen - verschiedene Maxima im differentiellen Wirkungsquerschnitt
auftreten. Mit wachsender Energie steigt der Querschnitt für Vorwärtsstreuung, d.h. für kleine Winkel immer stärker an.

5.6 Impuls- und Energieübertragung beim Stoß, Impulsübertragungs-
querschnitt

In den folgenden Abschnitten wollen wir die Kinematik des Stoßpro-
zesses genauer diskutieren, um einerseits einen Zusammenhang zwischen Streuwinkel und übertragener Energie, andererseits eine Abschätzung für die Energieabhängigkeit des Wirkungsquerschnitts zu
gewinnen. Da beim Stoß, d.h. der (i.a. kurzzeitigen) Wechselwirkung zwischen zwei Teilchen zwei Erhaltungssätze - Energie- und Impulssatz - erfüllt sind, lassen sich Aussagen über Energie- und Impuls-
übertragung bereits aus diesen beiden ohne genaue Kenntnis der Bahnen beim Stoß gewinnen. Die so gewonnenen Zusammenhänge gelten bei
Berücksichtigung der in Abschnitt 5. diskutierten Einschränkungen
auch unter Bedingungen, unter denen der Stoßprozeß nur quantenmechanisch beschrieben werden kann.

Wir betrachten zwei Teilchen, die miteinander stoßen. Bezeichnen wir
mit ε_1, ε_2 und $\vec{p}_1$, $\vec{p}_2$ Energie und Impuls der Stoßpartner vor dem Stoß
und mit E_1, E_2 und $\vec{P}_1$, $\vec{P}_2$ die entsprechenden Größen nach dem Stoß,
so gilt im unendlich Fernen, wo das Wechselwirkungspotential verschwindet

$$\varepsilon_1 + \varepsilon_2 = E_1 + E_2 + \Delta\varepsilon$$

$$\vec{p}_1 + \vec{p}_2 = \vec{P}_1 + \vec{P}_2$$

(5.26)

Hierbei bedeutet $\Delta\varepsilon$ die Änderung der inneren Energie der beiden
Stoßpartner, $\Delta\varepsilon = 0$ bedeutet *elastischen Stoss*, $\Delta\varepsilon > 0$ *unelastischen
Stoss*, d.h. die kinetische Energie der Stoßpartner hat auf Kosten
der Anregung innerer Freiheitsgrade a b genommen. $\Delta\varepsilon < 0$ bedeutet
einen *superelastischen Stoss*, bei dem die kinetische Energie der
Stoßpartner auf Kosten der Energie innerer Freiheitsgrade z u nimmt.
Im Fall der Stöße von Elektronen mit Ionen und Atomen bedeuten in-
elastische Stöße, daß die Ionen bzw. Atome angeregt werden. Ionisa-

tion wird durch Gl. (5.26) nicht beschrieben, da dabei ein weiteres
Elektron freigesetzt wird, dessen Energie und Impuls in der Bilanz
mit berücksichtigt werden müßte. Superelastische Stöße können bei
Stößen zwischen Elektronen und angeregten Atomen oder Ionen auftreten.
Das Ion bzw. Atom wird dabei ganz oder teilweise abgeregt und über-
trägt Anregungsenergie auf das Elektron, das dann nach dem Stoß
eine höhere Energie besitzt als vorher. Wir erleichtern uns die Behandlung des Gleichungssystems (5.26) dadurch, daß wir $\varepsilon_2 = o$,
$\vec{p}_2 = o$ annehmen. Im Falle der Stöße von Elektronen mit schweren
Teilchen thermischer Energie ist dies eine gut erfüllte Annahme. Allgemein bedeutet es eine Behandlung in dem mit der Geschwindigkeit
$\vec{p}_2/m_2$ bewegten Koordinatensystem. Die ein- und auslaufenden Impulse
spannen insgesamt eine Ebene auf, was man aus der Tatsache ableiten
kann, daß das Gleichungssystem (5.26) vier Bestimmungsgleichungen für
die sechs Komponenten der Vektoren $\vec{P}_1$ und $\vec{P}_2$ liefert. Fig. 5.1o
zeigt die Lage der Vektoren in dieser Ebene. Wir wählen das Koordinatensystem so, daß die x-Achse parallel zu $\vec{p}_1$ verläuft.

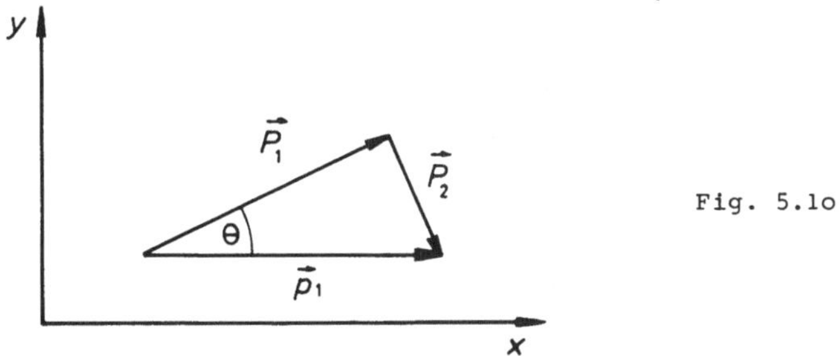

Fig. 5.1o

Mit $E_i = \dfrac{p^2_i}{2m_i}$ und $P_{1x} = p_{1x} - P_{2x}$, $P_{1y} = -P_{2y}$ folgt aus Gl. (5.26)

$$\frac{p^2_1}{m_1} = \frac{p^2_1}{m_1} - \frac{2p_1 P_{2x}}{m_1} + \frac{P^2_{2x}}{m_1} + \frac{P^2_{1y}}{m_1} + \frac{P^2_{2x}}{m_2} + \frac{P^2_{2y}}{m_2} + \Delta\varepsilon \ .$$

Umformen und Multiplizieren beider Seiten mit der reduzierten Masse
m_r

$$m_r = \frac{m_1 m_2}{m_1 + m_2}$$

ergibt unter Verwendung von $p_1 = m_1 u_1$

$$P^2_{2y} + (P_{2x} - m_r u_1)^2 = m^2_r u^2_1 - 2m_r \Delta\varepsilon \qquad (5.27).$$

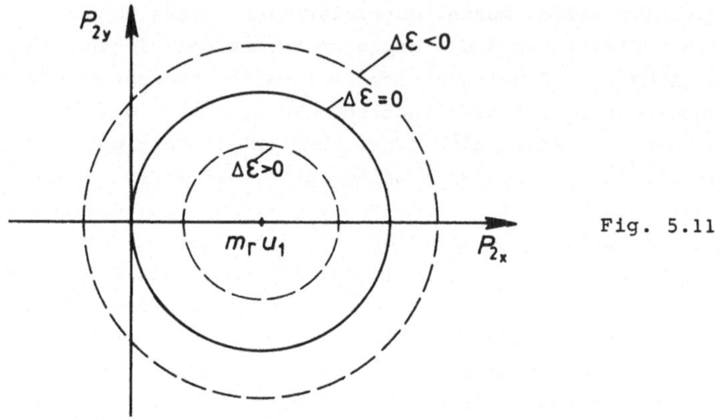

Fig. 5.11

Dies ist eine Kreisgleichung in der Impulsebene, d.h. die Spitzen
aller möglichen Ausgangsimpulse beschreiben einen Kreis mit dem
Radius

$$(m^2_r u^2_1 - 2m_r \Delta\varepsilon)^{1/2}.$$

Dieser Ausdruck hat nur dann einen reellen Wert, wenn

$$\Delta\varepsilon \leq \frac{1}{2} m_r u^2_1 \qquad (5.28)$$

ist. Nur Stöße, die (5.28) erfüllen, sind möglich.D.h. die beim inelastischen Stoß maximal auf innere Freiheitsgrade übertragbare
Energie ist gleich der Energie des Teilchens 1 im Schwerpunktsystem. Die Schwerpunktsenergie bleibt auch beim inelastischen Stoß
konstant.

E_2 ist die beim Stoß von Teilchen 1 auf Teilchen 2 übertragene kinetische Energie. Um sie zu berechnen, müssen wir P_{2x} durch den Ablenkwinkel θ ausdrücken. Wir wollen dies für den Spezialfall elastischer Stöße ($\Delta\varepsilon$ = o) von Elektronen mit Gasatomen (oder Ionen),
d.h. für $m_1 \ll m_2$ tun. Dann ist $m_r \approx m_1$; außerdem ist die zwischen
den Stoßpartnern übertragene Energie $E_2 \ll \varepsilon_1$, d.h. $\varepsilon_1 \approx E_1$ und
$|\vec{p}_1| \approx |\vec{P}_1|$. Unter diesen Voraussetzungen läßt sich aus Fig. 5.1o

ablesen

$$P_{2x} = p_1 (1-\cos \theta) \qquad\qquad (5.29).$$

Nach Gl. (5.27) und (5.29) ist

$$p^2_{2x} + p^2_{2y} = 2P_{2x}p_1 \frac{m_r}{m_1} \approx 2P_{2x}p_1 \approx 2p^2_1 (1-\cos \theta).$$

Für die von Teilchen 2 aufgenommene Energie E_2 gilt also

$$E_2 \approx 2 \frac{m_1}{m_2} \epsilon_1 (1-\cos \theta) \qquad\qquad (5.30).$$

Die maximal übertragbare Energie ist also ($\cos \theta = -1$)

$$E_{2max} \approx 4 \frac{m_1}{m_2} \epsilon_1 \qquad\qquad (5.31a).$$

Eine exaktere Rechnung ergibt

$$E_{2max} = \frac{4m_1 m_2}{(m_1 + m_2)} 2\epsilon_1 \qquad\qquad (5.31b).$$

Für die leichtesten Atome, die Wasserstoffatome, ist $\frac{m_1}{m_2} = \frac{1}{1846}$.
Also ist unsere Voraussetzung $m_1 \ll m_2$ für Wasserstoff und erst recht
für schwere Gase hinreichend erfüllt und Gl. (5.31a) ist eine
gute Näherung. In unserem Spezialfall $m_1 \ll m_2$, d.h. $p_1 \approx P_1$ ist das
Impulsdreieck in Fig. 5.1o ein gleichschenkliges Dreieck. Daraus
folgt für den Betrag des auf das schwere Teilchen übertragenen
Impulses P_2

$$P_2(\theta) = p_1 \{2(1 - \cos \theta)\}^{1/2} \qquad\qquad (5.32).$$

Gl. (5.3o) erlaubt die Berechnung der im Mittel bei einem Stoß übertragenen Energie. In Abschnitt 5.5 hatten wir gesehen, daß die Wahrscheinlichkeit, daß ein Elektron bei einem Stoß um den Winkel θ gestreut wird, durch

$$\frac{d\sigma}{\sigma} = \frac{1}{\sigma} \frac{d\sigma}{d\Omega} d\Omega$$

gegeben ist. Somit erhalten wir als mittleren Energieübertrag $\bar{\varepsilon}$ *)

$$\bar{\varepsilon} = 2 \frac{m_1}{m_2} \varepsilon_1 \cdot \frac{1}{\sigma} \int_0^{2\pi} \int_0^{\pi} \frac{d\sigma}{d\Omega} (1-\cos\theta)\sin\theta\, d\theta\, d\phi \qquad (5.33).$$

Die in (5.33) auftretende Größe

$$\sigma_m = : \int_0^{2\pi} \int_0^{\pi} \frac{d\sigma}{d\Omega} (1-\cos\theta)\sin\theta\, d\theta\, d\phi \qquad (5.34)$$

heißt *Impulsuebertragungs*- oder *Diffusionsquerschnitt*, da er bei der Berechnung der Transportkoeffizienten (Beweglichkeit, Diffusionskoeffizient, u.a.) anstelle des totalen Wirkungsquerschnitts auftritt. Die Funktion $(1-\cos\theta)$ kann als Gewichtsfunktion aufgefaßt werden. Sie verschwindet für $\theta = 0$. Wenn der differentielle Wirkungsquerschnitt $d\sigma/d\Omega$ also für Vorwärtsstreuung besonders hoch ist, wiecht σ_m besonders stark vom totalen Wirkungsquerschnitt σ ab und zwar ist dann $\sigma_m < \sigma$ (Beispiel Neon). Ist umgekehrt die Rückwärtsstreuung bevorzugt (wie z.B. bei niedrigen Elektronenenergien für Helium), so wird $\sigma_m > \sigma$ (vgl. Fig. 5.9). In Fig. 5.12 ist σ_m im Vergleich zu σ in Abhängigkeit von der Elektronenenergie für verschiedene Edelgase dargestellt. Der totale Wirkungsquerschnitt σ muß dabei aus den experimentell gefundenen Auftragungen der Fig. 5.9 durch Aufintegration von $d\sigma/d\Omega$ über den gesamten Raumwinkel bei konstanter Elektronenenergie gefunden werden. σ_m wird durch Einsetzen des gemessenen $d\sigma/d\Omega$ in Gl. (5.34) gefunden. Wiederholt man diese Prozedur für verschiedene Werte der Elektronenenergie, so erhält man die Auftragungen von σ bzw. σ_m gegen die Elektronenenergie wie in Fig. 5.12.

---

*)

Die Mittelung erfolgt über viele Stöße, die von Elektronen gleicher Energie ausgeführt werden, d.h. über ein mikrokanonisches Ensemble. Daher benutzen wir als Symbol den Mittelungsstrich wir bei zeitlichen Mittelungen. Das Symbol < > steht, wir in Kap. 2 erklärt, für Mittelungen über eine Teilchengesamtheit.

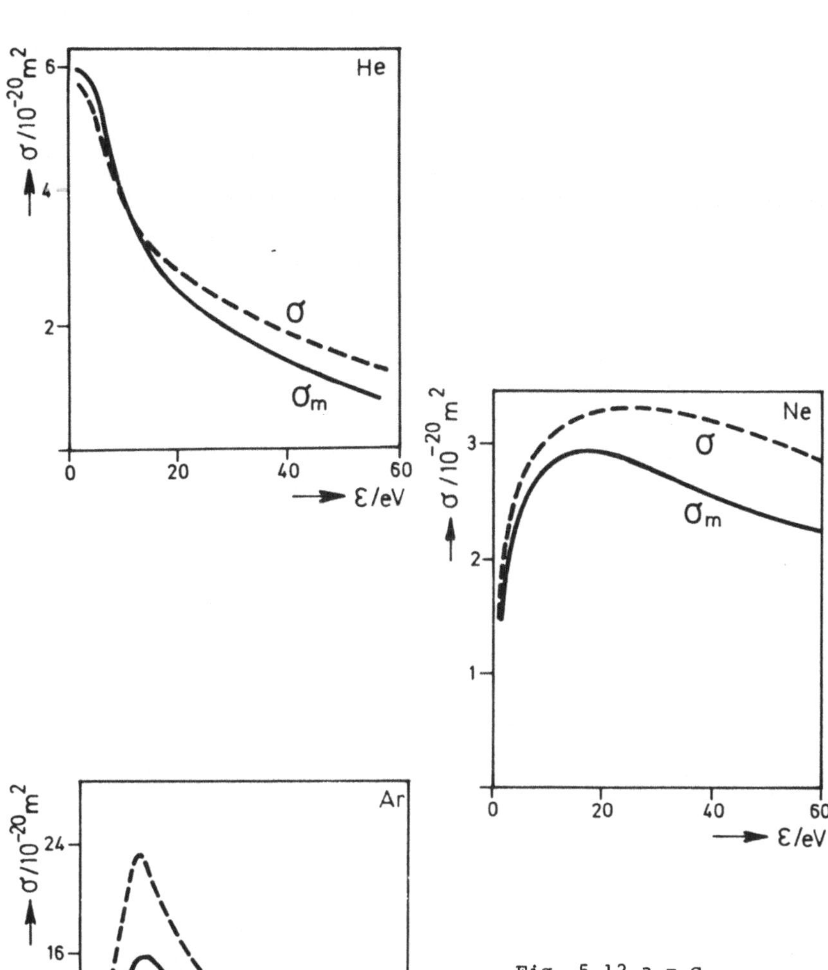

Fig. 5.12 a - c
Totale Wirkungsquerschnitte
σ und Diffusionsquerschnit-
te σ_m für die leichtesten
Edelgase (nach Ref. 12).

5.7 Bewegung im Zentralfeld, Abschätzung des Wirkungsquerschnitts

In diesem Abschnitt wollen wir die Berechnung der Bahn eines Elektrons in einem Zentralfeld skizzieren, das mit einer so schweren Masse verknüpft ist, daß die Energieübertragung vom Elektron auf die Masse zu vernachlässigen ist. Aus dieser Betrachtung läßt sich ein Ausdruck für die Energieabhängigkeit des Wirkungsquerschnitts gewinnen, wenn man annimmt, daß es einen kleinsten nachweisbaren Streuwinkel gibt. Diese Annahme ist nur von der Quantenmechanik her verständlich (vgl. Abschnitt 5.3). Man nennt Betrachtungen dieser Art allgemein " halbklassisch".

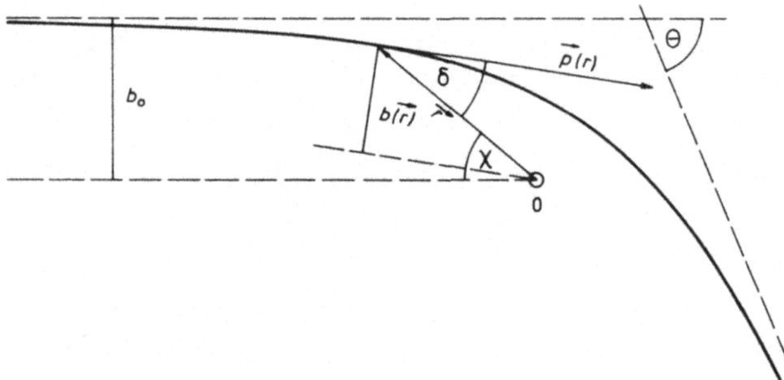

Fig. 5.13   Bahnverlauf im anziehenden Zentralfeld mit dem Ursprung in o.

Zur Beschreibung der Bewegung des Elektrons führen wir Kugelkoordinaten $r\chi$ ein, deren Ursprung im Zentrum des Zentralfeldes liegt (vgl. Fig. 5.13); (wie im vorigen Abschnitt ausgeführt, verläuft die Bahn des Elektrons in einer Ebene). Ist $\vec{p}\,(r)$ der Impuls des Elektrons im Abstand r und $\Phi\,(r)$ seine potentielle Energie, so folgt aus dem Energiesatz

$$\frac{p^2(r)}{2\,m_e} + \Phi\,(r) = \frac{p^2_0}{2\,m_e} \qquad\qquad (5.35).$$

Hierbei ist $\lim \Phi\,(r) = o$ und $\lim \vec{p}\,(r) = \vec{p}_0$ angenommen. Der Dreh -

impulssatz besagt, daß der Drehimpuls

$$\vec{L} = \vec{\lambda} \times \vec{p} \ (\lambda) \qquad\qquad (5.36)$$

eine Konstante der Bewegung ist. Für den Betrag des Drehimpulses
gilt

$$L = \lambda \ p \ \sin \delta = b \ p \qquad\qquad (5.37),$$

wobei δ der von $\vec{\lambda}$ und $\vec{p}$ eingeschlossene Winkel ist und $b = \lambda \ \sin \delta$
der in Abschnitt 5.2 definierte Stoßparameter. Insbesondere ist
$L = b_o p_o$. Stoßparameter und Drehimpuls sind somit einander pro-
portional. In der Quantenmechanik ist der Drehimpuls gequantelt.
Quanteneffekte verschwinden für große Drehimpulse, d.h. für große
Stoßparameter oder große Energien ist unsere Betrachtung richtig.

Für die weitere Diskussion zerlegen wir den Impuls in die Tangentialkomponente $p_t = p \ \sin \delta$ senkrecht zu λ und die Radialkomponente p_λ. Aus der Konstanz des Drehimpulses folgt

$$p_t = \frac{b_o p_o}{\lambda} \qquad\qquad (5.38),$$

die Tangentialkomponente nimmt also mit wachsender Annäherung des
Elektrons an das Zentrum zu. Dies gilt unabhängig davon, ob das
Zentralfeld das Elektron anzieht oder abstößt. Aus Gl. (5.35) folgt
mit Gl. (5.38)

$$\frac{p_\lambda^2}{p_o^2} = 1 - \frac{b_o^2}{\lambda^2} - \frac{2 \ m_e \Phi \ (\lambda)}{p_o^2} \qquad\qquad (5.39).$$

Die Radialkomponente des Impulses kann in einem bestimmten Abstand
λ_{min} vom Zentrum verschwinden, falls die Gleichung

$$1 - \frac{b_o^2}{\lambda^2_{min}} - \frac{2m_e \Phi \ (\lambda_{min})}{p^2_o} = o \qquad\qquad (5.40)$$

eine reelle Lösung hat. Das bedeutet, daß sich das Elektron von diesem Abstand ab dem Zentrum nicht mehr nähert, sondern umkehrt und

sich wieder entfernt.

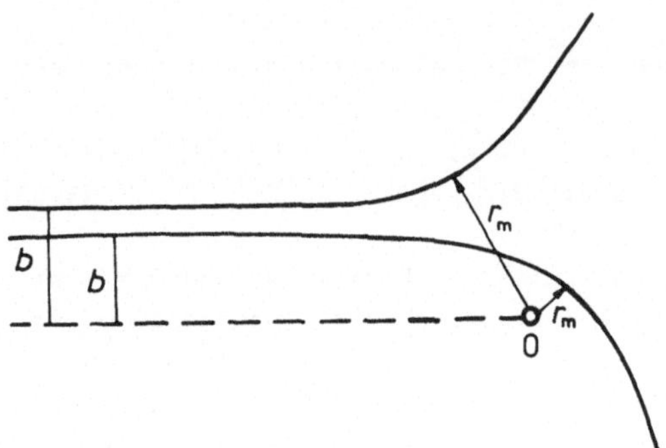

Fig. 5.14   Bahnver-
lauf im anziehenden
und abstoßenden Zen-
tralfeld.

Der Verlauf der Bahn ist in Fig. 5.14 schematisch dargestellt. Die
Bahnkurve bildet eine hyperbelartige um r_{min} symmetrische Kurve.
Dies folgt daraus, daß die Bahn auch in umgekehrter Richtung durch-
laufen werden kann.
Für die weitere Betrachtung nehmen wir an, daß die r-Abhängigkeit
des Potentials durch den Ansatz

$$\Phi \, (r) \; = \; \beta \; / \; 2r^n \qquad\qquad (\,5.41)$$

ausgedrückt werden kann. β ist negativ für anziehendes und positiv
für abstoßendes Potential. Die Tatsache, daß sich das Elektron auch
für anziehendes Potential wieder vom Attraktionszentrum entfernt,
kann man der Wirkung des Potentials der Zentrifugalkraft $(p^2_o b^2_o)/$
(mr^2) zuschreiben.
Man nennt die Größe $\Phi_{eff} = \Phi \, (r) + (p^2_o b^2_o)/(mr^2)$ das *Effektivpo-
tential*. Ob das Elektron in das Attraktionszentrum gezogen wird,
d.h. ein r_{min} existiert oder nicht, hängt von β und dem Drehimpuls
L ab. Wir unterscheiden die folgenden Fälle (vgl. Fig. 5.15)

$\beta > o$, dann ist $\Phi_{eff} > o$ und ein r_{min} existiert;
$\beta < o \;\; n < 2$, dann überwiegt für genügend kleine Abstände
                      immer das a b s t o ß e n d e Zentrifugalpo-
                      tential, d.h. es existiert immer ein r_{min};

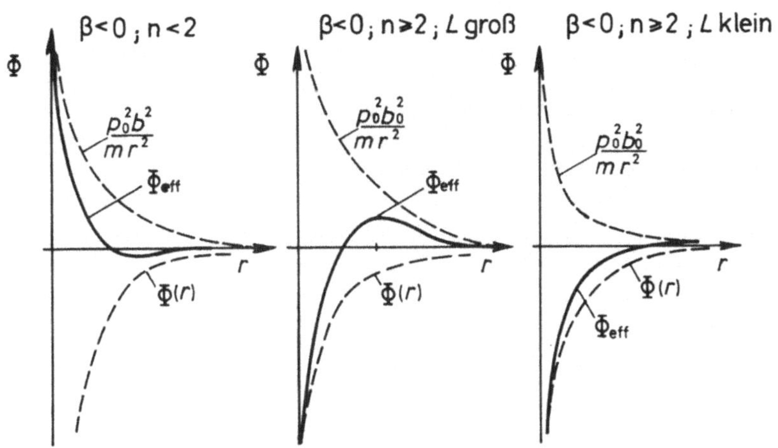

Fig. 5.15   Verlauf des Effektivpotentials bei der Bewegung im Zentralfeld.

n > 2   für genügend kleine r überwiegt immer das
a n z i e h e n d e Potential. Ist der Drehimpuls L groß, so hat Φ_{eff} ein Maximum. Ein
r_{min} existiert nur, wenn die Gesamtenergie
des Elektrons kleiner als der Maximalwert
von Φ_{eff} ist. Ist der Drehimpuls L klein,
so ist Φ_{eff} für alle r anziehend, es existiert
kein r_{min}.

Der Koordinatenwinkel χ_m im Punkt der größten Annäherung ist durch

$$\chi_{min} = \int\limits_{r_{min}}^{\infty} \frac{d\chi}{dr}\, dr \qquad\qquad (5.42)$$

gegeben. Wegen der Symmetrie der Bahnkurve ist χ_{min} mit dem Streuwinkel θ durch

$$\theta = \pi - 2 \chi_{min} \qquad (5.43)$$

verknüpft. Gl. (5.42) und (5.43) lassen sich im Prinzip mit Hilfe des Energie- und Drehimpulssatzes lösen. Wir wollen diese Berechnung jedoch nicht durchführen, sondern die Überlegung, die zum Wirkungsquerschnitt führt, nur skizzieren. Gl. (5.43) gibt zusammen mit Gl. (5.39) den Zusammenhang zwischen Streuwinkel und Stoßparameter an, aus dem sich der zu dem minimal meßbaren Streuwinkel θ_G gehörende Stoßparameter b_{max} ermitteln läßt. Der totale Wirkungsquerschnitt σ ist dann durch

$$\sigma = \pi b^2_{max} \qquad (5.44)$$

gegeben. Nun gibt es sicher immer ein η, so daß

$$b_{max} = \eta r_{min}$$

ist. Setzen wir dies in Gl. (5.39) unter Verwendung von Gl. (5.40) ein, so können wir r_{min} eliminieren und erhalten als Ergebnis

$$1 - \eta^2 = \frac{\beta m_e \eta^n}{p^2_o b^n_{max}}$$

d.h.

$$b^n_{max} \propto 1/p^2_o \propto 1/u^2_o \qquad (5.45)$$

wenn u_o die Schnelligkeit des Elektrons vor Eintritt in das Zentralfeld ist. Aus (5.45) erhalten wir schließlich

$$\sigma \propto u_o^{-4/n} \propto \varepsilon^{-2/n} \qquad (5.46).$$

Für das Wechselwirkungspotential zwischen einem neutralen Atom und einer Ladung hatten wir in Abschnitt 5.3 Gl. (5.15) einen Ausdruck mit n = 4 gefunden. In diesem Fall gilt also

$$\sigma \propto 1/u_o \qquad (5.47)$$

Gl. (5. 46) bzw. (5 47) können nur erfüllt sein, wenn der Drehimpuls (und die Energie der Elektronen) so groß ist, daß Quanteneffekte keine Rolle spielen. Im sog. R a m s a u e r effekt hatten wir bereits einen Quanteneffekt kennengelernt (vgl. Fig. 5.6), der den Verlauf des Wirkungsquerschnittes für elastische Streuung, besonders bei den schweren Edelgasen, bestimmt. Experimentell wurde jedoch gefunden, daß Gl. (5. 47) in Wasserstoff und Helium bis herab zu Energien von einigen eV erfüllt ist (Ref. 18). Für die schweren Edelgase ist eine Übereinstimmung zwischen Gl. (5.47) und den tatsächlich auftretenden Wirkungsquerschnitten erst für Energien jenseits des Maximums im Wirkungsquerschnitt zu erwarten.

5.8 Mittlere freie Weglänge, Stoßwahrscheinlichkeit, Stoßfrequenz, Stoßzeit

In der Literatur werden neben dem Wirkungsquerschnitt noch eine Reihe anderer Größen zur Beschreibung der Stoßvorgänge benutzt, die wir nun behandeln wollen. Nach Gl. (5.5) war die Wahrscheinlichkeit dP, daß ein Elektron auf der Wegstrecke dz stößt durch

$$dP = \sigma n_g dz$$

gegeben. Da dP dimensionslos ist, muß die Größe

$$\ell = \frac{1}{\sigma n_g} \qquad (5.48)$$

die Dimension einer Länge haben. Sie trägt den Namen *mittlere freie Weglaenge*. Unter der freien Weglänge eines Teilchens (Elektrons) versteht man die Strecke, die es frei durch den Gasraum fliegt, ohne zu stoßen. In einem Strahlexperiment ist der Strom der Elektronen, die nach Durchlaufen der Strecke z noch nicht gestoßen haben, die also eine freie Weglänge, die größer als z ist, besitzen

$$I\,(z) = I_o \exp\,(\,-\,z/\ell\,).$$

$I\,(z)$ ist der Anzahl der Elektronen im Strahl $N\,(z)$ proportional,

84

d.h.

$$N(z) = N_o \exp(-z/\ell) \qquad\qquad (5.49).$$

Die Zahl von Elektronen mit einer Weglänge zwischen z und $z + dz$, dN ist durch

$$dN = N(z) - N(z+dz) = \frac{dN}{dz}\, dz \qquad\qquad (5.5o)$$

gegeben. Somit ist

$$\frac{dN}{N_o} = \exp(-z/\ell)\,\frac{dz}{\ell}$$

die Verteilung der freien Weglängen. Die mittlere freie Weglänge $\bar{z}$ erhalten wir durch Bildung des arithmetischen Mittels der freien Weglänge über diese Verteilung:

$$\bar{z} = \frac{\dfrac{N_o}{\ell}\displaystyle\int_o^\infty z\exp(-z/\ell)\,dz}{\dfrac{N_o}{\ell}\displaystyle\int_o^\infty \exp(-z/\ell)\,dz} = \ell \qquad\qquad (5.51).$$

Fig. 5.16 zeigt die Verteilung der freien Weglängen. Man sieht, daß die Verteilung außerordentlich schnell gegen Null konvergiert. Eine freie Weglänge von 3 ℓ haben nur 5 % aller Elektronen, eine freie Weglänge von 5 ℓ nur noch etwa o,3 %.

Auch die Mittelung bei der Berechnung der mittleren freien Weglänge erfolgte über ein mikrokanonisches Ensemble, d.h. über viele Elektronen (oder Teilchen) gleicher Energie. Im Allgemeinen ist ℓ eine Funktion der Elektronenenergie. Als mittlere freie Weglänge wird oft auch die Größe $<\ell> = <\frac{1}{n_g\sigma}>$ bezeichnet, d.h. der Mittelwert der mittleren freien Weglänge über eine Verteilung von Elektronen (oder Teilchen) mit vielen möglichen Energien. $<\ell>$ ist dann eine Funktion der Temperatur der Verteilung.
Die Wahrscheinlichkeit dP für einen Stoß auf der Strecke dz war durch $dP = n_g\sigma dz$ gegeben. Als *Stosswahrscheinlichkeit* P_c bezeichnet man in der Literatur jedoch die Stoßwahrscheinlichkeit pro

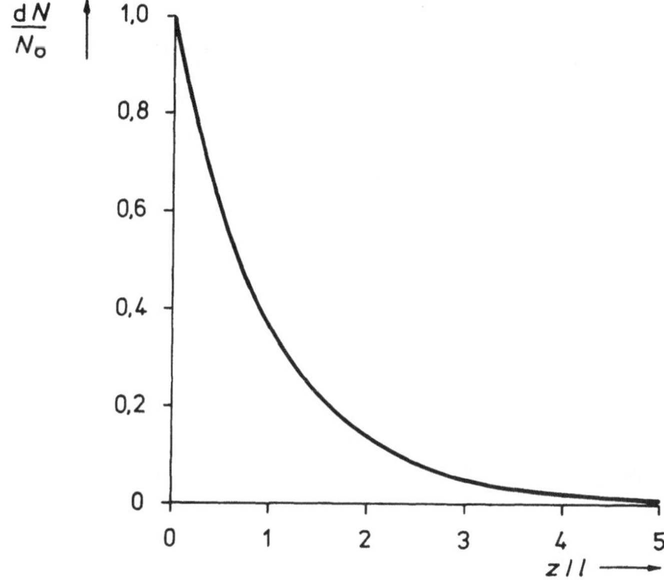

Fig. 5.16   Verteilung der freien Weglängen in einem mikrokanonischen Ensemble.

Länge und Druck

$$P_c = \frac{1}{p_o}\frac{dP}{dz} = \frac{\sigma}{kT_o} \tag{5.52}.$$

Dabei ist p_o in der Regel als 1 Torr und T_o als 273,15 K angenommen. Da kT_o eine Konstante ist, kann man P_c wie σ als eine atomare
Größe ansehen.
In Fällen, in denen die stoßenden Teilchen nicht als Strahl vorliegen, ist es oft günstiger, in Gl. (5.49) durch $z = ut$ die Länge
durch die Flugzeit zu ersetzen. Wir erhalten dann

$$N(t) = N_o \exp (- n_g \sigma u\, t) = N_o \exp - {}^t/\tau \qquad (5.53).$$

Man nennt

$$\tau = \frac{1}{n_g \sigma\, u}$$

die *mittlere Stosszeit*, d.h. die Zeit, die im Mittel zwischen zwei Stößen verstreicht. Das Reziproke

$$\nu = n_g \sigma u$$

ist eine Frequenz und heißt *mittlere Stossfrequenz*.
Die Benutzung der mikrophysikalischen Größen τ und ν ist unüblich, jedoch werden in der Plasmaphysik die Mittelwerte $< \tau >$ und $< \nu >$ sehr häufig gebraucht. Ist insbesondere Gl. (5.47) erfüllt, so werden beide Größen energieunabhängig. Z.B. gilt für Entladungen in Helium und Wasserstoff, bei denen die Elektronenenergie genügend groß ist, so daß die Energieabhängigkeit von ν bei niedrigen Elektronenenergien nicht in das Gewicht fällt, für die Stoßfrequenz der Elektronen für elastische Stöße mit Gasatomen

$$\frac{\nu\ (\mathrm{He})}{p_o} = 2{,}37\ \frac{\mathrm{GHz}}{\mathrm{Torr}}$$

und
$$(5.54)$$

$$\frac{\nu\ (\mathrm{H_2})}{p_o} = 5{,}93\ \frac{\mathrm{GHz}}{\mathrm{Torr}}$$

6 Stöße von Ionen und Atomen im Gas

6.1 Vorbemerkung

Stoßprozesse zwischen Ionen bzw. Atomen und Gasmolekeln lassen sich
wie die der Elektronen durch differentielle bzw. totale Wirkungsquerschnitte beschreiben. Methoden zur Messung der I o n e n querschnitte ähneln weitgehend denen zur Messung der Elektronenquer-
schnitte. Wie in Abschnitt 5.3 erwähnt, sind die Anforderungen an
die Winkelauflösung von Meßapparaturen jedoch im Falle von schweren
Geschoßteilchen wesentlich höher als im Fall der leichten Elektronen. Das liegt u.a. daran, daß der in Gl. (5.18) definierte Grenzwinkel θ_G umgekehrt proportional zur Masse ist. Bei der Messung der
Wirkungsquerschnitte für Stöße von A t o m e n mit Gasmolekeln sind
grundsätzliche andere Anordnungen notwendig, da man die Bahnen von
Atomen weder durch elektrische noch durch magnetische Felder genügend beeinflussen kann, um Strahlen definierter Energie herstellen
zu können. Wegen der fehlenden Ladung sind auch ganz andere Nach-
weissysteme als bei Ionen und Elektronen notwendig. Eine Diskussion der Meßmethoden findet sich in Ref. 12.

Bei der B e s c h r e i b u n g der Stoßprozesse spielt die höhere
Masse ebenfalls eine Rolle. Im Falle der Stöße von Elektronen mit
ruhenden Gasatomen ist der Unterschied zwischen Laborsystem und
Schwerpunktssystem so gering, daß er vernachlässigt werden kann.
Wir haben daher alle Rechnungen im Schwerpunktsystem, d.h. einem
Koordinatensystem mit dem Ursprung im Schwerpunkt von Elektron und
Gasmolekel, durchgeführt und die Ergebnisse mit Experimenten ver-
glichen. Im Falle der Stöße mit Ionen und Atomen mit Gasmolekeln
weichen Laborsystem und Schwerpunktsystem erheblich voneinander ab.
Daher muß die Bewegung des Schwerpunktes berücksichtigt werden und
alle Winkelbeziehungen müssen vom Schwerpunktsystem in das Laborsystem umgerechnet werden. Dies gilt z.B. für die Definition des
Impulsübertragungsquerschnittes σ_m Gl. (5.34) und bei der Betrachtung differentieller Streuquerschnitte.

Die Frage, ob die Stoßprozesse klassisch oder quantenmechanisch beschrieben werden müssen, hängt ebenfalls von der Masse ab. Als Kri-
terium für die Anwendbarkeit klassischer Betrachtungen kann man das

Verhältnis zwischen der d e   B r o g l i e - Wellenlänge λ_B der
gestreuten Teilchen und dem Radius r_M des Streuers nehmen. Ist

$$\lambda_B \, / \, r_M \, \ll \, 1 \qquad\qquad\qquad (\ 6.1),$$

so sind Quanteneffekte i.A. zu vernachlässigen. Gl. (6.1) läßt sich
zu folgender Bedingung für die kinetische Energie ε der gestreuten
Teilchen umformen:

$$\varepsilon \, \gg \, h^2/2mr_M \qquad\qquad\qquad (\ 6.2)$$

(h P l a n c k sches Wirkungsquantum, m Masse des gestreuten Teilchens). Setzen wir für r_M den sog. gaskinetischen Molekülradius von
etwa $3 \cdot 1o^{-1o}$ m ein, so ergibt sich, daß die rechte Seite der Un-
gleichung (6.2) eine Energie von ca. $2o$ eV für Elektronen und von
einigen meV für Ionen ergibt. Dies ist in Übereinstimmung mit dem
experimentellen Befund. Man vergleiche z.B. Fig. 5.6, die zeigt,
daß im Wirkungsquerschnitt für elastische Streuung von Elektronen
im Bereich $\varepsilon \leq 1o$ eV der sog. R a m s a u e r effekt auftritt, der
nur quantenmechanisch erklärbar ist. Umgekehrt zeigt unsere Abschätzung, daß die elastische Streuung von Ionen oder Atomen an Gasmolekeln bis zu sehr kleinen Energien rein klassisch zu beschreiben ist.
Dies ist einer der Gründe dafür, daß auf Gase bei normalen Temperaturen die klassische Statistik anwendbar ist. Bei Helium sind bei
Temperaturen unterhalb $8o$ K quantenmechanische Effekte zu berücksichtigen, bei schwereren Gasen gilt die klassische Statistik i.A.
bis zur Kondensationstemperatur.

Bei Stößen von Ionen mit Gasmolekeln tritt neben der elastischen
Streuung bereits bei niedrigen-Energien die sog.*Umladung* auf, bei
der das neutrale Gasmolekel ein Elektron an das Ion abgibt und es
so neutralisiert. Speziell im Bereich niedriger Energien wird dabei
kein Impuls vom Ion auf das Gasmolekel übertragen. Die Kinematik
des Prozesses unterscheidet sich daher deutlich von der der elastischen Streuung. Stammen Ion und Gasmolekel vom gleichen Element,
wie z.B. beim Stoß von Ar^+-Ionen mit Ar-Atomen (sog. symmetrische
Umladung), so sind die Wirkungsquerschnitte von der gleichen Grös-
senordnung wie die für elastische Streuung (Resonanz). Bei der sym-
metrischen Umladung tritt keine Schwellenenergie auf, sondern die

Wirkungsquerschnitte steigen mit sinkender Energie des Stoßpartners
an. Fig. 6.1 zeigt einen Vergleich der totalen Wirkungsquerschnitte
für elastische Streuung und Umladung von Ar^+-Ionen in Argon.

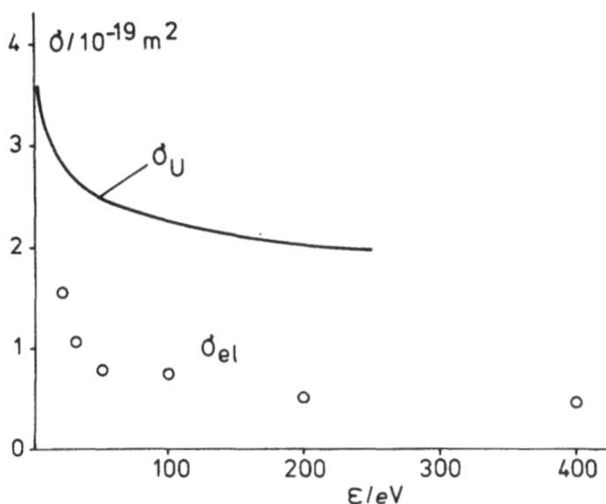

Fig. 6.1 Totale Wirkungs-
querschnitte für elastische
Streuung von Ar^+-Ionen an
Ar-Atomen σ_{el} und für Umladung zwischen Ar^+-Ionen
und Ar-Atomen σ_U. Der Querschnitt für elastische Streuung wurde aus Messungen von
L o r e n t z (Ref. 19) berechnet, die Umladungsquer-
schnitte wurden von
S c h r e y (Ref. 2o) gemessen.

Anders als bei Elektronenstößen können bei Stößen schwerer Teilchen beide Stoßpartner angeregt sein, Anregungsenergie aufeinander
übertragen und sich gegenseitig anregen. Die Zahl der möglichen
i n e l a s t i s c h e n Stöße ist daher viel größer als bei
Stößen von Elektronen mit Gasmolekeln. Ähnlich wie Elektronen, die
mit gewissen Gasen negative Ionen bilden,können schwere Teilchen
bei Stößen mit Gasmolekeln Moleküle bilden. Da die freiwerdende Bindungsenergie des gebildeten Moleküls dabei abgeführt werden muß,
ist in der Regel dafür nach dem Schema

$$A + B + C \rightarrow AB + C_{schnell}$$

ein dritter Stoßpartner erforderlich, d.h. Molekülreaktionen spielen
i.A. erst bei höheren Drucken eine Rolle. Wir werden einige mögliche
Reaktionen der Ionen in den Kapiteln über Ionisierung, negative
Ionen und Rekombination besprechen. Die Reaktionen der Atome werden wir im weiteren außer Acht lassen. Aus dem Gesagten geht hervor, daß die Bewegung der Atome und Ionen im Gasraum erheblich komplizierter ist, als die der Elektronen im Gasraum. Im Folgenden

beschränken wir uns jedoch auf eine Diskussion der elastischen Streuung.

6.2 <u>Wechselwirkungspotentiale</u>

Über große Entfernungen wirkt zwischen I o n e n und Gasmolekeln eine anziehende Kraft, die auf der Polarisierung der Gasmolekel im Feld des Ions beruht. Wir hatten dieses Phänomen bereits für Elektronen kennengelernt und in Abschnitt 5.3 diskutiert. Das Potential ϕ_p dieser Kraft hat den gleichen Verlauf wie für Elektronen, d.h.

$$\phi_p \propto 1/r^4 \ .$$

Zwischen Atomen wirkt über große Entfernungen die sog. v a n d e r W a a l s - Anziehung, die auf der dynamischen Polarisierung der Elektronenhüllen der Atome beruht. Wenn zwei Molekel sich einander nähern, verschieben sich aufgrund der elektrostatischen Anziehung bzw. Abstoßung die Schwerpunkte der negativen Ladungsverteilungen in den Molekeln, so daß Dipole induziert werden, die sich gegenseitig anziehen. Das Potential ϕ_{vdW} der auf diesem Effekt beruhenden Kraft ergibt sich aus quantenmechanischen Überlegungen zu

$$\phi_{vdW} \propto 1/r^6$$

(vgl. z.B. Ref. 21).

In Abständen, bei denen sich die Hüllen der Stoßpartner, d.h. Ion bzw. Atom und Gasmolekel, gegenseitig durchdringen, kommen zusätzlich die sog. *chemischen* Kräfte ins Spiel, die durch das Zusammenwirken der elektrostatischen Anziehung bzw. Abstoßung zwischen den verschiedenen Elektronen und den Kernen einerseits und der nur quantenmechanisch interpretierbaren Austauschwechselwirkung andererseits zustande kommen.Sind die äußeren Schalen der Stoßpartner abgeschlossen, so sind diese Kräfte rein abstoßend. Eine Analyse von Experimenten zeigt, daß man sie in vielen Fällen durch ein abstoßendes Potential proportional $1/r^{12}$ beschreiben kann. Fig. 6.2 zeigt, wie man sich den Verlauf des Potentials vorzustellen hat. Das aus dem Zusammenwirken von anziehendem und abstoßendem Potential entstehende Potentialminimum kann zur Bildung von locker gebundenen Komplexen oder Molekülen führen.

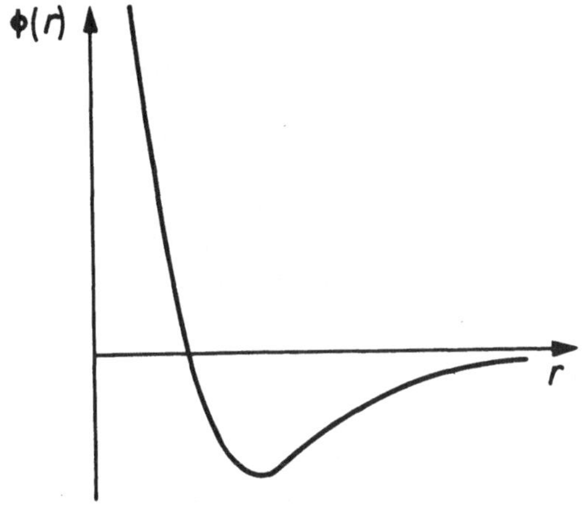

Fig. 6.2 Poten-
tialverlauf als
Funktion des Ab-
stands r zwischen
Ion oder Atom und
Gasmolekel.

Besitzen die Stoßpartner Schalen, die nicht abgeschlossen sind, so
kann das chemische Potential selbst aus anziehenden und abstoßenden
Anteilen bestehen. Rein qualitativ ähnelt das Potential dann ebenfalls dem in Fig. 6.2, jedoch ist die Tiefe des Potentialminimums
größer,und das Minimum liegt bei geringeren Abständen. Die gebundenen Zustände des Systems sind dann die Moleküle im üblichen Sinn.

Aus den Beziehungen für ϕ folgt, nach Gl. (5.46),für die Wirkungsquerschnitte bei elastischer Streuung mit niedrigen Energien für
Ionen

$$\sigma \propto 1/u$$

für Atome $\qquad \sigma \propto 1/u^{2/3} .$

Es sei ausdrücklich betont, daß u hier die Relativgeschwindigkeit
im Schwerpunktsystem ist. Zur Berechnung makroskopischer Koeffizienten, wie z.B. der Beweglichkeit, muß für höhere Näherungen und höhere Driftgeschwindigkeiten auch die Bewegung der Schwerpunkte berücksichtigt werden.

7.   Diffusion und Drift

7.1   Vorbemerkung, Grundbegriffe der kinetischen Gastheorie

In den Kapiteln 5 und 6 haben wir die Stöße von Ladungsträgern und
Atomen im Gasraum als Einzelprozesse beschrieben und als die für
die Beschreibung relevante Größe den *Wirkungsquerschnitt* sowie die
davon abgeleiteten Größen *Stossfrequenz, mittlere freie Weglaenge,
Stosszeit* und *Stosswahrscheinlichkeit* kennengelernt. Obwohl es in
diesem Buch eigentlich am Rande des Interesses liegt, haben wir in
den Grundzügen diskutiert, wie man aus den totalen und differentiellen Wirkungsquerschnitten auf die Eigenschaften des zugrundeliegenden atomaren Systems schließen kann.

Fragt man nach dem *Transport* von Ladungen (oder anderen Größen)
durch den Gasraum, so ist zwar die Kenntnis der Wirkungsquerschnitte für die Beschreibung der dabei stattfindenden Einzelprozesse von
Bedeutung, zur Beschreibung des Transports sind jedoch Betrachtungs-
weisen notwendig, die es erlauben, das Zusammenwirken der vielen
atomaren Einzelprozesse bei dem makrophysikalischen Phänomen zu erfassen. Die dazu notwendigen Methoden entstammen der kinetischen
Theorie der Gase. Bevor wir mit der Behandlung der Transportphäno-
mene beginnen, wollen wir daher im folgenden einige Grundbegriffe
der kinetischen Gastheorie kennenlernen.
Um den Wirkungsquerschnitt, d.h. eine *mikrophysikalische* Größe, zu
messen, kam es darauf an, die Streuung von verschiedenen Teilchen
mit jeweils möglichst einheitlicher Energie bzw. einheitlichem Impuls aneinander zu messen. Teilchen im gleichen Zustand, d.h. mit
einheitlicher Energie, hatten wir ein *mikrokanonisches Ensemble* genannt.
In der kinetischen Gastheorie beschreibt man den Zustand eines Teilchens durch seine Lage im sog. *Phasenraum*. Dies ist ein hypotheti-
scher sechsdimensionaler Raum, der durch die drei Ortskoordinaten
und die drei Impulskoordinaten der Teilchen aufgespannt wird. Die
von den Orts- bzw. Impulskoordinaten aufgespannten Unterräume des
Phasenraums heißen *Orts*- bzw. *Impulsraum*. Ein einzelnes Teilchen
wird im Phasenraum durch einen Punkt abgebildet. Die Bildpunkte der
Teilchen eines mikrokanonischen Ensembles liegen im Impulsraum auf
einer kugelförmigen Schale um den Ursprung, die Bildpunkte von Teil-

chen einheitlichen Impulses fallen im Impulsraum in einen Punkt
zusammen. (Im Experiment lassen sich Strahlen von Teilchen einheitlicher Energie immer nur angenähert realisieren. Jeder Teil-
chenstrahl hat sowohl eine endliche Winkeldivergenz als auch eine
endliche Energie- bzw. Impulsbreite).

Betrachtet man die Zustände der Molekel in einem Gas, so findet man,
daß sie im Impulsraum über einen weiten Bereich verstreut sind. Der
Zustand eines Gases wird durch die Verteilung der Bildpunkte der
Gasmolekel im Phasenraum charakterisiert. Man beschreibt diesen Zustand durch die sog. *Verteilungsfunktion* f $(\vec{p},\vec{r})$, die die Dichte
der Bildpunkte der Gasmolekel im Phasenraum darstellt. Für niedrige
Teilchenenergie verwendet man statt der Impulsverteilungsfunktion
$f(\vec{p},\vec{r})$ häufig die *Geschwindigkeitsverteilungsfunktion* f $(\vec{u},\vec{r})$, die
durch die Substitution $\vec{p} = m\vec{u}$ aus der Impulsverteilungsfunktion
hervorgeht. Die Funktion $f(\vec{u},\vec{r})$ stellt die Dichte der Bildpunkte
in einem modifizierten Phasenraum dar, der aus Orts- und *Geschwindigkeitsraum* gebildet wird. Integration von f über den Geschwindigkeitsraum liefert die Dichte n im Ortsraum:

$$n = \int f(\vec{u},\vec{r}) \; d^3u \qquad\qquad (7.1),$$

d.h. $dn = f d^3u$ ist die Dichte[*)] derjenigen Gasmolekel, deren Bildpunkte im Volumenelement d^3u des Geschwindigkeitsraumes liegen. Zur
Veranschaulichung der Bedeutung von dn führen wir im Geschwindigkeitsraum nach dem Schema

$$\vec{u} = (u_x, u_y, u_z)$$

kartesische Koordinaten ein. Dann ist $d^3u = du_x du_y du_z$. dn ist die
Dichte der Gasmolekel mit Geschwindigkeiten, die folgenden Bedingungen genügen: die x-Komponente liegt im Intervall zwischen u_x und
$u_x + du_x$, die y-Komponente liegt im Intervall zwischen u_y und $u_y + du_y$,

---

[*)] Genauer gesagt der *Erwartungswert der Dichte*, der sich als Mittelwert über viele verschiedene Messungen von dieser Dichte ergibt. Der bei einer Einzelmessung von dn erhaltene Wert weicht mehr
oder weniger von dem Erwartungswert ab, er unterliegt *statistischen
Schwankungen*. Wir wollen den Unterschied zwischen Erwartungswert
und tatsächlichem Wert einer Größe im folgenden vernachlässigen.

entsprechendes gilt für die z-Komponente. In einer etwas laxeren
Sprechweise kann man daher $dn=\oint(\vec{u},\vec{\pi})\,d^3u$ als die Dichte der Gasmolekel mit der Geschwindigkeit $\vec{u}$ bezeichnen.
Neben der Verteilungsfunktion dienen lokale Mittelwerte zur Charakterisierung des Zustandes einer Gesamtheit. Aus dem oben Gesagten
ergibt sich, daß der lokale arithmetische Mittelwert $<\Phi>$ einer
Größe Φ über die Gesamtheit $\oint(\vec{u},\vec{\pi})$ durch

$$<\Phi> \; = \; \frac{\int \Phi \; \oint(\vec{u},\vec{\pi})\,d^3\vec{u}}{\int \oint(\vec{u},\vec{\pi})\,d^3\vec{u}} \; = \; \frac{1}{n}\int \Phi \; \oint(\vec{u},\vec{\pi})\,d^3\vec{u} \qquad (7.2)$$

gegeben ist. Als solche Mittelwerte hatten wir bereits früher in
Kap. 2 die (mittlere) Driftgeschwindigkeit $<\vec{u}>$, die mittlere
"Schnelligkeit" $<u>$ sowie das mittlere Geschwindigkeitsquadrat $<u^2>$
(zu unterscheiden von dem Quadrat der mittleren Schnelligkeit $<u>^2$)
kennengelernt. Man nennt die besonders wichtigen Mittelwerte über
Potenzen von u auch *Momente der Verteilungsfunktion*. Auch die Dichte n ist ein Mittelwert. Die Gesamtzahl N der Teilchen einer Gesamtheit erhält man durch Integration von n über den Ortsraum

$$N \; = \; \int nd^3\pi \; = \; \int \oint(\vec{u},\vec{\pi})\,d^3ud^3\pi \qquad (7.3)\,.$$

Sind die nach Gl. (7.2) definierten lokalen Mittelwerte ortsab-
hängig, so liefert eine Integration analog Gl. (7.2) und (7.3) die
Mittelwerte über die Gesamtheit

$$<<\Phi>> \; = \; \frac{1}{N}\int <\Phi>nd^3\pi = \frac{1}{N}\int \Phi\oint d^3ud^3\pi \quad (7.4)\,.$$

Transportprozesse in einem Gas werden durch die *Transportkoeffizienten* beschrieben. Als Beispiele von Transportkoeffizienten hatten wir bereits früher die *Beweglichkeit* μ und den *Diffusionskoeffizienten* D kennengelernt. Ein weiterer wichtiger Transportkoeffizient für ein leitendes Gas ist die mit der Beweglichkeit eng ver-
wandte *elektrische Leitfaehigkeit*, die meist mit dem Buchstaben σ
bezeichnet wird. Auch die Transportkoeffizienten sind Mittelwerte
über die Verteilungsfunktion. Im Folgenden wollen wir den Zusammenhang zwischen diesen Transportkoeffizienten und den mikrophysikalischen Kenngrößen der dem Transport zugrundeliegenden mikrophysikalischen Prozesse diskutieren.

7.2 Einfache Momente der M a x w e l l - Verteilung

Zur Veranschaulichungen der Ausführungen des vorigen Abschnitts
wollen wir die einfachsten Momente der sog. M a x w e l l - Verteilung berechnen. Bei Gasen, die sich im thermodynamischen Gleichgewicht befinden, stellt sich als Verteilungsfunktion stets die
M a x w e l l - Verteilung

$$\delta_M (u) = (\frac{m}{2\pi kT})^{3/2} n \exp(-\frac{mu^2}{2kT}) \qquad (7.5)$$

ein (m Masse eines Gasmolekels, k B o l t z m a n n konstante,
T Temperatur des Gases). Wie man sieht, hängt δ_M nur vom Betrag
der Geschwindigkeit ab, ist also isotrop. Daraus folgt, daß keine
Driftgeschwindigkeit existiert.

$$\langle \vec{u} \rangle = 0 \qquad (7.6).$$

Zur Berechnung des mittleren Geschwindigkeitsquadrates $\langle u^2 \rangle$ führen
wir zweckmäßigerweise im Geschwindigkeitsraum Kugelkoordinaten
u, θ, ϕ ein, so daß

$$d^3 u = u^2 \sin\theta d\theta d\phi du \qquad (7.6)$$

ist. Dann erhalten wir

$$\langle u^2 \rangle = \frac{1}{n} \int_0^{2\pi} d\phi \int_0^\pi d\theta \sin\theta \int_0^\infty du u^4 \delta_M(u) \qquad (7.7).$$

Ausführung der Integration ergibt

$$\langle u^2 \rangle = \frac{3kT}{m} \qquad \text{d.h.} \qquad \frac{1}{2}m\langle u^2 \rangle = \frac{3}{2}kT \qquad (7.8).$$

Entsprechend erhalten wir für die mittlere Schnelligkeit

$$\langle u \rangle = (\frac{8kT}{\pi m})^{1/2} \qquad (7.9).$$

Sehr häufig ist es notwendig, den Betrag der Stromdichte Γ derjeni-

gen Gasmolekel zu kennen, die infolge ihrer thermischen Bewegung
eine Querschnittsfläche im Gasraum passieren. Wir wollen das Ergebnis der Rechnung hier ohne Ableitung angeben, da es der Leser
leicht selbst verifizieren kann (vgl. den Anhang zu Bd. I in Ref.
22)

$$\Gamma = \frac{1}{4} \, n\langle u \rangle \qquad\qquad (7.\text{lo}).$$

Nimmt man an, daß die Molekel an einer Wand elastisch reflektiert
werden, d.h. auf die Wand den Impulsbetrag $|\Delta \vec{p}| = 2 \, m \, u_\perp$ übertragen
($u_\perp$ Geschwindigkeitskomponente senkrecht zur Wand), so kann man analog den Impulsstrom auf die das Gas einschließenden Wände und damit den *Gasdruck* p berechnen. Es ergibt sich die als *Zustandsgleichung idealer Gase* bekannte Beziehung

$$p = n \, k \, T \qquad\qquad (7.11).$$

In der Gaskinetik kommen in der Regel nur ganz geringfügige Abweichungen der tatsächlichen Verteilungsfunktion von der Maxwell-
verteilung vor. Daher genügt zur Angabe des Zustandes eines Gases
in vielen Fällen die Kenntnis der Gastemperatur T und der Gasdichte n bzw. des Gasdruckes p.
Bei Elektronen, die im Gasraum driften, kommen häufig sehr große
Abweichungen von einer M a x w e l l - Verteilung vor. Dann ist
es schwierig, eine Temperatur für das Elektronengas zu definieren.
Für viele Zwecke genügt es, mit Hilfe der Beziehungen (7.7) und
(7.8) die sog. *kinetische Temperatur* zu definieren. Gl. (7.8) ist
dann als Definitionsgleichung der kinetischen Temperatur zu lesen.
In der Regel separiert man eine gemeinsame Bewegung nach dem Schema

$$\frac{3}{2} \, kT = \frac{m}{2} \, \langle (\vec{u} - \langle \vec{u} \rangle)^2 \rangle$$

ab, so daß die kinetische Temperatur nur die Relativbewegung der
Gasmolekel beschreibt. Die kinetische Temperatur genügt auch der
Zustandsgleichung (7.11).

7.3 Diffusionsgleichung, Diffusionskoeffizient

Wir hatten gesehen, daß die thermische Bewegung der Molekel dazu
führt, daß durch jeden Querschnitt im Gasraum ein Teilchenstrom

$$\Gamma = \frac{n \ \langle u \rangle}{4}$$

fließt. Ist der Gasraum homogen mit Gas erfüllt, so führt dieser
Strom jedoch nicht zu einem Massentransport, da die Wirkung jeder
Strömung in eine bestimmte Richtung durch die einer gleichgroßen
in die entgegengesetzte Richtung aufgehoben wird. Die thermische
Bewegung führt jedoch dazu, daß sich die Gasmolekel ständig neu
durchmischen. Sind Dichtegradienten im Gasraum vorhanden, so kom-
pensieren sich die einander entgegengerichteten Teilchenströme
nicht vollständig,und es findet ein Teilchentransport von Orten
höherer Dichte zu Orten niedriger Dichte, d.h. entgegen der Richtung des Dichtegradienten, statt. Dies gilt auch, wenn sich zwei
verschiedene Gase durchmischen. Diffusionsvorgänge spielen sich auch
in Flüssigkeiten und Festkörpern ab.
Man nennt den Proportionanlitätsfaktor zwischen Diffusionsstromdichte Γ_D und Dichtegradient ∇n die Diffusionskonstante D:

$$\Gamma_D = - D\nabla n \tag{7.12}.$$

In vielen Fällen interessieren Diffusionsströme nicht, sondern die
zeitliche Änderung der Dichte an einem bestimmten Ort, $\partial n / \partial t$.
Sie ist mit der Stromdichte über die sog. *Kontinuitaetsgleichung*

$$\nabla \Gamma_D = - \partial n / \partial t \tag{7.13}$$

verknüpft. (Wir haben diese Beziehung für den eindimensionalen
Fall im Prinzip in Abschnitt 2.5 anhand der Gleichungen (2.22) bis
(2.25) phänomenologisch abgeleitet). Zusammenfassung von (7.12) und
(7.13) liefert

$$\nabla D\nabla n = \partial n / \partial t$$

bzw.

für konstantes D

$$D\Delta n = \partial n/\partial t \qquad\qquad (7.14).$$

Die Gl. (7.12) und (7.13) werden als I. und II. F i c R´$sches$ $Gesetz$ bzw. als $Diffusionsgleichung$ bezeichnet. Der Diffusionskoeffizient ist ein Transportkoeffizient; gemäß unserem eingangs aufgestellten Programm besteht unsere nächste Aufgabe darin, D mit mikrophysikalischen Größen, speziell mit dem Wirkungsquerschnitt für elastische Stöße, bzw. davon abgeleiteten Größen zu verknüpfen.

7.4 L a n g e v i n - Gleichung

Die Verknüpfung des Diffusionskoeffizienten mit den Wirkungsquerschnitten ist streng genommen ein Problem der kinetischen Gastheorie, das mit Hilfe der sog. kinetischen Gleichung gelöst wird. Die kinetische Gleichung ist das formale Analogon der Kontinuitätsgleichung (7.13) im sechsdimensionalen Phasenraum. Wir können uns jedoch die grundsätzlichen Zusammenhänge in einer vereinfachten Betrachtungsweise klarmachen, die auf die Beschreibung der Bewegung eines einzelnen Molekels zurückgreift. Die Bewegung eines einzelnen Molekels wird zum einen durch Kräfte in äußeren Feldern (elektrische oder magnetische Felder bei geladenen Teilchen, Gravitationsfelder), zum anderen durch Stöße mit anderen Gasmolekeln bestimmt. Unter der Wirkung der Stöße durchläuft ein Molekel eine Bahn, die in guter Näherung eine stetige, aber nicht differenzierbare Kurve darstellt, wie man es für größere Partikel von der B h o w n ´-$schen$ $Molekularbewegung$ her kennt. Man kann die Wirkung der Stöße nach L a n g e v i n der Wirkung einer stochastisch schwankenden Kraft $\vec{F}_s(t)$ zuschreiben und formal die N e w t o n ´ sche Kraftgleichung für ein Molekel aufstellen

$$\dot{\vec{p}} = m\,\dot{\vec{s}}\,^{\cdot} = \vec{F} + \vec{F}_s\,(t) \qquad\qquad (7.15).$$

Eine explizite Lösung von (7.15) ist nicht möglich, da $\vec{F}_s$ nicht näher spezifiziert werden kann. Es ist jedoch nützlich, eine Mittelung über viele Teilchen und viele Stöße durchzuführen:

$$\dot{\langle \vec{p} \rangle} = \langle \vec{F} \rangle + \langle \frac{\delta \vec{p}}{\delta t} \rangle \qquad (7.16).$$

Dies ist die mittlere Impulsbilanz, der Term $\langle \frac{\delta \vec{p}}{\delta t} \rangle$ beschreibt die mittlere Impulsänderung durch Stöße. Analog erhält man aus Gl. (7.15) nach Multiplikation mit $\vec{p}/m$ und Mittelung die Energiebilanz

$$\langle \frac{\vec{p} \cdot \dot{\vec{p}}}{m} \rangle = \langle \frac{d}{dt} \frac{p^2}{m} \rangle = \langle \vec{F} \cdot \frac{\vec{p}}{m} \rangle + \langle \frac{\delta \varepsilon}{\delta t} \rangle \qquad (7.17).$$

Der erste Term der rechten Seite von Gl. (7.17) beschreibt die Änderung der mittleren kinetischen Energie durch Strömung (Wärmeerzeugung), der zweite die mittlere Energieänderung durch Stöße. Als Beispiel für den ersten Term betrachten wir als äußere Kraft die von einem elektrischen Feld $\vec{E}$ auf Molekel mit der Ladung Q ausgeübte Kraft. Dann ist

$$\langle \vec{F} \cdot \frac{\vec{p}}{m} \rangle = \vec{F} \langle \vec{u} \rangle = \vec{E} \cdot Q \langle \vec{u} \rangle .$$

$Q \langle \vec{u} \rangle$ ist die elektrische Stromdichte dividiert durch die Anzahldichte n, d.h. $\vec{E} \cdot Q \langle \vec{u} \rangle$ ist die Dichte der Verlustleistung, die als sog. J o u l e 'sche Wärme frei wird, dividiert durch die Anzahldichte n der Molekel.

Zur Behandlung der Diffusion ist die Wirkung einer äußeren Kraft unerheblich, es kommt darauf an, die mittlere Impulsänderung und daraus die mittlere Wanderung eines Teilchens zu ermitteln.

7.5 Mittlere Impulsänderung durch Stöße

Wir betrachten den Stoß zwischen zwei Molekeln, die wir durch die Indices i und j charakterisieren wollen. Vor dem Stoß sollen die Molekel die Impulse $\vec{p}_i$ und $\vec{p}_j$ besitzen. Mit $\vec{u}_{ji} = \vec{u}_j - \vec{u}_i$ bezeichnen wir die Relativgeschwindigkeit. Die Dichte der Molekel mit dem Impuls $\vec{p}_j$ ist

$$dn_j = f(\vec{p}_j)\, d^3\vec{p}_j \qquad (7.18).$$

Diejenigen j-Molekel, die ein i-Molekel in der Zeit δt stoßen und
dabei eine Impulsänderung des i-Molekels $\Delta\vec{p}_i = \vec{p}_i - \vec{p}_i$ bewirken,
sitzen in einem Schlauch mit dem Volumen $d\sigma_{ji} u_{ji} \delta t$ (vgl. Fig. 7.1),
d.h. ihre Anzahl ist $dn_j d\sigma_{ji} u_{ji} \delta t$. Die von ihnen bewirkte Impulsänderung in der Zeit δt ist somit

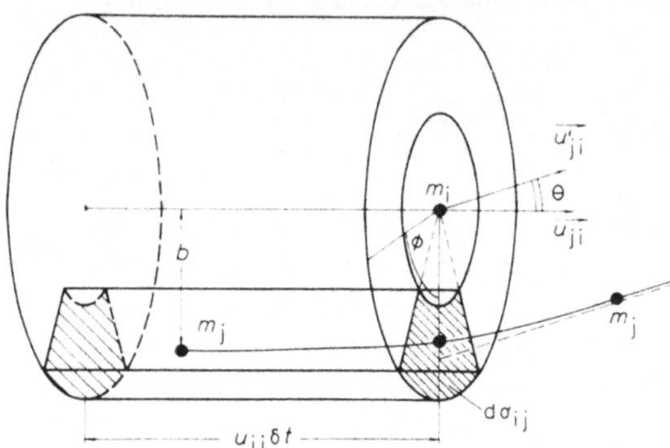

Fig. 7.1 Streuung der
Molekel mit den Massen
m_i und m_j aneinander
bei anziehendem Poten-
tial.

Die insgesamte von j-Molekeln,deren Relativgeschwindigkeit zum i-
Molekel $\vec{u}_{ij}$ beträgt, bewirkte Impulsänderung beträgt

$$\delta t dn_j u_{ji} \int d\sigma_{ji} \Delta\vec{p}_i \ .$$

Das Integral ist über den gesamten Wirkungsquerschnitt zu erstrek-
ken. Bisher haben wir nur solche j-Molekel betrachtet, die eine
Relativgeschwindigkeit $\vec{u}_{ji}$ zum i-Molekel besitzen. Die insgesamt
von j-Molekeln am i-Molekel bewirkte Impulsänderung ergibt sich
als Integral über die Verteilungsfunktion $f_j(\vec{u}_j)$ der j-Molekel
(dies gilt nur mit Einschränkungen,streng genommen muß man die
Korrelation zwischen i und j-Molekeln berücksichtigen). Sind verschiedene Sorten von j-Molekeln (z.B. Elektronen, positive Ionen,
Neutralteilchen) vorhanden, so muß man außerdem über die Teil-
chensorten summieren (dabei ist der Fall j = i mit einzuschließen).
D.h. die Impulsänderung des i-Molekels in der Zeit δt ergibt sich
zu

$$\delta t \Sigma_j \int dn_j u_{ji} \int d\sigma_{ji} \Delta\vec{p}_i = \delta t \Sigma_j n_j \langle u_{ji} \int d\sigma_{ji} \Delta\vec{p}_i \rangle_j \qquad (7.19).$$

(Der Index j an der Mittelungsklammer bedeutet, daß die Mittelung über die Verteilungsfunktion δ_i erfolgt). Die mittlere Impulsänderung $\langle \delta p_i / \delta t \rangle$ eines i-Teilchens pro Zeit δt erhalten wir aus Gl. (7.19) durch Mittelung über δ_i, die Verteilungsfunktion der i-Molekel:

$$\langle \frac{\delta \vec{p}_i}{\delta t} \rangle = \langle \Sigma_j n_j \langle u_{ji} \int d\sigma_{ji} \Delta \vec{p}_i \rangle_j \rangle_i \qquad (7.2o).$$

Zur weiteren Klassifizierung rechnen wir $\Delta \vec{p}_i$ in das Schwerpunktsystem um. Bezeichnen wir mit m_r die reduzierte Masse des Systems m_i, m_j und mit $\vec{u}_s$ die Schwerpunktsgeschwindigkeit, so gilt

$$\vec{p}_i = m_i \vec{u}_s - m_r \vec{u}_{ji} \; ,$$

$$\vec{p}_i = m_i \vec{u}_s - m_r \vec{u}_{ji}' \qquad (7.21).$$

D.h. wir erhalten

$$\Delta \vec{p}_i = - m_r (\vec{u}_{ji}' - \vec{u}_{ji}) \qquad (7.22).$$

Die kinetische Energie des Systems ist (da wir nur elastische Stöße betrachten) stoßinvariant

$$\varepsilon_i + \varepsilon_j = \frac{m_i + m_j}{2} u^2_s + \frac{m_r}{2} u^2_{ji} \qquad (7.23).$$

Da die Schwerpunktsgeschwindigkeit sich beim Stoß nicht ändert, folgt aus Gl. (7.23), daß der Betrag der Relativgeschwindigkeit u_{ji} ebenfalls stoßinvariant ist. Zur weiteren Rechnung formen wir das Integral in (7.2o) $\int d\sigma$ mit Hilfe der Substitution

$$\int d\sigma = \int \frac{d\sigma}{d\Omega} d\phi \, d(\cos \theta)$$

(Ω Raumwinkel) um und betrachten das Integral

$$\frac{1}{2\pi} \int d\phi \Delta \vec{p}_i = - \frac{m_r}{2\pi} \int d\phi (\vec{u}_{ji}' - \vec{u}_{ji}) \qquad (7.24).$$

Da wir über viele Stöße mitteln, können wir immer die Impulsänderung aufgrund zweier Stöße zusammenfassen, deren Azimuth ϕ sich um π unterscheidet. Die Vektoraddition der Relativgeschwindigkeiten nach dem Stoß ergibt den Vektor (vgl. Fig. 7.1) $\vec{u}_{ji}\cos\theta$, so daß wir als Wert des Integrals

$$\frac{1}{2\pi}\int d\phi\,\Delta\vec{p}_i = m_r\vec{u}_{ji}\,(1-\cos\theta) \qquad (7.25)$$

erhalten. Somit erhalten wir

$$\langle\frac{\delta\vec{p}_i}{\delta t}\rangle = \langle\Sigma_j\langle m_r\vec{u}_{ji}n_j u_{ji}\int d\sigma(1-\cos\theta)\rangle_j\rangle_i$$

$$= \langle\Sigma_j\langle m_r\vec{u}_{ji}\nu_m(u_{ji})\rangle_j\rangle_i \qquad (7.26).$$

Hierbei ist ν_m die Impulsübertragungsfrequenz $n_j u_{ji}\sigma_m$, die wir bereits in den Abschnitten 5.6 und 5.8 kennengelernt hatten.

7.6 Mittleres Verschiebungsquadrat

In unserer weiteren Betrachtung wollen wir uns auf die Untersuchung der Bewegung eines verdünnten Elektronengases in einem Neutralgas beschränken. D.h. wir identifizieren die i-Molekel mit Elektronen (Index e), die j-Molekel mit den Neutralgasmolekeln (Index g). Das Elektronengas soll so dünn sein, daß Stöße der Elektronen untereinander vernachlässigt werden können. Aufgrund der niedrigen Elektronenmasse ist die Geschwindigkeit der Gasmolekel - selbst bei gleichen mittleren Energien - gegenüber der der Elektronen vernachlässigbar klein. Wir wollen sie vernachlässigen, d.h. dasNeutralgas alsruhend annehmen. Dies bedeutet

$$\vec{u}_{ji} =: \vec{u}_{ge} = \vec{u}_g - \vec{u}_e \approx -\vec{u}_e \qquad (7.27).$$

Somit hängt in Gl. (7.26) keine Größe mehr von den Eigenschaften des Neutralgases ab, die j- bzw. g-Mittelung $\langle\ \rangle_j$ wird bedeutungslos. Wir betrachten die Impulsänderung eines Elektronenensembles $dn(\vec{u}_e)$ durch Stöße:

$$dn \; \frac{\delta \vec{p}_e}{\delta t} = - m_r \vec{u}_e \nu_m (u_e) \; dn \qquad\qquad (7.28) .$$

Einsetzen in die L a n g e v i n - Gleichung (ohne äußere Kraft) (7.15) liefert

$$dn \; \frac{d\vec{p}}{dt} = - m_r \vec{u}_e \nu_m (u_e) \; dn + \vec{F}_s^{\,*}(t) \qquad (7.29) .$$

Hierbei haben wir $\vec{F}_s(t)$ in einen Mittelwert und den statistisch schwankenden Anteil $\vec{F}_s^{\,*}$ zerlegt, dessen Mittelwert verschwindet. Wir multiplizieren Gl. (7.29) auf beiden Seiten skalar mit $\vec{s}$, dem von den Elektronen zurückgelegten Weg, und integrieren nach der Zeit, wobei wir berücksichtigen, daß

$$\frac{d\vec{p}_e}{dt} = m_e \; \frac{d^2 s}{d \, t^2}$$

ist und außerdem

$$s \cdot \frac{d^2 s}{dt^2} = \frac{d}{dt} \; (s \; \frac{d \, s}{d \, t}) - (\frac{d \, s}{d \, t})^2 = \frac{d}{dt}(s u_e) - u_e^2$$

ist. Danach mitteln wir über die Elektronenverteilung durch Integration über dn, wir erhalten

$$- \int_0^t <m_e u_e^2> \; dt = -2 m_r <s^2 \nu_m> = -2 m_r <s^2> <\nu_m> \qquad (7.3o) .$$

Die Umformung der rechten Seite ist möglich, da s und ν_m nicht miteinander korreliert sind, die Mittelwerte von $\vec{s}\vec{u}_e$ und $\vec{s}\vec{F}_s^{\,*}$ verschwinden, da $\vec{s}\vec{u}_e$ und $\vec{F}_s^{\,*}$ nach vielen Stößen nicht miteinander korreliert sind.

$$\frac{1}{2} < m_e u_e^2 > = <\varepsilon >$$

ist die mittlere kinetische Energie der Elektronen, von der wir annehmen, daß sie sich in der Zeit nicht ändert, da wir einen stationären Zustand betrachten. Die Größe $< s^2 >$ ist das sog. *mittlere Verschiebungsquadrat*, das unmittelbar mit dem Diffusions- koeffizienten verknüpft ist. Wir erhalten aus (7.3o)

$$\langle \varepsilon \rangle = m_r \ \langle \nu_m \rangle \ \frac{\langle \delta^2 \rangle}{4\,t} \qquad\qquad (7.31).$$

Aus Gl. (7.31) folgt, daß $\frac{\langle \delta^2 \rangle}{4\,t}$ eine Konstante ist. D.h. das mittlere Verschiebungsquadrat, das die Diffusion der Elektronen im Gas beschreibt, ist der Diffusionszeit proportional. Wir werden zeigen, daß $\langle \delta^2 \rangle / 4t$ gleich der Diffusionskonstanten D ist, d.h.

$$D = \frac{\langle \varepsilon \rangle}{m_r \langle \nu_m \rangle} \approx \frac{\langle \varepsilon \rangle}{m_e \langle \nu_m \rangle} \qquad\qquad (7.32).$$

Die letzte Umformung beruht wiederum darauf, daß $m_e \ll m_g$ ist (vgl. Abschnitt 5.6).

7.7 Diffusionskoeffizient

Wir wollen den Zusammenhang (7.32) zwischen Diffusionskoeffizient D und mittleren Verschiebungsquadrat $\langle \delta^2 \rangle$ lediglich anhand einer Dimensionsbetrachtung plausibel machen. Bezüglich einer genaueren Rechnung sei auf die Spezialliteratur verwiesen (Ref. 23, 24); eine einfache Ableitung des Zusammenhanges findet sich in Ref. 25. Wir gehen aus von der phänomenologischen Definition der Diffusionskonstanten anhand der Gl. (7.12) für die Diffusionsstromdichte:

$$\Gamma_D \ = \ - \ D \nabla n$$

Die Diffusionsstromdichte ist andererseits durch die Differenz der thermischen Teilchenstromdichte n

$$\Gamma \ = \ \frac{n \ \langle u \rangle}{4}$$

in und gegen die Richtung des Dichtegradienten gegeben, d.h.

$$\Gamma_D = \delta \Gamma = \delta \left(\frac{n \langle u \rangle}{4} \right) = - \ D \nabla n \qquad\qquad (7.33).$$

Damit Gl. (7.33) in den Dimensionen erfüllt ist, muß $D = L \langle u \rangle$ sein, d.h. der Diffusionskoeffizient muß das Produkt einer charakteristischen Länge L mit der mittleren Schnelligkeit $\langle u \rangle$ sein. Die Länge L ihrerseits muß der mittleren freien Stoßweglänge $\langle \ell \rangle$ proportional sein. Nun ist

$$\langle \ell \rangle = \langle \frac{1}{n\sigma} \rangle = \langle \frac{u}{\nu} \rangle .$$

D.h. es muß gelten

$$D = \kappa \frac{\langle u \rangle^2}{\langle \nu \rangle} = \kappa^* \frac{\langle \varepsilon \rangle}{m \langle \nu \rangle} .$$

Hierbei sind κ bzw. κ^* statistische Faktoren, die von der Mittelung herrühren. Wie man sieht, erhalten wir für D eine Beziehung entsprechend Gl. (7.32). Unsere Ableitung von D in Abschnitt 7.6 war nur unter der einschränkenden Bedingung gültig, daß die Bewegung der beiden Stoßpartner voneinander getrennt werden konnte, weil $m_e \ll m_g$ ist. Diese Separation ist bei der Bewegung von Gasmolekeln oder Ionen im Gas nicht ohne weiters durchführbar. Entsprechend ergeben sich erheblich kompliziertere Formeln für $\langle \delta^2 \rangle$ und damit für den Diffusionskoeffizienten. Man kann trotzdem Gl. (7.32) als eine erste Näherung ansehen, die auch für die Diffusion der Ionen benutzt werden kann. Auch für die Diffusion der Elektronen im Gasraum ist Gl. (7.32) nur beschränkt gültig, da wir unsere Mittelungen nicht präzise ausgeführt haben. Wir wollen dies durch Einführung eines statistischen Faktors κ_D berücksichtigen, so daß

$$D = \frac{\kappa_D \langle \varepsilon \rangle}{m_r \langle \nu_m \rangle} \tag{7.34}$$

ist. Die Größe $\kappa_D \langle \varepsilon \rangle$ heißt *charakteristische Energie*. Für eine M a x w e l l v e r t e i l u n g der Elektronen mit der Temperatur T ist $\kappa_D \langle \varepsilon \rangle = kT$ (k Boltzmannkonstante).

7.8 Beweglichkeit

Mit Hilfe der L a n g e v i n gleichung läßt sich auch die Beweglichkeit auf die Impulsübertragungsfrequenz zurückführen. Die Beschrei-

bung der Elektronenbewegung unter der Wirkung einer äußeren Kraft
als Drift ist nur sinnvoll, wenn $\langle \vec{p} \rangle$ konstant ist, d.h. wenn sich
eine konstante Driftbewegung unter der Wirkung einer äußeren Kraft $\vec{F}$
einstellt. Dies bedeutet, daß

$$\left\langle \frac{d\vec{p}}{dt} \right\rangle = 0$$

ist. Somit erhalten wir als L a n g e v i n - Gleichung

$$\vec{F} = m_r \langle \nu_m \rangle \langle \vec{u}_e \rangle \tag{7.35}$$

d.h.

$$\langle \vec{u}_e \rangle = \frac{1}{m_r \langle \nu_m \rangle} \, \vec{F} = : \mu_e \vec{F} \tag{7.36}.$$

Diese Beziehung ist nahezu identisch mit Gl. (2.8), die wir mit
ganz primitiven Vorstellungen abgeleitet hatten. Für Elektronen
gilt

$$\mu_e \approx \frac{1}{m_e \langle \nu_m \rangle} \tag{7.37}.$$

Mit Hilfe der Gl. (7.37) erhalten wir die wichtige Beziehung

$$D = \mu \kappa_D \langle \varepsilon \rangle \tag{7.38},$$

die für eine M a x w e l l verteilung die als E i n s t e i n-
beziehung bezeichnete Form

$$D = \mu k T \tag{7.39}$$

annimmt. Damit haben wir die eingangs gestellte Aufgabe jedoch nicht
vollständig erfüllt. Wie bereits in Kapitel 2 gezeigt worden ist,
kann die Verteilungsfunktion der driftenden Molekel (Elektronen,
Ionen) von der äußeren Kraft beeinflußt werden, wenn sich das driftende Gas aufheizt. Dies bedeutet, daß die charakteristische Ener-
gie $\kappa_D \langle \varepsilon \rangle$ und die mittlere Stoßfrequenz $\langle \nu_m \rangle$ von der äußeren Kraft
abhängen. Eine Elimination dieser Abhängigkeit ist mit Hilfe unserer
einfachen Betrachtungen nicht zu leisten, sondern nur im Rahmen

einer geschlossenen kinetischen Theorie.

Im Rahmen unserer Betrachtungen haben wir neben dem totalen
Wirkungsquerschnitt

$$\sigma_{tot} = \int d\sigma$$

den Impulsübertragungsquerschnitt

$$\sigma_m = \int d\sigma \; (1-\cos\theta)$$

als wichtige mikrophysikalische Größe kennengelernt.

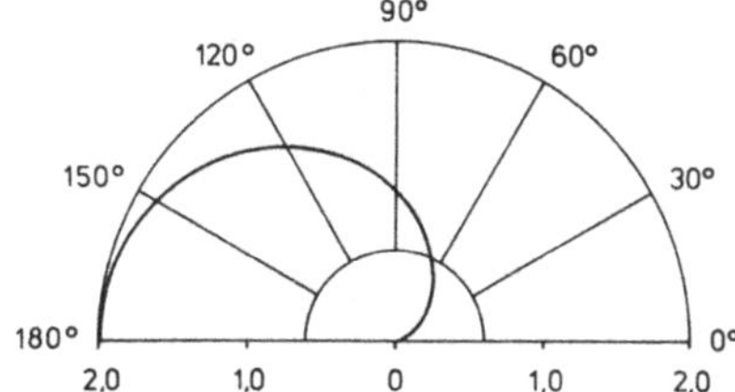

Fig. 7.2 Die Funktion
$(1-\cos\theta)$ in Polarkoordinatendarstellung.

Die Funktion $(1-\cos\theta)$ tritt hier als Gewicht auf, so daß σ_m im
wesentlichen von denjenigen Stößen bestimmt wird, bei denen das
stoßende Teilchen um große Winkel abgelenkt wird - vgl. Fig. 7.2.
In der Transporttheorie treten allgemein als *Uebertragungsquer-
schnitte* Ausdrücke der Form

$$\sigma^{(\ell)} = \int d\sigma \; (\, 1-P_\ell(\cos\theta)\,)$$

auf. Hierin bedeuten die P_ℓ L e g e n d r e ' sche Polynome der Ord-
nung ℓ. Wie man sieht, ist in dieser Klassifikation $\sigma^{(0)} = 0$ und
$\sigma_m = \sigma^{(1)}$. Bei der Berechnung von Transportkoeffizienten höherer
Ordnung treten die Übertragungsquerschnitte höherer Ordnung auf.
z.B. benötigt man $\sigma^{(2)}$ für die Berechnung der Viskosität und der
Wärmeleitfähigkeit eines Gases. Der totale Wirkungsquerschnitt
paßt nicht in diese Klassifikation. Er tritt in der kinetischen
Gastheorie nicht auf.

7.9 Elektrische Leitfähigkeit

Die elektrische Leitfähigkeit σ (nicht zu verwechseln mit dem Wirkungsquerschnitt, der auch mit σ bezeichnet wird) wird folgendermaßen definiert: Fließt in einem Medium unter der Wirkung eines
elektrischen Feldes $\vec{E}$ ein elektrischer Strom der Dichte $\vec{j}$, so ist

$$\vec{j} = \sigma\vec{E} \tag{7.4o}.$$

Medien, bei denen σ konstant, d.h. von $\vec{j}$ und $\vec{E}$ unabhängig ist, werden als $O\ h\ m$'sche Leiter bezeichnet. Wir wollen nun zeigen, daß
die Leitfähigkeit eines ionisierten Gases eng mit der Beweglichkeit der Ladungsträger verknüpft ist.
Ein äußeres elektrisches Feld $\vec{E}$ übt auf einen Ladungsträger der Ladung Q_i die Kraft $\vec{F}_i = Q_i\vec{E}$ aus. Infolgedessen driftet das Ladungsträgergas mit der Driftgeschwindigkeit $\langle\vec{u}_i\rangle = \mu_i\vec{F}$. Die Drift ist
mit einem elektrischen Strom der Dichte

$$\vec{j}_i = n_i Q_i \langle\vec{u}_i\rangle = n_i\mu_i Q_i{}^2\vec{E} \tag{7.41}$$

verbunden. Wie man sieht, ist die Richtung des elektrischen Stromes vom Vorzeichen der Ladung Q unabhängig (Ionen- und Elektronenstrom haben die gleiche Richtung). Die Dichte des Gesamtstromes ist
die Summe der Einzelströme

$$\vec{j} = \Sigma_i \vec{j}_i \tag{7.42}.$$

Vergleich der Gl. (7.41) und (7.42) mit (7.4o) liefert für die
Leitfähigkeit die Beziehung

$$\sigma = \Sigma_i n_i\mu_i\ Q_i{}^2 \tag{7.43}.$$

Solange die Trägerbeweglichkeiten μ_i und die Trägerdichten n_i nicht
von der elektrischen Feldstärke abhängen (d.h. für schwache Felder),
verhält sich ein ionisiertes Gas wie ein $O\ h\ m$' scher Leiter. Diese
Feststellung steht nicht im Widerspruch zu unserem Ergebnis aus
Kap. 2, daß eine leitende Gasstrecke keine lineare Kennlinie besitzt.

Die Abweichung von der Linearität wird dadurch hervorgerufen, daß
die Trägerdichten n_i von der von außen angelegten Spannung abhängen.

8 Ambipolare Diffusion, Diffusionsmoden

8.1 Vorbemerkung

Bei geladenen Teilchen ist es oft nicht möglich, Driftbewegung und
Diffusion getrennt zu betrachten. Da das Feld einer Ladung proportional dem Quadrat des Abstandes a b nimmt, bei homogener Raumer-
füllung mit Ladungen die Zahl der Ladungen, die mit einer Einzel-
ladung wechselwirken, jedoch proportional der dritten Potenz des
Abstandes z u nimmt, sind mit einer Ansammlung von Ladungen stets
sog. *Raumladungsfelder* verknüpft, die wie ein äußeres Feld wirken
und eine Kraft auf die Ladungen ausüben. Diese Kraft ist stets so
gerichtet, daß sie der Ansammlung von Ladungen eines Vorzeichens
entgegengerichtet ist. Sie bewirkt eine gegenseitige Abstoßung der
Ladungen. Diese Raumladungsabstoßung ist dafür verantwortlich, daß
Bündel geladener Teilchen auseinanderlaufen. Hat man ein ionisiertes Gas, das Träger mit Ladungen beiderlei Vorzeichen enthält, so
koppelt das Raumladungsfeld die Bewegungen der verschiedenen Ladungsträger miteinander und verhindert weitgehend eine Trennung der verschiedenen Ladungen. Da man die so verkoppelte Drift und Diffusion
der Ladungsträger formal als eine Diffusion beschreiben kann, bezeichnet man den Vorgang als *ambipolare Diffusion*.

8.2 Ambipolare Diffusion

Wir betrachten ein ionisiertes Gas mit Trägern positiver und negativer Ladung der Dichten n_+ und n_-. Weichen die Dichten voneinander ab, so entsteht eine Raumladung $\rho = Q_+ n_+ - Q_- n_-$. Das mit der
Raumladung verknüpfte elektrische Raumladungsfeld $\vec{E}$ wird durch
die P o i s s o n - Gleichung

$$\varepsilon_0 \nabla \vec{E} = \rho \tag{8.1}$$

beschrieben (ε_0 Influenzkonstante). Die Raumladungsdichte bestimmen wir mit Hilfe der Kontinuitätsgleichung

$$\frac{\partial n}{\partial t} + \nabla\Gamma = 0.$$

Hierbei setzt sich die Teilchenstromdichte Γ aus Diffusions- und Driftstrom zusammen. Somit erhalten wir für die beiden Ladungsträgersorten das Gleichungssystem

$$\frac{\partial n_+}{\partial t} - D_+\Delta n_+ + \nabla n_+ Q_+ \mu_+ \vec{E} = 0$$

$$\frac{\partial n_-}{\partial t} - D_-\Delta n_- - \nabla n_- Q_- \mu_- \vec{E} = 0.$$

(8.2)

Bei der Vorzeichenwahl haben wir angenommen, daß D_+ und μ_+ kleiner als D_- und μ_- sind, infolgedessen ist der Driftstrom der negativen Ladungsträger der Diffusion entgegengerichtet, bei den positiven Ladungsträgern ist es umgekehrt (vgl. Fig. 8.1).

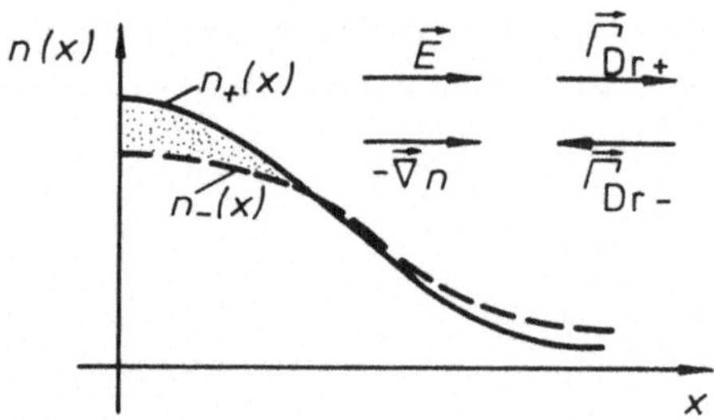

Fig. 8.1 Raumladungsdichte und -feld bei der ambipolaren Diffusion, die Pfeile geben die Richtungen der Vektoren $\vec{E}$, $-\nabla n$ und der Driftströme an.

In genügend stark ionisierten Gasen ($n_\pm \geq 10^{14} m^{-3}$) findet man experimentell, daß die entstehenden Raumladungen über weite Bereiche verschwindend gering sind, so daß man dort in guter Näherung $Q_+ n_+ = Q_- n_-$, d.h, $\nabla\vec{E} = 0$ setzen kann. Man nennt diese Bereiche

Plasma. Wegen der Bedingung $Q_+ n_+ \approx Q_- n_-$ ist ein Plasma nach außen
annähernd elektrisch neutral. Die Bedingung $|Q_+ n_+ - Q_- n_-| \ll Q_+ n_+$
bzw. $Q_- n_-$ heißt *Quasineutralitaet* des Plasmas. Daneben treten eng
begrenzte *Schichten* mit hohen Raumladungen und großen elektrischen
Feldstärken und Feldgradienten auf. Der Einfluß der Schichten auf
die Bewegung und die Bilanz der Ladungsträger im ionisierten Gas
ist somit gering, und wir können ihn in erster Näherung vernachlässigen. Mit $\nabla \vec{E} = 0$ und $n_+ = n_- = : n$ erhalten wir aus (8.2) das
Gleichungssystem

$$\frac{\partial n}{\partial t} - D_+ \Delta n + Q_- \mu_+ \vec{E} \nabla n = 0$$

$$(8.3)$$

$$\frac{\partial n}{\partial t} - D_- \Delta n + Q_+ \mu_- \vec{E} \nabla n = 0.$$

Durch geeignete Multiplikation der Gleichungen mit μ_+ bzw. μ_- und
Addition der Gleichungen können wir unter der Annahme $Q_\pm = \pm e$ den
den Driftstrom beschreibenden Term zum Verschwinden bringen und
erhalten eine der Diffusionsgleichung analoge Gleichung

$$\frac{\partial n}{\partial t} - D_a \Delta n = 0 \qquad (8.4)$$

wobei

$$D_a = \frac{\mu_+ D_- + \mu_- D_+}{\mu_+ + \mu_-} \qquad (8.5)$$

der *Koeffizient der ambipolaren Diffusion* ist.
Verwenden wir Gl. (7.34) und (7.37) für Diffusionskoeffizient und
Beweglichkeit und nehmen wir an, daß die Träger negativer Ladung
freie Elektronen, die Träger positiver Ladung Ionen sind, so können wir D_a folgendermaßen abschätzen:

$$D_a \approx \frac{\mu_+}{\mu_-} D_- + D_+ = \mu_+ (kT_- + kT_+) \qquad (8.6).$$

In Gasentladungen bei niedrigen Drucken ist häufig $T_- \gg T_+$, so daß

$$D_a \approx \mu_+ kT_- \qquad (8.7)$$

ist. Man sieht, daß die Diffusion im Plasma durch die Beweglichkeit der langsam diffundierenden Ionen bestimmt wird. Man kann μ_+
daher durch eine Bestimmung von D_a ermitteln.

8.3 Energiefluß bei der ambipolaren Diffusion

Ambipolare Diffusion bedeutet auch Energieübertragung von der beweglicheren Komponente (den Elektronen) auf die langsamere (die Ionen).
Wir betrachten dazu die Dichte des elektrischen Stroms $\vec{j}$:

$$\vec{j}_\pm = \pm\ e\Gamma_\pm \qquad (8.9)$$

(+ für Ionen; - für Elektronen).
Wenn im Feld $\vec{E}$ ein elektrischer Strom der Dichte $\vec{j}$ fließt, so wird
pro Volumen V die Leistung $P(P/V = \text{Leistungsdichte})$ frei:

$$P/V = \vec{j}\cdot\vec{E} \qquad (8.\text{lo}).$$

Wenn die die Stromdichte $\vec{j}$ transportierenden Ladungsträger im Feld
beschleunigt werden, d.h. Energie vom Feld aufnehmen, ist P/V positiv. P/V ist negativ, wenn die Träger abgebremst werden, d.h.
Energie an das Feld abgeben.
Im Plasma ohne äußeres Feld fließt kein äußerer elektrischer Strom,
d.h.

$$\vec{j}_+ + \vec{j}_- = 0 \qquad (8.11).$$

(Streng genommen braucht diese Bedingung lokal nicht erfüllt zu
sein, sondern nur für den Gesamtstrom an der Oberfläche:

$$\int\vec{j}_+ d\vec{A} + \int\vec{j}_- d\vec{A} = 0$$

dies kann beim Plasma im Magnetfeld eine Rolle spielen).
Das ambipolare Feld bremst die Elektronen und beschleunigt die Ionen. Die Ionen tragen daher im Feld aufgrund ihrer Drift einen Konvektionsstrom, dessen Betrag den des Diffusionsstrom überschrei-

ten kann. Mit (8.1o) und (8.11) folgt:

$$(P/V)_+ = - (P/V)_- \ ,$$

d.h.: das Elektronengas gibt Energie an das Ionengas ab.
In stationären Entladungen erfolgt die Diffusion der Ladungsträger
auf die Wand ambipolar. Im äußeren sog. Längsfeld (d.h. dem Feld
in Richtung des Entladungsstromes) heizen sich die Elektronen auf
und übertragen im ambipolaren Feld Energie auf die Ionen.Beim Erlöschen der Entladung im sog. *Nachleuchtplasma* (afterglow) bewirkt
der o.a. Effekt eine schnelle Abkühlung des Elektronengases. Man
spricht von *Diffusionskuehlung*. Da die im Feld nicht abgegebene
Energie der Elektronen zusätzlich auf der Wand verschwindet, kann
unter günstigen Bedingungen im Nachleuchten die Elektronentemperatur unter die Temperatur der Ionen bzw. des Neutralgases absinken.
Ist

$$T_- \ < \ T_+$$

so geht nach Gl. (8.6) D_a gegen D_+.
Das ambipolare Feld in einer Entladung stellt sich ein, indem die
Wand der Gasstrecke, in der die Entladung brennt, sich negativ auf-
lädt, bis $j_- + j_+ = 0$ wird. Hat man eine Metallwand und erzeugt die
Elektronen nicht nur homogen im Volumen, sondern z.B. auch durch
Emission aus einer heißen Kathode, so kann man

$$|\ \vec{j}_-\ | \ > \ |\ \vec{j}_+\ |$$

machen. Dann wirkt die Anordnung als elektrischer Generator, d.h.
die Wärmeenergie der Elektronen wird in elektrische Energie umge-
wandelt; es fließt ein elektrischer Strom von der Kathode zum Me-
tallmantel (Prinzip des thermionischen Konverters).

8.4 Betrachtung der Terme höherer Ordnung

Unser Modell beschreibt die Teilchenbewegung nur im Plasma, nicht

in den Schichten, d.h. nicht an den Begrenzungen des Gasraums.
In den Schichten hat man die Annahme der Quasineutralität fallen
zu lassen. I.A. herrschen in einer Schicht starke elektrische Felder, so daß dort die Anwendung unseres groben Modells mit der Annahme konstanter Beweglichkeiten fragwürdig wird. Der Übergang
vom Plasma zur Schicht läßt sich einigermaßen streng nur im Rahmen einer kinetischen Theorie beschreiben. Es hat sich jedoch
gezeigt, daß man das von der ambipolaren Diffusion im Plasma herrührende elektrische Feld (und den Übergang zur Schicht) in guter
Näherung berechnen kann, wenn man annimmt, daß Gl. (8.5) die
Dichteverteilung n_- der Elektronen liefert und für n_+ mit dem Ansatz (wir nehmen einfach geladene Ladungsträger an, d.h.
$Q_\pm = \pm e$, e Elementarladung)

$$n_+ = n_- + \overline{n} \qquad\qquad (8.12)$$

(n_+ ist größer n_-, $\overline{n}$ liefert die resultierende Raumladung) in die
Bilanzgleichungen (8.3) eingeht (vgl. Ref. 26).

Im Gleichgewicht muß gelten:

$$\frac{\partial n_+}{\partial t} = \frac{\partial n_-}{\partial t}$$

und damit folgt: $\dfrac{\partial \overline{n}}{\partial t} = 0$. D.h. der Überschuß an positiven Ionen rührt nicht von unterschiedlichen Bildungsraten, sondern von
Unterschieden in der Diffusion her. Aus (8.11) folgt für die Poisson-Gleichung (8.1):

$$\frac{\varepsilon_o}{e} \, \nabla \overrightarrow{E} = \overline{n} \qquad\qquad (8.13).$$

Mit (8.13) geht man in das Gleichungssystem (8.2) ein und erhält
nach der gleichen Prozedur die dort durchgeführt wurde:

$$\frac{\partial n_-}{\partial t} - D_a \Delta n_- - \frac{\mu_-}{\mu_- + \mu_+} D_+ \Delta \overline{n} + \frac{\mu_+ \mu_-}{\mu_- + \mu_+} \, e \nabla \overrightarrow{n E} = 0.$$

Mit (8.13) ergibt sich:

$$\nabla (\bar{n} \vec{E}) = \frac{\varepsilon_o}{e} \nabla (\vec{E} \nabla \vec{E}) \qquad (8.14).$$

Wegen der Annahme

$$\frac{\partial n_-}{\partial t} - \mathcal{D}_a \Delta n_- = 0$$

sind die Gleichungen für $\bar{n}$ und n_- entkoppelt. Aus der Bedingung (8.11) läßt sich $\vec{E}$ bestimmen. Dann geht man in die Poisson-Gleichung ein und bestimmt $\bar{n}$.
Solange das so erhaltene Ergebnis für $\bar{n}$ mit der Annahme $\bar{n} \ll n_-$ konsistent ist, kann man das Verfahren als erlaubt ansehen. In der Regel bricht jedoch an einer bestimmten Stelle die Konsistenz zusammen und $\vec{E}$ geht gegen ∞. An diese Stelle setzt man im Sinne eines Randwertproblems die Schicht. Dieses Verfahren beschreibt - obwohl mit einer Reihe willkürlicher Annahmen behaftet - die experimentelle Situation in vielen Fällen recht gut.

8.5 Lösung der Diffusionsgleichung, Diffusionsoberwellen

Von üblichen Diffusionsproblemen in Gasen oder Festkörpern unterscheidet sich die ambipolare Diffusion dadurch, daß die ambipolar diffundierenden Ladungsträger sich auf Wänden, die den Gasraum eingrenzen, gegenseitig neutralisieren und dabei verschwinden. Man nennt diesen Vorgang *Wandrekombination*. Als Folge der Wandrekombination muß man - zumindest in erster Näherung, d.h. bei Vernachlässigung der in der Regel an den Wänden sich aufbauenden Schichten - als Randbedingung annehmen, daß die Dichte der diffundierenden Teilchen an der Wand verschwindet. Die Wand wirkt für Ladungsträger als Senke. Neben den Senken bestimmen die Quellen den Verlauf des Dichteprofils. Von den vielen denkbaren Fällen wollen wir ein Problem herausgreifen, das für die Bestimmung von Rekombinationskoeffizienten von praktischer Bedeutung ist. Wir betrachten einen zylinderförmigen Hohlraum der Länge L und des Radius R. Er soll als Resonator in einem Mikrowellenkreis dienen. Aufgrund der im Resonator

sich aufbauenden hohen Feldstärken kann bei Zufuhr von genügend
Mikrowellenleistung im gasgefüllten Resonator eine Mikrowellen-
entladung gezündet werden.Diese Entladung soll ein stationäres
Dichteprofil besitzen. Zur Zeit $t = 0$ werde die Zufuhr von Mikro-
wellenenergie abgeschaltet. Wir wollen fragen, wie die Dichte im
Hohlraum aufgrund der Wandrekombination im Laufe der Zeit abnimmt.
Zur Vereinfachung nehmen wir an, daß die Dichte der Ladungsträger
bei brennender Entladung im Hohlraum (außer auf der Wand) konstant
gleich n_o sei. Die Diffusionsgleichung lautet in Zylinderkoordina-
ten r,z (eine Abhängigkeit vom Azimuth ϕ tritt nicht auf!)

$$\frac{\partial^2 n}{\partial r^2} + \frac{1}{r}\frac{\partial n}{\partial r} + \frac{\partial^2 n}{\partial z^2} = \frac{1}{D_a}\frac{\partial n}{\partial t} \qquad (8.15).$$

Zur Lösung dieser Differentialgleichung spalten wir den Lösungs-
ansatz in zeit- und ortsabhängige Anteile auf:

$$n(r,z,t) = n_k(r)\,n_1(z)\,\exp\left(-\frac{t}{\tau_{kl}}\right) \qquad (8.16).$$

Die Zeitkonstante τ_{kl}, die hier zunächst aus rein formalen Gründen
eingeführt wird, heißt *Diffusionszeit*. Einsetzen von (8.16) in
(8.15) und Division der Gleichung durch n liefert

$$\frac{1}{n_k}\left(\frac{\partial^2 n_k}{\partial r^2} + \frac{1}{r}\frac{\partial n_k}{\partial r}\right) + \frac{1}{n_1}\frac{\partial^2 n_1}{\partial z^2} = -\frac{1}{D_a\tau_{kl}}$$

$$(8.17).$$

Gleichung (8.17) muß für sämtliche Werte von r und z erfüllbar
sein. Dies ist nur möglich, wenn die r und z-abhängigen Anteile
der linken Seite jeder für sich konstant sind. Auf diese Weise
haben wir das Problem separiert und erhalten die beiden Differen-
tialgleichungen

$$\frac{\partial^2 n_k}{\partial r^2} + \frac{1}{r}\frac{\partial n_k}{\partial r} + a_k n_k = 0 \qquad (8.18)$$

$$\frac{\partial^2 n_1}{\partial z^2} + b_1 n_1 = 0 \qquad\qquad (8.19),$$

die mit der Nebenbedingung

$$a_k + b_1 = \frac{1}{\mathcal{D}_a \tau_{kl}} \qquad\qquad (8.2o)$$

gelöst werden müssen. Gl. (8.18) ist die B e s s e l ´ sche Differentialgleichung nullter Ordnung mit der Lösung (vgl. Ref. 27)

$$n_k(r) = \overline{n}_k J_o \, (\, a_k{}^{1/2} r) \qquad\qquad (8.21).$$

Dabei ist J_o die B e s s e l funktion nullter Ordnung. J_o ist eine
um Null oszillierende Funktion. Wir müssen a_k so wählen, daß
$n_k(R) = 0$ ist, d.h. die Dichte auf dem Rand verschwindet. Bezeichnen wir mit x_k die Nullstellen der Besselfunktion, so erhalten wir
als Bedingung für a_k

$$x_k = a_k{}^{1/2} R \; , \quad k = 1,2,3,4,\ldots \qquad\qquad (8.22).$$

Gleichung (8.22) hat unendlich viele diskrete Lösungen, die wir mit
Hilfe des Laufindex k durchnummerieren. Gleichung (8.19) hat als
Lösung die trigonometrischen Funktionen. Legen wir den Ursprung
unseres Koordinatensystems in die Mitte des Hohlraums, so tritt
nur die Cosinus-Funktion als Lösung auf.

$$n_1(z) = \overline{n}_1 \cos (\, b_1{}^{1/2} z) \qquad\qquad (8.23).$$

Die Randbedingung besagt, daß $n_1(\pm \tfrac{1}{2} L) = 0$ sein muß. Die b_1 sind
so zu wählen, daß $\cos (\pm (b_1)^{1/2} \tfrac{L}{2}) = 0$ ist. Auch für diese Bedingung
gibt es unendlich viele diskrete Lösungen, die durch

$$b_1{}^{1/2} L . = (2\,l - 1)\pi \; , \quad l = 1,2,3,4,\ldots \qquad (8.24)$$

gegeben sind. Die Bedingungen (8.22) und (8.24) ermöglichen die Bestimmung der Diffusionszeit τ_{kl}. Aus Gl. (8.2o) erhalten wir

$$\frac{1}{D_a \tau_{kl}} = \frac{x_k^2}{R^2} + \frac{(2\,l - 1)^2 \, \pi^2}{L^2}$$

$$k,\ l = 1,2,3,\ldots \qquad (8.25).$$

Wie man sieht, hat die Größe $(D\tau_{kl})^{1/2}$ die Dimension einer Länge. Man nennt

$$\Lambda =: (D_a \tau_{11})^{1/2} \qquad (8.26)$$

die *Diffusionslaenge*. Sie ist eine für die Geometrie des Hohlraums charakteristische Größe. Als vollständige Lösung von Gl. (8.15), die die Anfangsbedingung erfüllt, erhalten wir

$$n(r,z,t) = \Sigma_k \Sigma_l \bar{n}_k \bar{n}_l J_0 \left(x_k \cdot \frac{r}{R} \right) \cos\left(\frac{(2l-1)\pi}{L} z \right) \exp\left(-\frac{t}{\tau_{kl}} \right)$$

$$(8.27).$$

Die Amplituden $\bar{n}_k$, $\bar{n}_l$ sind aus der Anfangsbedingung $n(r,z,o) = n_o$ zu bestimmen.
Um $\bar{n}_k \bar{n}_l$ zu berechnen, multiplizieren wir $n(r,z,o) = n_o$ mit

$r J_0 \left(x_k \dfrac{r}{R} \right) \cos \dfrac{(2l-1)\pi}{L}$ z und integrieren über r von o bis R bzw. über z von $-L/2$ bis $+L/2$.
Aufgrund der Orthogonalitätsbeziehung der B e s s e l- bzw. Cosinusfunktion erhalten wir als Ergebnis

$$\bar{n}_l \bar{n}_k = \frac{8n_o}{\pi (2l-1)\, x_k J_1(x_k)} \qquad (8.28).$$

Dabei ist J_1 die B e s s e l funktion erster Ordnung. Wie man sieht, nimmt $\bar{n}_l \bar{n}_k$ sowohl mit wachsendem l als auch mit wachsendem k ab. Außerdem alterniert mit wachsendem k das Vorzeigen (vgl. Ref. 27, Tab. 32 a). Die Diffusionszeiten τ_{kl} nehmen ebenfalls mit wachsendem k,l ab, wie Gl. (8.25) zeigt. Wie man sieht, stellt sich $n(r,z,t)$ als eine Überlagerung verschiedener Funktionen dar, die mit verschiedenen Zeitkonstanten τ_{kl} abklingen. Man nennt das Glied mit k = 1, 1 = 1 die *Diffusionsgrundwelle* oder *Diffusionsgrundmode*. Die Glieder mit k,l $\neq$ 1 heißen *Diffusionsoberwellen* oder höhere *Diffusionsmoden*. Die Amplitude der höheren Diffusionsmoden nimmt mit wachsender Ordnung k,l ab. Je höher die Ordnung ist, desto schneller klingen die Diffusionsmoden ab. Dies bedeutet, daß das Dichteprofil unabhängig vom Anfangszustand gegen das Profil der Grundmode

$$n_{11}(r,z) \propto J_0 \left(x_1 \frac{r}{R}\right) \cos \frac{\pi}{L} z$$

strebt. Ist dieser Zustand erreicht, so nimmt die Dichte exponentiell mit der Zeit entsprechend der Funktion

$$\exp\left(-\frac{t}{\tau_{11}}\right) = \exp\left(-\frac{t}{D_a(x_1^2/R^2 + \pi^2/L^2)}\right) = \exp\left(-\frac{t}{D_a}\Lambda^2\right)$$

ab.

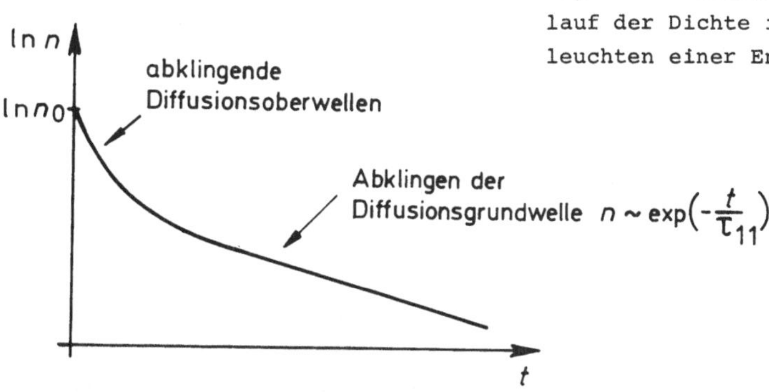

Fig. 8.2 Zeitlicher Verlauf der Dichte im Nachleuchten einer Entladung.

Dies ist in Fig. 8.2 dargestellt. Da Λ eine nur von der Geometrie abhängige Größe ist, läßt sich D_a aus der Zeitkonstanten τ_{11} bestimmen. Im Prinzip enthält der nichtlineare Verlauf von ln $n(t)$ für kleine Zeiten Informationen über das ursprünglich vorhandene Dichteprofil. Es muß jedoch berücksichtigt werden, daß sich die Elektronen bei der Diffusion im Nachleuchten abkühlen, so daß sich auch

der Diffusionskoeffizient mit der Zeit ändert. Da die Abkühlung
der Elektronen - verglichen mit dem Abklingen der Diffusionsgrundwelle - i.a. rasch erfolgt, ändert dies am prinzipiellen Verlauf
von $n(t)$ jedoch nichts. Diffusionsmoden treten auch bei anderen
Geometrien und Anfangsbedingungen auf. Verschiedene Lösungen der
Diffusionsgleichung werden z.B. in Ref. 28 diskutiert.

9   Messung von Beweglichkeit und Diffusionskoeffizient in Schwarmexperimenten

9.1 Vorbemerkung

Zur Messung des Wirkungsquerschnitts als mikrophysikalischer Größe
mußten wir ein mikrokanonisches Ensemble konstruieren, bzw. einen
Strahl von Teilchen mit definiertem Impuls. Dies erfordert u.a.
eine Apparatur, in der die Teilchen im Bereich der Strahlformung
keine Stöße mit anderen Teilchen erleiden. Ist L die charakteristische Strahllänge und ℓ die mittlere freie Weglänge, so mußte

$$\ell \, / \, L \gg 1$$

sein. Bei der Realisierung von Strahlen mit niedrigen Energien
treten jedoch extreme experimentelle Schwierigkeiten auf, so daß
die Energiegrenze für Strahlexperimente bei etwa 1...2 eV liegt.
Diese Schwierigkeiten beruhen auf der Raumladungsabstoßung geladener Teilchen, auf der Unsicherheit der Raumpotentiale, die von
Kontaktspannungen zwischen den verschiedenen Elektroden herrühren,
sowie auf der Schwierigkeit, Strahlen mit der erforderlichen geringen Energiebreite zu erzeugen. Um diesen Schwierigkeiten zu entgehen,
werden daher zur Messung der Wechselwirkung von Elektronen und Ionen
mit Gasen *Schwarmexperimente* durchgeführt. Charakteristisch für einen Schwarm ist, daß die Laufstrecke $L \gg \langle \ell \rangle$ die mittlere freie
Weglänge ist. Daher ist seine Bewegung eine Drift; durch geeignete
Anordnung von Elektroden wird dafür gesorgt, daß diese Drift in
einem Gebiet mit konstanter elektrischer Feldstärke $\vec{E}$ erfolgt. Auf
diese Weise wird erreicht, daß der Schwarm sich in einem stationären

Zustand befindet, der durch das elektrische Feld und die Gasdichte n_g im Driftraum eindeutig definiert ist. Andererseits erlauben Schwarmexperimente keine direkte Bestimmung des Wirkungsquerschnittes, da ein Schwarm eine Gesamtheit darstellt, sondern nur die Bestimmung von Transportkoeffizienten,d.h. Mittelwerten über die Verteilungsfunktion.Damit ergibt sich die Aufgabe, die Verteilungsfunktion des Schwarms zu bestimmen. Für Elektronenschwärme ist diese Aufgabe weitgehend gelöst. Es ergibt sich, daß die Verteilungsfunktionen auch bei kleinen elektrischen Feldern in der Regel erheblich von einer M a x w e l l verteilung abweichen. Damit ist es möglich, von den Transportkoeffizienten auf die zugrundeliegenden Wirkungsquerschnitte zu schließen. Für Ionenschwärme ist es bisher nicht möglich, die Verteilungsfunktion zu berechnen.

Die Resultate der Schwarmmessung lassen sich in der überwiegenden Zahl der Fälle als Funktion der sog. *reduzierten Feldstaerke* E/n_g darstellen. Dies ist plausibel, da E/n_g ein Maß für die auf einer freien Weglänge ℓ im Feld aufgenommene Energie ε_ℓ ist:

$$\varepsilon_\ell = Q E \ell = \frac{Q E}{n_g \sigma} \; .$$

In älteren Darstellungen wird als reduzierte Feldstärke die Größe E/p benutzt, die in V/cm Torr (bei 0° C) gemessen wird. Wir werden in dieser Darstellung jedoch durchweg E/n_g mit der Einheit Vm^2 benutzen. Für 10^{-21} Vm^2 wurde von Huxley, Crompton und Elford die Einheit 1 Townsend, abgekürzt 1 Td, vorgeschlagen (vgl. Ref. 29). Diese Einheit hat sich bisher jedoch nicht allgemein durchsetzen können, so daß wir auf die Benutzung des Townsend verzichten. Für 0° C = 273,15 K ergibt sich als Relation zwischen den Einheiten für E/p und E/n_g

$$1 \text{ V/cm Torr} \triangleq 2.8284 \cdot 10^{-21} Vm^2 = 2.8284 \text{ Td}.$$

Bei beliebiger Temperatur T gilt

$$(1 \text{V/cm Torr})_T \triangleq 1.0354 \cdot 10^{-23} \cdot \frac{T}{K} Vm^2 \; .$$

9.2 Methoden zur Bestimmung von Driftgeschwindigkeit und Beweg-
lichkeit

Zur Bestimmung der Beweglichkeit μ wird die Driftgeschwindigkeit
$\langle\vec{u}\rangle$ gemessen und mit Hilfe von Gl. (2.7) bestimmt. Die durchsich-
tigste Methode zur Bestimmung der Driftgeschwindigkeit besteht darin, die Driftzeit t_D zu messen, die ein Schwarm braucht, um eine
bestimmte Strecke d zurückzulegen. Moderne Meßmethoden beruhen alle
auf diesem Prinzip. Die direkteste Methode besteht darin, eine bestimmte Anzahl von Elektronen zu einem definierten Zeitpunkt aus-
zulösen und den von ihm getragenen elektrischen Strom zu messen
(gepulster Schwarm). Wenn der Schwarm das Ende der Driftstrecke
erreicht, verschwindet der Strom. Fig. 9.1 zeigt das Schema einer
entsprechenden Anordnung (H o r n b e c k 1951, Ref. 31).

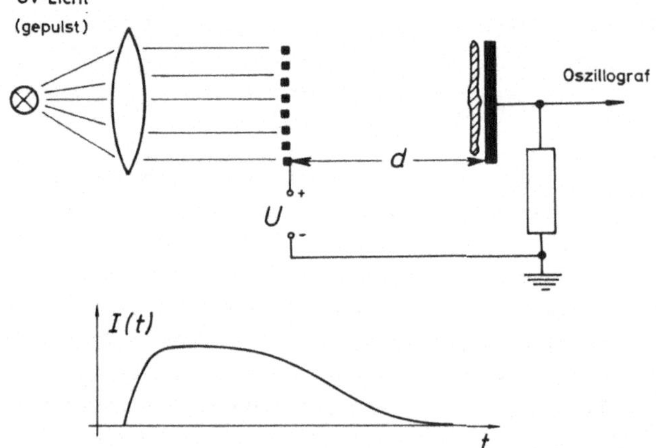

Fig. 9.1   a) Funktionsschema der H o r n b e c k-Apparatur
           b) Zeitlicher Stromverlauf im Außenkreis

Die Driftstrecke wird von den zwei parallelen ebenen Elektroden gebildet, an denen eine Spannung zur Erzeugung des elektrischen Feldes liegt. Die Anode ist durchbrochen. Durch die Öffnungen der Anode hindurch wird die Kathode mit UV-Licht von einer kurzzeitig gepulsten Funkenentladung angestrahlt. Bei jedem Lichtblitz wird ein
Elektronenpaket an der Kathode ausgelöst und driftet zur Anode.

Der im Außenkreis fließende Strom wird mit Hilfe eines Oszillographen gemessen. Durch Variation des Elektrodenabstandes d kann die
Messung bei verschiedenen Driftlängen durchgeführt werden. Dadurch
lassen sich Störungen an den Enden der Driftstrecke eliminieren.
Zur Berechnung des Stromverlaufs benutzen wir Gl. (7.17). Danach
ist die von N Elektronen umgesetzte Joule'sche Verlustleistung
gleich $N \cdot e <\vec{u}> \vec{E}$, sie muß gleich der von der äußeren Stromquelle gelieferten Leistung $P = U \cdot I$ sein. Gleichsetzen der Ausdrük-
ke liefert unter Berücksichtigung, daß $E = U/d$ ist,

$$I = N \, e \, |<\vec{u}>|/d \qquad\qquad (9.1).$$

Der zeitliche Anstieg bzw. Abfall von I wird durch die zeitliche
Veränderung von N bewirkt. Wie wir bei der Diskussion von Meßer-
gebnissen sehen werden, betragen die Driftgeschwindigkeiten der
Elektronen im interessierenden Feldstärkebereich $10^2...10^5$ m/s.
Bei Driftstrecken von einigen cm Länge beträgt die Länge des Stromimpulses daher einige hundert Nanosekunden bis Mikrosekunden.
 Die Zeit, in der der Schwarm ausgelöst wird, muß für genaue Messungen kurz gegen die Laufzeit des Schwarmes sein (einige Nanosekunden). Um die zeitliche Änderung des Stromimpulses genau vermessen zu können, muß die Meßelektronik diesen schnellen Strom-
änderungen folgen können. Daher ist dieses Meßverfahren erst relativ spät verwendet worden. Wegen der Unsicherheit der Zeitbestim-
mung, die u.a. auf dem Auseinanderdiffundieren der Elektronen während der Drift beruht, sind nur Differenzmessungen mit variablem
Elektrodenabstand einigermaßen zuverlässig. Um die Ungenauigkeit
der Pulsmessung mit Oszillographen zu umgehen, werden in einigen
Anordnungen Einzelteilchendetektoren (z.B. Geiger-Müller Zählrohr
oder SEV), die hinter feinen Öffnungen der Anode angebracht sind,
zum Nachweis einzelner Elektronen verwendet. Die Zahl der Schwarmelektronen und die Öffnung vor dem Detektor werden so gewählt, daß
pro Puls höchstens ein Elektron registriert wird. Durch Messungen
mit vielen Elektronenpulsen läßt sich die zeitliche Verteilung, mit
der Elektronen die Anode erreichen, ermitteln. Diese Verteilung ergibt im Prinzip zusätzliche Information über die Verteilungsfunktion der Elektronen. Neben UV-Licht kann auch hochenergetische
Teilchenstrahlung oder Röntgenstrahlung zur Elektronenerzeugung
verwandt werden.

Zur Erzeugung gepulster Elektronenschwärme können neben gepulsten
Elektronenquellen auch kontinuierliche Elektronenquellen (z.B.
thermisch emittierende Kathode) in Verbindung mit einem sog.
elektrischen Verschluß verwendet werden. Ein elektrischer Verschluß für Elektronen besteht aus einer Reihe paralleler Gitter-
drähte, die abwechselnd mit den Polen einer Wechselspannungsquelle
verbunden sind, vgl. Fig. 9.2. Liegt eine genügend große Spannung an den Drähten, so werden Elektronen, die in das Feld der
Drähte eintreten, auf den positiv vorgespannten Draht abgelenkt
und dort absorbiert. Ein Schwarm kann den Verschluß daher nur passieren, solange keine (bzw. eine sehr kleine) Spannung am Verschluß
liegt.

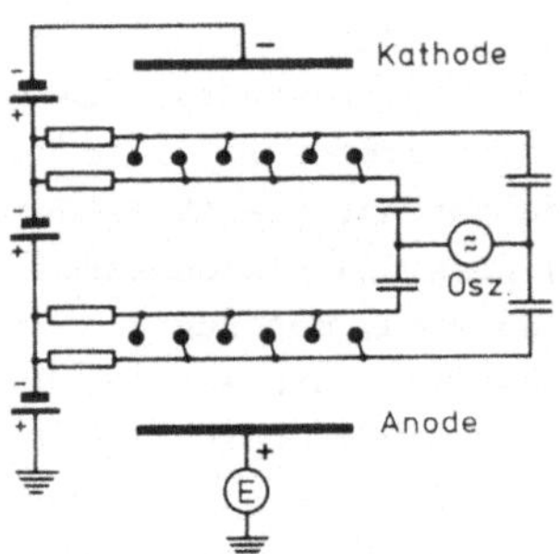

Fig. 9.2 Driftapparatur mit
zwei synchron laufenden elektrischen Verschlüssen nach
Bradbury und Nielsen.
Osz. Oszillator, E Elektrometer

Verwendet man nicht nur einen, sondern zwei Verschlüsse jeweils am
Anfang und Ende der Driftstrecke (vgl. Fig. 9.2), so läßt sich die
Ausmessung der gepulsten Schwärme auf eine Gleichstrommessung zu-
rückführen(B r a d b u r y und N i e l s e n[32], 1936).
Die Verschlüsse werden synchron von einem Hochfrequenzgenerator
angesteuert. Ein Schwarm kann nur dann beide Verschlüsse passie-
ren, wenn seine Laufzeit ein ganzzahliges Vielfaches der halben
Schwingungsperiode beträgt, d.h. wenn

$$d/|<\vec{u}>| = \frac{k}{2\nu_k} \qquad k = 1,2,3,\ldots \qquad (9.2)$$

ist (d Abstand der Verschlüsse, ν Schließerfrequenz). Mißt man den

auf die Anode fließenden G l e i c h strom in Abhängigkeit von der
Schließerfrequenz, so erhält man für alle Frequenzen, für die Gl.
(9.2) erfüllt ist, ein Strommaximum (vgl. Fig. 9.3). Da der Laufindex k nicht ohne weiteres bekannt ist, kann man die Driftgeschwindigkeit durch Vermessen zweier aufeinanderfolgender Strommaxima bestimmen. Es gilt

$$|\langle \vec{u} \rangle| = 2\, d (\nu_{k+1} - \nu_k) \tag{9.3}.$$

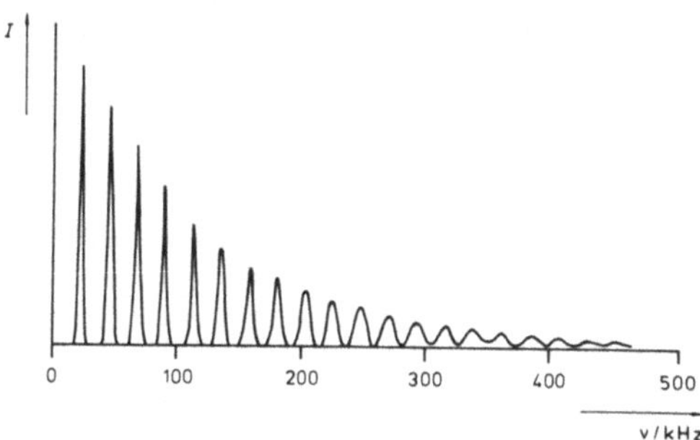

Fig. 9.3 Anodenstrom I als Funktion der Schließerfrequenz ν in
einer Driftapparatur nach Bradbury, Nielsen (nach Lowke[32]).
Die Abnahme und Verbreiterung des Strommaxima mit wachsender Frequenz beruht auf der Diffusion der Elektronen.

Der Vorteil der Anordnung besteht darin, daß die Messung der Laufzeit eines Schwarmes auf eine mit hoher Präzision durchführbare
Frequenzmessung und eine Gleichstrommessung, die viele Pulse er-
faßt, zurückgeführt wird. Durch Vermessen mehrerer Strommaxima
läßt sich die Genauigkeit der Methode weiter steigern. Dies ist der
Grund, warum die Bradbury-Nielsen-Anordnung in der überwiegenden
Mehrzahl der Fälle bei modernen Präzisionsmessungen der Driftgeschwindigkeit verwendet wird.

Als letztes Verfahren diskutieren wir die ursprünglich von T o w n s -
e n d[33] verwendete Methode, in der die Messung der Driftgeschwindigkeit auf eine reine Gleichstrommessung zurückgeführt wird. Historisch

gesehen ist dies die älteste Methode: der meßtechnische Aufwand
ist am geringsten. Fig. 9.4 zeigt die Meßanordnung.

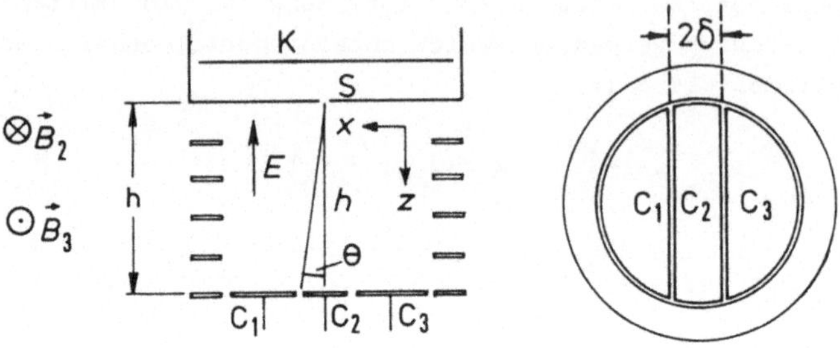

Fig. 9.4 a) Schnitt durch eine Driftapparatur nach Townsend[33]
b) Aufteilung des Kollektors.

An der (Photo-oder Glüh-)Kathode K werden Elektronen kontinuierlich
emittiert. Der Spalt S blendet einen feinen Elektronenschwarm aus
(Spaltbreite 1 mm). Schutzringe erzeugen im Driftraum ein homoge-
nes elektrisches Feld E in z-Richtung. Senkrecht zum elektrischen
Feld kann ein Magnetfeld B angelegt werden. Gemessen werden die
Ströme I_1, I_2, I_3 auf die Auffänger C_1, C_2, C_3. Folgende Messungen
werden durchgeführt:

1) Messung ohne Magnetfeld zur Prüfung der Symmetrie der
   Apparatur. Es muß hier gelten

$$I_1 = I_3$$

2) Messung mit Magnetfeld senkrecht zur Zeichenebene, so daß
   die Elektronen nach links abgelenkt werden.

3) Messung mit umgekehrter Magnetfeldrichtung
   Die Magnetfeldstärke wird jeweils so eingestellt, daß in
   der
   2. Messung: $I_1 = I_2 + I_3$ ist, in der
   3. Messung: $I_3 = I_1 + I_2$.

Dann trifft der Schwarmschwerpunkt jeweils auf die Spalte zwischen C_2 und C_1 bzw. C_3 und C_1. Daraus folgt, daß der Schwarm über die Driftraumlänge h vom Magnetfeld jeweils um δ, d.h. um die halbe Breite des Auffängers C_2 von der Symmetrieachse abgelenkt wird. Zur Berechnung von $|\langle\vec{u}\rangle|$ bzw. μ berücksichtigen wir, daß die Auslenkung aus der z-Richtung, d.h. aus der Richtung des elektrischen Feldes sehr klein ist. Ist die resultierende Driftgeschwindigkeit

$$\langle\vec{u}\rangle = \langle\vec{u}\rangle_z + \langle\vec{u}\rangle_x$$

so bedeutet das, daß

$$|\langle\vec{u}\rangle_z| \gg |\langle\vec{u}\rangle_x| \quad \text{(s. Fig. 9.4)}$$

d.h.

$$\langle\vec{u}\rangle \approx \langle\vec{u}\rangle_z$$

ist. Ein Elektron der Geschwindigkeit $\vec{u}$ erfährt im Magnetfeld $\vec{B}$ die Kraft:

$$\vec{F}_B = - e\vec{u}\times\vec{B} \tag{9.4},$$

d.h. auf die Schwarmelektronen wirkt im Mittel eine konstante Kraft in x-Richtung

$$\langle F_x\rangle = - e|\langle\vec{u}\rangle_z| \, B \tag{9.5}.$$

Unter der Wirkung dieser Kraft driften sie mit der Driftgeschwindigkeit $\langle\vec{u}\rangle_x$ in Richtung der Kraft $\langle\vec{F}_x\rangle$, wobei

$$\langle\vec{u}\rangle_x = \mu \, \langle\vec{F}_x\rangle$$

ist.
D.h. wir erhalten

$$|\langle\vec{u}\rangle_x| = e \, |\langle\vec{u}\rangle_z| \, \mu B \tag{9.6}.$$

128

Für den Ablenkwinkel θ gilt also (h ist die Länge des Driftraumes):

$$\tan \theta = \frac{\delta}{h} = \frac{|\langle \vec{u} \rangle_x|}{|\langle \vec{u} \rangle|} = e\mu B \qquad (9.7).$$

Aus (9.7) erhalten wir die gesuchte Beziehung für die Beweglichkeit μ :

$$\mu = \frac{\delta}{ehB} \qquad (9.8).$$

Berücksichtigen wir, daß die Schwarmelektronen in z-Richtung die gleiche Beweglichkeit μ haben wie in x-Richtung, so folgt mit Gl. (9.8) für die axiale Driftgeschwindigkeit $|\langle \vec{u} \rangle|$

$$|\langle \vec{u} \rangle| = \mu e E = \frac{E\delta}{Bh} = \frac{E}{B} \tan \theta \qquad (9.1o).$$

Die in Gl. (9.1o) definierte Driftgeschwindigkeit ist nicht genau mit denjenigen identisch, die mit den anderen Meßverfahren ermittelt werden. Dies liegt daran, daß wir (vgl. Gl. (9.5)) eine weitere Mittelung durchführen mußten, um die mittlere vom Magnetfeld ausgeübte Kraft zu erhalten. Man bezeichnet die so gemessene Driftgeschwindigkeit daher als *magnetische Driftgeschwindigkeit* $\langle \vec{u} \rangle_m$. Sie stellt ein von $\langle \vec{u} \rangle$ abweichendes Moment der Verteilungsfunktion dar und kann daher als zusätzliches Bestimmungsstück bei der Ermittlung von Wirkungsquerschnitten mit Hilfe von Driftmessungen herangezogen werden. Dies ist der Grund, warum das T o w n s e n d - Verfahren auch heute noch benutzt wird.

9.3 Bestimmung der charakteristischen Energie D/μ

Neben der Driftgeschwindigkeit verwendete bereits T o w n s e n d zur Charakterisierung von Elektronenschwärmen deren charakteristische Energie

$$\kappa_D \langle \varepsilon \rangle = D/\mu.$$

Zur Messung von D/μ muß man Effekte heranziehen, die auf der Diffu-

sion der Schwarmelektronen beruhen. Eine Diffusion findet immer
statt, da bei der Erzeugung der Schwärme Dichtegradienten auftreten. A x i a l e Dichtegradienten entstehen bei der Pulsung
des Schwarms (laterale Dichtegradienten werden in gepulsten Driftapparaturen tunlichst vermieden), in der T o w n s e n d apparatur
entstehen l a t e r a l e Dichtegradienten durch die Ausblendung
des Schwarmes (vgl. Fig. 9.4, Spalt S).

Die Diffusion in axialer Richtung bewirkt in gepulsten Driftapparaturen beim H o r n b e c k-Verfahren die Unterschiede der An-
stiegs- und Abfallsflanke des Stromimpulses (vgl. Fig. 9.1 b)
Differenziert man den Stromverlauf nach der Zeit und substituiert
die Zeit t nach $z = |\overrightarrow{<u>}|\, t$ durch die Ortskoordinate z, so erhält
man das axiale Schwarmprofil am Start und am Auffänger. Aus der
Differenz läßt sich der Diffusionskoeffizient bestimmen.

Bei der Driftapparatur nach B r a d b u r y und N i e l s e n bewirkt
die axiale Diffusion die Abnahme der Höhe und die Zunahme der Breite der aufeinanderfolgenden Strommaxima (vgl. Fig. 9.3). Die laterale Diffusion in der T o w n s e n d apparatur läßt sich - bei
abgeschalteten Magnetfeld - aus der Verteilung der Ströme auf die
verschiedenen Kollektoren bestimmen. Zur Vereinfachung der Auswertung ist es günstig, statt der Kollektoranordnung nach Fig. 9.4 b
die geometrisch einfachere nach Fig. 9.5 zu benutzen und den Schwarm
statt durch einen Spalt durch ein rundes Loch (Durchmesser $\leq$ 1 mm)
in den Driftraum eintreten zu lassen.

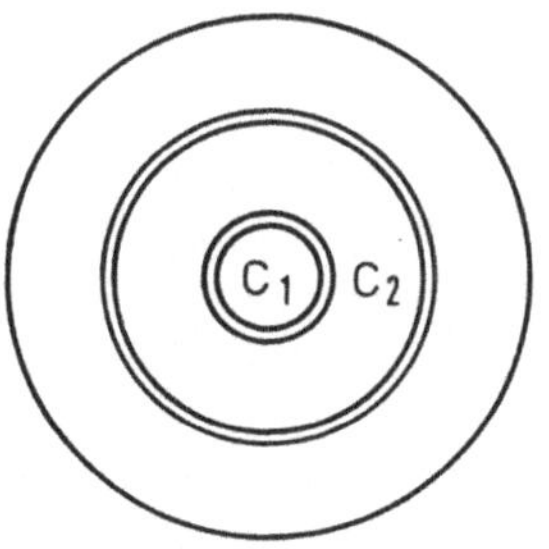

Fig. 9.5 Kollektor
der T o w n s e n d -
Apparatur zur Bestimmung
der charakteristischen
Energie.

Eine Lösung der Diffusionsgleichung mit den passenden Randbedingungen[29,30] ergibt dann für das Verhältnis der Kollektorströme

$$\frac{I_1}{I_1 + I_2} = 1 - \cos\theta \, \exp\left\{ -\frac{|<\vec{u}>|\,h\,(1-\cos\theta)}{2\,D\,\cos\theta} \right\} \qquad (9.11)$$

(θ ist analog zu Fig. 9.4 a definiert). Da h und θ durch die Geometrie der Anordnung festgelegt sind, gestattet Gl. (9.11) die Bestim-
mung von $D/|<\vec{u}>|$ und damit von D/μ.

Vergleicht man die Resultate der Bestimmung von D/μ aus Pulsexperi-
menten und mit Hilfe des T o w n s e n d verfahrens, so ergeben sich
große Unterschiede, die darauf beruhen, daß die Diffusion ohne äußeres Feld (T o w n s e n d methode) anders verläuft, als bei Anwesenheit elektrischer Felder. Man unterscheidet daher den (nach T o w n s-
e n d zu messenden) t r a n s v e r s a l e n Diffusionskoeffizienten D_t von dem mit Pulsmethoden bestimmten l o n g i t u d i n a l e n
Diffusionskoeffizienten D_l. Da der Einfluß eines Feldes auf die Diffusion einen Effekt höherer Ordnung darstellt, wird in der überwiegenden Mehrzahl der Fälle D_t bestimmt und zur Auswertung der
Driftmessungen herangezogen.

9.4   Diskussion der Resultate von Driftmessungen

9.4.1 Charakteristische Energie

Die charakteristische Energie ist ein Maß für den Energieinhalt
des Elektronengases. Dieser ist einerseits durch die mittlere Energie des Neutralgases, andererseits durch die im Feld aufgenommene
Energie bestimmt. Bei kleinen reduzierten Feldstärken ist die im
Feld aufgenommene Energie zu vernachlässigen. Die Elektronen besitzen eine M a x w e l l verteilung, deren Temperatur der des Neutralgases T_g entspricht, d.h. unabhängig von der Gasart geht $D/\mu \rightarrow kT_g$
für $E/n_g \rightarrow 0$. Außerdem geht $D_l \rightarrow D_t$. Wie die Fig. 9.6 zeigt, hängt
der Bereich, über den $D/\mu = kT_g$ ist, von der Gasart ab. Von einem
bestimmten Wert von E/n_g ab steigt D/μ mehr oder weniger steil mit
der Feldstärke an, wobei der Anstieg für jede Gasart charakteristisch
ist. Diese Beobachtung wurde bereits 19o8 von T o w n s e n d gemacht
und 1913 in einer Arbeit von T o w n s e n d und T i z a r d richtig

als Anstieg der (kinetischen) Elektronentemperatur über die Gastemperatur gedeutet. Bei höheren reduzierten Feldstärken können
die Elektronen nur dann ihre im Feld aufgenommene Energie an die
Umgebung abgeben, wenn sie über die Neutralgastemperatur aufgeheizt sind.

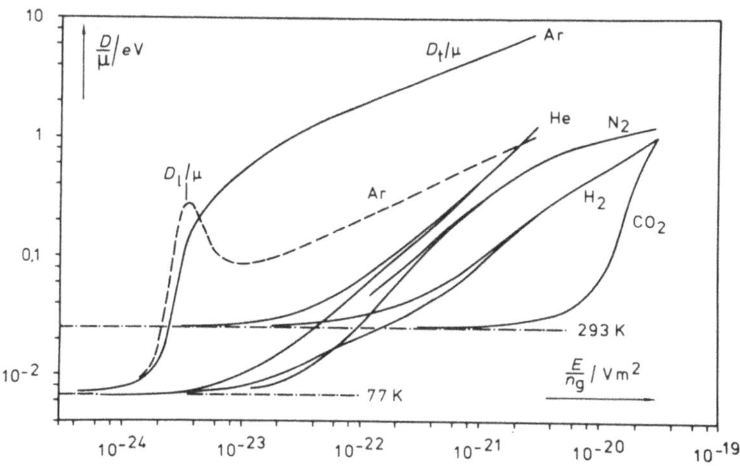

Fig. 9.6 Charakteristische Energien D_t/μ von Elektronenschwärmen
in verschiedenen Gasen von 77 K bzw. 293 K. Für Argon ist zum
Vergleich auch die charakteristische Energie der longitudinalen
Diffusion, D_l/μ eingetragen (nach Tabellenmaterial in Ref. 3o).

Vergleicht man die D/μ -Kurven für verschiedene Gase, so läßt sich
folgender Gang feststellen:
Im allgemeinen heizen sich die Elektronen um so schneller auf, je
größer die Masse der Gasmolekel ist. Dies zeigt ein Vergleich der
D/μ - Kurven in Ar und He oder in N_2 und H_2. Eine Massenabhängig-
keit der mittleren Energie eines driftenden Elektronengases hatten
wir im Prinzip mit unserer einfachen Betrachtung in Kap. 2, Gl. (2.14)
gefunden. Andererseits ist die Aufheizung in Molekülgasen schwächer

als in atomaren Gasen. Dies zeigt z.B. der Vergleich der Kurven
für He und H_2. Da He und H_2 ähnliche Elektronenkonfigurationen
haben und die Wirkungsquerschnitte für elastische Stöße nur wenig
voneinander abweichen, muß dieser Effekt darauf beruhen, daß die
Elektronen in H_2 Energie, außer durch elastische Stöße, auch durch
andere Prozesse an das Neutralgas übertragen.

Geht man von Gasen mit zweiatomigen Molekeln (H_2) zu solchen mit
dreiatomigen Molekeln (CO_2) über, so verstärkt sich der Effekt.
Trotz der viel höheren Masse der CO_2-Molekel ist die Aufheizung von
Elektronen in diesem Gas viel geringer als in H_2. Die Erklärung
liegt in der Tatsache, daß Moleküle im allgemeinen energetisch sehr
tiefliegende Anregungsniveaus besitzen, die Molekülrotationen bzw.
- vibrationen entsprechen und die durch Elektronenstoß angeregt
werden können. Infolgedessen wird dem Elektronengas in Molekülgasen
bereits bei niedrigen Temperaturen Energie durch inelastische Stös-
se entzogen. In Edelgasen treten inelastische Stöße erst auf, wenn
eine merkliche Anzahl von Elektronen Energie oberhalb der ersten
Anregungsenergie besitzen. Die untersten Anregungsenergien von He
und Ar betragen z.B. 19.8 eV bzw. 11.5 eV. Dies ist zu vergleichen
mit o.o45 eV bzw. o.o75 eV für die untersten Anregungsstufen von
Rotationen des H_2-Moleküls.

Der Unterschied in der Struktur der D/μ-Kurve für Argon und Helium
rührt vom R a m s a u e r effekt her. Nach Abschnitt 9.1 ist die von
Elektronen auf einer freien Weglänge aufgenommene Energie umgekehrt
proportional zum Wirkungsquerschnitt. Wie Fig. 5.6 zeigt, hat Argon
für Elektronen der Energie von ca. o.3 eV ein tiefes Minimum im Wirkungsquerschnitt. Entsprechend ist dort die Energieaufnahme der Elektronen sehr hoch. Bei höheren Energien verläuft die D/μ-Kurve wieder flacher, weil der Wirkungsquerschnitt wieder steigt. Bei sehr
hohen reduzierten Feldstärken wird D/μ annähernd konstant. Hier setzen inelastische Prozesse (Anregung, Ionisierung) ein, die dem Elektronengas viel Energie entziehen und damit einer Aufheizung entge-
genwirken. Die Analyse der Messungen wird dann sehr kompliziert.

9.4.2 <u>Driftgeschwindigkeiten</u>

Fig. 9.7 zeigt die Driftgeschwindigkeiten von Elektronenschwärmen
in verschiedenen Gasen bei verschiedenen Temperaturen. Aus der Abweichung der Kurven von einer Geraden sieht man, daß die Beweglichkeit nicht nur von der Gasart, sondern auch von der reduzierten
Feldstärke abhängt. Für alle sämtlichen Gase läßt sich feststellen:

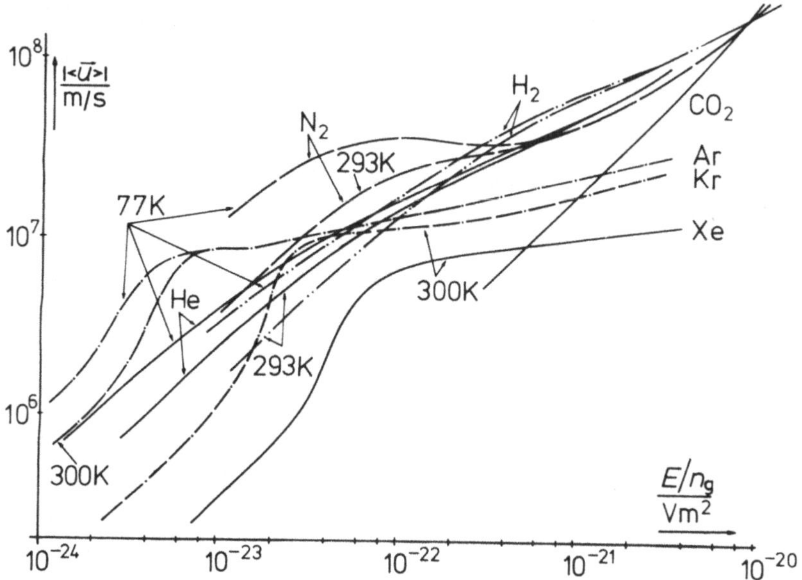

Fig. 9.7 Driftgeschwindigkeiten von Elektronenschwärmen in ver-
schiedenen Gasen als Funktion der reduzierten Feldstärke. Der
Kurvenparameter gibt die Gastemperatur bei der Messung an
(Zusammenstellung nach Tabellen in Ref. 3o).

134

1. Mit sinkender reduzierter Feldstärke nähert sich die Beweglichkeit einem konstanten Wert.
2. Bei niedrigen reduzierten Feldstärken sind Driftgeschwindigkeit und Beweglichkeit von der Gastemperatur abhängig. Bei der
   Mehrzahl der Gase wächst die Driftgeschwindigkeit mit sinkender
   Temperatur. Bei den Edelgasen, deren Wirkungsquerschnitt für
   elastische Stöße ein R a m s a u e r minimum aufweist, s i n k t
   die Driftgeschwindigkeit mit sinkender Temperatur (Kr und Xe
   verhalten sich wie Ar, vgl. Ref. 3o).
   Dieser Verlauf der Driftgeschwindigkeit bei niedrigen Feldstärken läßt sich aus der Annahme erklären, daß der Elektronenschwarm
   sich mit dem Neutralgas im thermischen Gleichgewicht befindet.
   (Diese Annahme wird durch den Verlauf der charakteristischen
   Energie bestätigt; vgl. Fig. 9.6).
   Dies bedeutet, daß die mittlere Impulsübertragungsfrequenz $\langle \nu_m \rangle$,
   die vom Verlauf der Verteilungsfunktion des Schwarms abhängt,
   wie die Verteilungsfunktion von E/n_g unabhängig wird, dafür aber
   von der Gastemperatur abhängt. Nimmt man an, daß der Impulsübertragungsquerschnitt σ_m proportional ε^{-1} mit der kinetischen Energie ε der stoßenden Elektronen abnimmt (vgl. Abschn.5.7) so
   läßt sich die Abhängigkeit der Driftgeschwindigkeit von der Gas-
   temperatur berechnen. Es ergibt sich, daß $|\langle \vec{u} \rangle|$ für $1 > 1/2$ mit
   wachsender Temperatur z u nimmt, für $1 < 1/2$ mit wachsender
   Temperatur a b nimmt, d.h.

$$|\langle \vec{u} \rangle| \propto (kT)^{1\ -\ 1/2}.$$

   Dieses sehr grobe Modell liefert also im Zusammenhang mit der Temperaturabhängigkeit der Driftgeschwindigkeit Aussagen über den
   Verlauf des Wirkungsquerschnittes. Der R a m s a u e r effekt
   bewirkt für die schweren Edelgase offenbar bei niedrigen Energien einen Abfall des Wirkungsquerschnitts, der steiler als
   $\varepsilon^{-\ 1/2}$ verläuft (vgl. Fig. 5.6).
3. Mit steigender reduzierter Feldstärke heizen sich die Elektronen
   des Schwarms immer stärker auf, die Verteilungsfunktion wird
   schließlich von der Gastemperatur unabhängig. Dann verschwindet
   auch die Abhängigkeit der Driftgeschwindigkeit von der Gastemperatur. Dies geht in den meisten Gasen mit einer Abnahme der
   Beweglichkeit einher, die Beweglichkeit wird von der reduzierten

Feldstärke abhängig. Wir wollen uns diese Abhängigkeit anhand einer einfachen Überlegung verständlich machen. Sie rührt von der Aufheizung des Elektronengases her.
Wir nehmen an, der Impulsübertragungsquerschnitt sei von der Energie unabhängig. Dann gilt nach Gl. (2.14) $\langle\varepsilon\rangle \propto E/n_g$.
Andererseits ist nach Gl. (7.36)

$$\mu = \frac{1}{m\langle\nu_m\rangle} = \frac{1}{m\sigma_m\langle u\rangle} \propto \frac{1}{\langle\varepsilon\rangle^{1/2}} \propto (E/n_g)^{-1/2} \ .$$

In Gasen, in denen der R a m s a u e r effekt auftritt, steigt σ_m sogar über gewisse Bereiche mit der Energie. Dies erklärt, warum $|\langle\vec{u}\rangle|$ schwächer als proportional $(E/n_g)^{1/2}$ steigt. Experimentell findet man für die schweren Edelgase einen Anstieg, der ungefähr proportional $(E/n_g)^{1/4}$ verläuft. **In Sti**ckstoff (und Kohlenmonoxid)treten sogar Bereiche auf, wo die Driftgeschwindigkeit nicht mehr monoton mit der reduzierten Feldstärke steigt, sondern relative Maxima und Minima durchläuft.

9.5 <u>Bestimmung des Impulsübertragungsquerschnittes aus Driftmessungen</u>

Im Grenzfall verschwindender reduzierter Feldstärke besitzen die Schwarmelektronen eine M a x w e l l verteilung mit der Gastemperatur T_g. Wie wir oben skizziert haben, läßt sich der Impulsübertragungsquerschnitt unter dieser Voraussetzung aus der Temperaturabhängigkeit der Beweglichkeit $\mu(T_g)$ bestimmen. Bei höheren reduzierten Feldstärken muß die kinetische Gleichung für den Elektronenschwarm gelöst werden. Fig. 9.8 zeigt einen Satz von Verteilungsfunktionen für Elektronenschwärme in Xenon bei verschiedenen charakteristischen Energien und zum Vergleich dazu die M a x w e l l verteilung, die der Gastemperatur entspricht. Wie man sieht, treten bereits bei sehr geringen reduzierten Feldstärken Abweichungen zwischen der Verteilungsfunktion des Schwarmes und der M a x - w e l l verteilung auf.

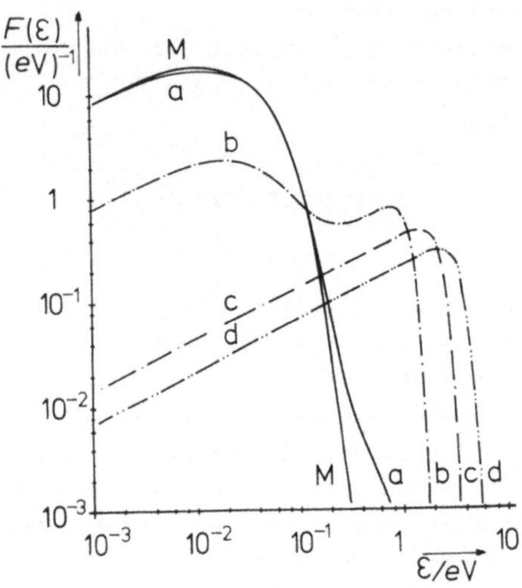

Fig. 9.8 Energieverteilungsfunktion $F(\varepsilon)/n$ für Elektronenschwärme in Xenon von 3oo K für verschiedene reduzierte Feldstärken E/n_g (a. $1{,}4 \cdot 10^{-23} Vm^2$, b. $7 \cdot 10^{-23} Vm^2$, c. $5{,}7 \cdot 10^{-22} Vm^2$, d. $2 \cdot 10^{-21} Vm^2$)

M. M a x w e l l verteilung für 3oo K). nach Braglia et al[34].

Um den Wirkungsquerschnitt über ein großes Energieintervall zu bestimmen, muß man einen Verlauf des Wirkungsquerschnittes annehmen und mit Hilfe der kinetischen Gleichung für den Elektronenschwarm die Beweglichkeit berechnen. Der Verlauf des Wirkungsquerschnittes ist solange zu variieren, bis Experiment und Rechnung übereinstimmen. Da selbst in diesem Fall nicht sicher ist, daß das Verfahren den tatsächlichen Wirkungsquerschnitt liefert, ist es günstig, neben der Beweglichkeit auch andere gemessene Momente der Verteilungsfunktion $(D/\mu,\ \langle\vec{u}\rangle_m,\ D_1/\mu)$ in die Iteration mit einzubeziehen. Dies ist insbesondere dann geboten, wenn neben elastischen Stößen inelastische Prozesse zur Wechselwirkung zwischen Elektronenschwarm und Neutralgas beitragen. Um die Wirkungsquerschnitte für verschiedene Wechselwirkungsprozesse zu bestimmen, müssen mindestens so viele Momente der Verteilungsfunktion in die Iteration einbezogen werden wie Prozesse wirksam sind.
Durch Analyse von Schwarmmessungen ist es so gelungen, neben dem Wirkungsquerschnitt für elastische Stöße die Wirkungsquerschnitte

für die Anregung des untersten Rotationsniveaus des H_2- Moleküls zu bestimmen[29].

9.6 Mittlerer Energieverlust pro Stoß

In Fällen, in denen mehr Prozesse an der Wechselwirkung zwischen Elektronenschwarm und Neutralgas beteiligt sind als Transportkoeffizienten gemessen werden können, kann man sich einen groben Überblick über die Zahl der Prozesse verschaffen, indem man den mittleren relativen Energieverlust pro Stoß $\xi = <\frac{\Delta\varepsilon}{\varepsilon}>$ mit dem für elastische Stöße erwarteten vergleicht[35] (ε Elektronenenergie, $\Delta\varepsilon$ Energieverlust eines Elektrons beim Stoß mit einem Gasmolekel). Zunächst wollen wir überlegen, wie ξ_{el}, d.h. der mittlere Energieverlust bei elastischen Stößen, von Gastemperatur und mittlerer Schwarmenergie abhängt. Stoßen ein Elektron der Energie ε_e und ein Gasmolekel der Energie ε_g miteinander, so ist nach Abschnitt 5.6

$$\frac{\Delta\varepsilon_e}{\varepsilon_e} = \frac{2\,m_e}{m_g} \cdot \frac{\varepsilon_e - \varepsilon_g}{\varepsilon_e} \qquad (9.12).$$

Mittelung über die Verteilungsfunktion der Gasmolekel und Elektronen liefert

$$\xi_{el} = <\frac{\Delta\varepsilon_e}{\varepsilon_e}> = \frac{2\,m_e}{m_g}\,(1 - \frac{<\varepsilon_g>}{<\varepsilon>}) \approx \frac{2\,m_e}{m_g}(1 - \frac{kT_g}{<\varepsilon>}) \qquad (9.13)$$

bzw.

$$\xi_{el} \approx \frac{2\,m_e}{m_g}\,\{1 - kT_g\,/(D/\mu)\}\ .$$

Man sieht, daß ξ_{el} von der Gastemperatur und über D/μ von der reduzierten Feldstärke abhängt (eine weitere (E/n_g)-Abhängigkeit kommt bei einer genaueren Mittelung durch die Abhängigkeit der Verteilungsfunktion von E/n_g hinzu).
Den tatsächlichen Energieverlust pro Stoß ξ schätzen wir aus der Energiebilanz des Schwarms ab. Nach Gl. (7.17) ist die im Mittel

138

von einem Elektron im Feld aufgenommene Leistung $\langle\dot{\varepsilon}\rangle_{Feld}$ gegeben
durch

$$\langle\dot{\varepsilon}\rangle_{Feld} = eE\ |\langle\vec{u}\rangle| = \frac{|\langle\vec{u}\rangle|^2}{\mu} \qquad (9.14).$$

Die im Mittel durch Stöße abgegebene Leistung $\langle\dot{\varepsilon}\rangle_{Stöße}$ ist

$$\langle\dot{\varepsilon}\rangle_{Stöße} = \langle\Delta\varepsilon \cdot \nu_m\rangle \approx \langle\Delta\varepsilon\rangle \cdot \langle\nu_m\rangle \qquad (9.15).$$

Im stationären Zustand ist

$$\langle\dot{\varepsilon}\rangle_{Stöße} = \langle\dot{\varepsilon}\rangle_{Feld} \qquad (9.16),$$

woraus wir mit Hilfe von Gl. (7.37) für ξ die Beziehung

$$\xi = \kappa\ \frac{1/2\ m_e\langle\vec{u}\rangle^2}{D/\mu} \qquad (9.17)$$

erhalten. κ ist ein Zahlenfaktor, der von der Mittelung abhängt.
Man kann κ - zumindest für Edelgase - bestimmen, indem man die Kurven $\xi(E/n_g)$ für $E/n_g \rightarrow 0$ an den Verlauf von ξ_{el} anpaßt.
Fig. 9.9 und 9.1o zeigen einen Vergleich von ξ und ξ_{el} für verschiedene Gase. Für Helium haben ξ und ξ_{el} bis etwa 10^{-21} Vm^2 den
gleichen Verlauf. Dann steigt ξ über ξ_{el} an, d.h. ab $10^{-21} Vm^2$ sind
im Schwarm Elektronen mit Energien oberhalb 19.8 eV in merklicher
Anzahl vorhanden. Für H_2 weicht ξ bereits bei $10^{-23} Vm^2$ von ξ_{el} ab,
was die Rolle der Anregung von Rotations- bzw. Vibrationsniveaus
weiter unterstreicht.
In Stickstoff und Kohlenmonoxid (Fig. 9.1o) ist der Einfluß der
inelastischen Stöße so groß, daß im betrachteten Bereich der
reduzierten Feldstärke keine Übereinstimmung zwischen ξ und ξ_{el}
zu erzielen ist. Auffallend ist das Auftreten von relativen Minima
und Maxima im Verlauf von $\xi\ (E/n_g)$. Die Maxima treten nur bei
niedrigen Gastemperaturen auf. Eine überzeugende Deutung des Phänomens steht bisher aus. Es läßt sich nicht ausschließen, daß sie
auf Fehlern in der Berechnung von κ beruhen, d.h. auf der mangelnden
Kenntnis der Wirkungsquerschnitte für die verschiedenen Wechselwirkungsprozesse.

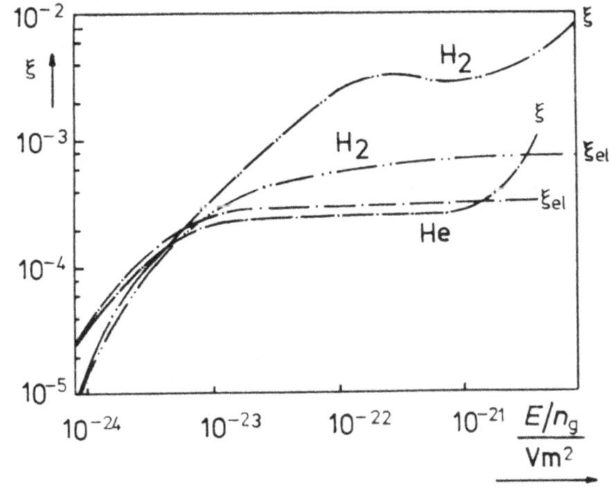

Fig. 9.9
Mittlerer relativer Energieverlust für Stöße von Elektronen in Wasserstoff und Helium.

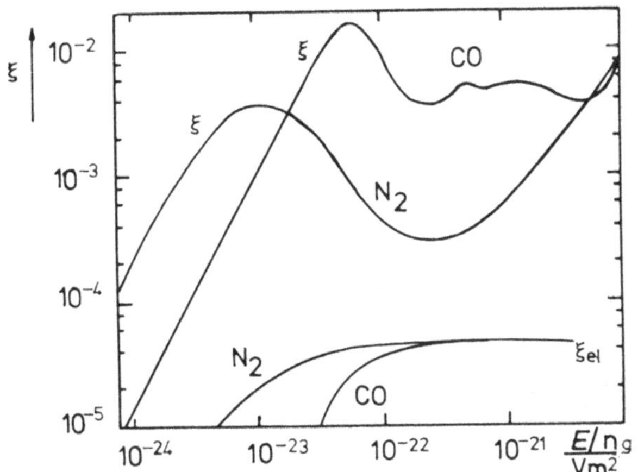

Fig. 9.1o
Mittlerer relativer Energieverlust für Stöße von Elektronen in Stickstoff und Kohlenmonoxid.

Neben den besprochenen elastischen und inelastischen Stößen kann das Verhalten von Elektronenschwärmen auch durch Bildung negativer Ionen beeinflußt werden. Negative Ionen entstehen, wenn sich ein Elektron an ein Gasmolekel anlagert. Da damit die Masse des Trägers der Ladung anwächst, sinkt die Beweglichkeit. Wegen der großen Massenunterschiede zwischen Ionen und Elektronen können merkliche Einflüsse bereits dann vorliegen, wenn die Elektronen nur in sehr kurzlebige Zustände eingefangen werden.

Wir werden die Bildung und Eigenschaften in einem gesonderten Kapitel besprechen. Bezüglich des Einflusses der negativen Ionen auf Elektronenschwärme sei auf die Spezialliteratur (z.B. Ref. 3o) verwiesen.

1o   Driftmessungen mit positiv geladenen Ionen
1o.1 Vorbemerkung

Driftgeschwindigkeit, Beweglichkeit, charakteristische Energie und andere Transportgrößen lassen sich im Prinzip in Ionenschwarmexperimenten in der gleichen Weise messen wie in Elektronenschwarmexperimenten. Es gilt jedoch, eine Reihe Unterschiede zu beachten.
Wie bereits mehrfach erwähnt, koppeln Ionen wegen ihrer viel größeren Masse stärker an das Neutralgas als Elektronen. Dies bedeutet, daß die Verteilungsfunktion der Ionen - zumindest bei niedrigen reduzierten Feldstärken - viel schwächer von einer M a x w e l l verteilung abweicht als die der Elektronen. Infolgedessen sind die Betrachtungen in Kap. 7 für niedrige reduzierte Feldstärken anwendbar. Andererseits ist die kinetische Theorie driftender Ionenschwärme für hohe reduzierte Feldstärken viel komplizierter als die driftender Elektronenschwärme und bis heute nicht befriedigend gelöst. Aus Gl. (7.36) folgt, daß die Beweglichkeiten der Ionen aufgrund der hohen Ionenmasse viel niedriger sind als die der Elektronen. Dies bedeutet meßtechnisch einen Vorteil, da in der Regel keine so hohen Anforderungen an die Zeitauflösung der Meßelektronik gestellt werden müssen wie bei Elektronenschwarmexperimenten. Ein weiterer im Experiment wichtiger Unterschied bei Ionenschwarmexperimenten beruht darauf, daß Ionen i.a. nicht durch Bestrahlung oder Verdampfung an Festkörperoberflächen ausgelöst werden können wie Elektronen. Daher genügt als Ionenquelle nicht eine einfache Elektrode(Kathode), Ionen müssen durch Ionisierung im Gasraum erzeugt werden. Daher besitzen Driftapparaturen für Ionenschwarmmessungen in der Regel Gasentladungen als Ionenquellen. Ausnahmen bilden Anordnungen, in denen im Driftraum ionisiert wird(H o r n b e c k verfahren) und Quellen für Alkaliionen. Alkaliionen lassen sich aus genügend hoch erhitzten Alkalisalzen abdampfen[36]. Ein weiterer Unterschied bei Ionenschwärmen liegt darin, daß Ionen mit dem Neutralgas reagieren können. Daher sind die Ionen, die an der Quelle starten, nicht unbedingt mit denjenigen identisch, die am Ende der Driftstrecke aufgesammelt werden. Im einfachsten Fall besteht die Reaktion in einer *Umladung*. Das primär in die Driftstrecke

eintretende Ion gibt seine Ladung an ein neutrales Molekel ab und
wird selbst neutralisiert. Weitere mögliche Reaktionen sind Mole-
külbildung und Anlagerung von polarisierbaren Molekeln, wobei sog.
Cluster entstehen, die wegen ihrer hohen Masse sehr niedrige Beweglichkeiten besitzen. Cluster werden vor allem bei Anwesenheit
von geringen Spuren von Wasserdampf im Driftraum gebildet. Alle diese Reaktionen haben eine positive Wärmetönung, d.h. finden bei beliebigen Ionenenergien statt (meist im Dreierstoß, da die freiwerdende Bindungsenergie von einem dritten Stoßpartner abgeführt werden muß). Anregungen, die bei Elektronenschwarmexperimenten eine
große Rolle spielen, sind dagegen in Ionenschwarmexperimenten von
untergeordneter Bedeutung.

Sinnvolle Driftmessungen mit Ionenschwärmen können daher nur durchgeführt werden, wenn durch Ultrahochvakuumtechnik und Gasreinigungs-
verfahren dafür gesorgt wird, daß das Neutralgas möglichst frei von
Verunreinigungen ist. Um die auch dann noch stattfindenden Molekülreaktionen in ihrer Bedeutung zu erfassen, ist es notwendig, an
den Driftraum ein Massenspektrometer anzuschließen, um die Zusammensetzung des Ionenschwarms feststellen zu können. Da Reaktionen
sich auch in der Ionenquelle abspielen können, so daß eine Quelle
mehrere Ionensorten emittieren kann, ist eine Massenanalyse u.U.
auch zwischen Ionenquelle und Driftraum erforderlich.

Für die Elektrizitätsleitung im Gasraum ist die Kenntnis der Ionenbeweglichkeit in vielen Fällen von untergeordneter Bedeutung, da
der elektrische Strom überwiegend von den beweglicheren Elektronen
getragen wird. Die Bedeutung der Ionenschwarmexperimente liegt viel-
mehr im Studium der Reaktionen in der Gasphase. Im folgenden wollen
wir uns auf die Diskussion von einfachen Fällen beschränken, eine
detailliertere Darstellung findet sich z.B. in Ref. 37,38 und der
dort zitierten Originalliteratur.

1o.2   Meßverfahren zur Bestimmung der Ionenbeweglichkeiten

Eine historische Übersicht über die vielen verschiedenen Meßverfahren
findet sich in Ref. 39. Wir wollen uns daher an dieser Stelle auf
die Diskussion derjenigen beschränken, die in modernen Messungen verwandt werden. Es handelt sich im wesentlichen um zwei verschiedene
Verfahren. Zum einen um Modifikationen des H o r n b e c k verfahrens

(Pulsmethode), zum anderen um Anordnungen, die den von B r a d -
b u r y N i e l s e n für Elektronenschwärme eingeführten entsprechen (Tyndall und Powell[37]).

Legt man an die Elektroden des H o r n b e c k rohres, Fig. 9.1 a,
eine genügend hohe Spannung, so werden die im Gasraum driftenden
Elektronen so hoch aufgeheizt, daß sie beginnen, das Neutralgas zu
ionisieren. Die erzeugten Ionen driften unter der Wirkung des elek-
tirschen Feldes zur Kathode. Das Stromoszillogramm enthält neben
dem in Fig. 9.1 b gezeigten Elektronenpuls von den Ionen herrührende Strukturen, deren Auswertung die Ionenbeweglichkeit ergibt. Wir
werden dies bei der Behandlung der Meßmethoden für den T o w n s -
e n d 'schen Ionisierungskoeffizienten ausführlich besprechen.

Die Methode ist auf hohe reduzierte Feldstärken beschränkt und gestattet nur Beweglichkeitsmessungen für Ionen im eigenen Gas. Die
Beschränkung auf hohe reduzierte Feldstärken kann man nach B i o n -
d i und C h a n i n[40] durch Trennung von Ionisierungs- und Driftraum umgehen (vgl. Fig. 1o.1).

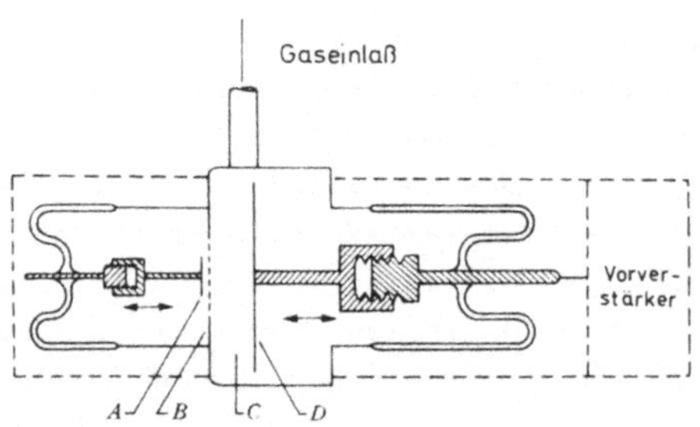

Fig. 1o.1 Anordnung
von Biondi und Chanin
zur Messung der Drift
positiver Ionen im
eigenen Gas. Zur Io-
nenerzeugung wird
zwischen A und B eine
Pulsentladung gezündet,
der Driftraum C wird
von den Elektroden
B und D gebildet.

Eine Anordnung mit zwei elektrischen Verschlüssen für Ionen, analog
der Elektronendriftapparatur von B r a d b u r y und N i e l s e n
(Fig. 9.2) wurde zuerst von T y n d a l l und P o w e l l[37] verwandt. Anstelle des L o e b 'schen Elektronensiebs, das B r a d -
b u r y und N i e l s e n als Verschluß verwenden, wird für Ionen
ein Doppelgitter als Verschluß verwandt. Die beiden Gitter erzeugen

in Flugrichtung eine Potentialbarriere, die von den Ionen nicht
überwunden werden kann (vgl. Fig. 1o.2).

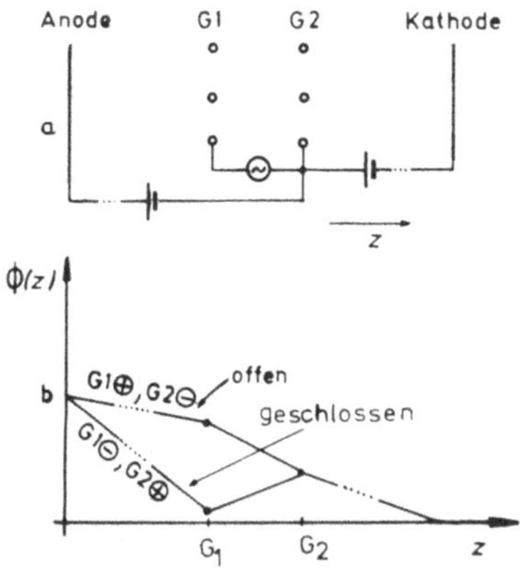

Fig. 1o.2 Schema
des Doppelgitterver-
schlusses für Ionen.
a) Schema
b) Potentialverlauf
   für offenen und
   geschlossenen Ver-
   schluß.

Fig. 1o.3 zeigt das Schema einer Driftapparatur mit zwei elektrischen
Verschlüssen und den zugehörigen Potentialverlauf bei sperrenden
Verschlüssen[41].

Bei Verwendung von Massenspektrometern wird im Auffänger eine kleine Öffnung angebracht, hinter der das Massenspektrometer angebracht wird. Öffnung und Ionenstrom werden so dimensioniert, daß
pro Ionenpuls höchstens ein Ion das Massenspektrometer passiert.
Durch Messungen der Ankunftszeit bei sehr vielen Pulsen wird ein
Histogramm der Ankunftszeit erstellt, aus dem sich Driftgeschwindigkeit und longitudinaler Diffusionskoeffizient sowie die Reak-
tionszeiten eventuell ablaufender Ionen-Molekülreaktionen bestimmen lassen.
Die c h a r a k t e r i s t i s c h e   E n e r g i e D_t/μ wird
analog wie bei den Elektronen bestimmt (vgl. Abschnitt 9.3).
Da sich mit Massenspektrometern das Stromverhältnis nicht bestimmen läßt, verwendet man statt des in Fig. 9.5 gezeigten Kollektors
einen zusammen mit dem Massenspektrometer verschiebbaren Verschluß,
so daß die gesamte Stromdichteverteilung am Ende der Driftstrecke
für die verschiedenen Ionen abgetastet werden kann.

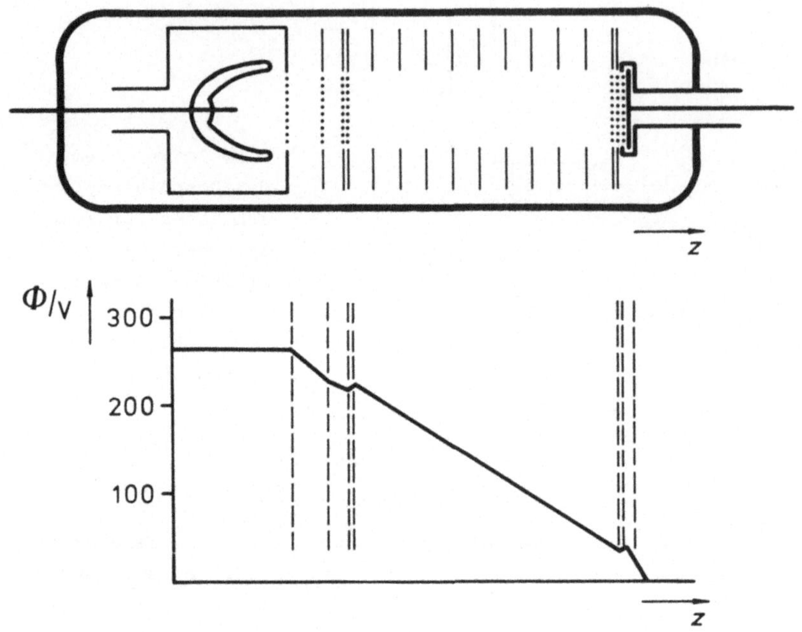

Fig. lo.3 a) Driftröhre nach B e a t y[41].

b) Potentialverlauf bei sperrenden Verschlüssen. Zum Öffnen des ersten Verschlusses wird an den gesamten Driftraum eine negative Spannung gelegt, zum Öffnen des zweiten Verschlusses eine positive Spannung. Auf diese Weise wird eine Beeinflussung des Driftfeldes durch die Verschlußspannungen vermieden.

Weitere Meßverfahren beruhen auf der Untersuchung des Nachleuchtens von Entladungen (Messung des Koeffizienten der ambipolaren Diffusion D_a, vgl. Abschnitt 8.2), der Absorption von Hochfrequenzstrahlung durch einen Ionenschwarm in einem Magnetfeld sowie dem Abbau der Raumladung in einer fremdionisierten Gasstrecke bei Anlegen eines Spannungsimpulses. Eine Diskussion dieser Meßverfahren findet sich z.B. in Band III von Ref. 12.

10.3 Theorien der Ionenbeweglichkeit

Für den Grenzfall verschwindender reduzierter Feldstärke läßt sich
die Beweglichkeit entsprechend den in Kap. 7 dargestellten Überlegungen über eine Berechnung der mittleren Impulsänderung pro Stoß
$\langle \vec{\delta p} / \delta t \rangle$ berechnen. In Verbindung mit den Überlegungen in Abschnitt
5.7 läßt sich die Beweglichkeit mit dem Wechselwirkungspotential
verknüpfen. Aus der Abhängigkeit der Beweglichkeit von der Neutralgastemperatur kann man dann umgekehrt auf das Wechselwirkungspotential schließen.

1905 veröffentlichte L a n g e v i n erste quantitative Berechnungen von Ionenbeweglichkeiten für den Grenzfall verschwindender reduzierter Feldstärke (vgl. den Anhang in Ref. 28). Als Potential
nahm er für große Entfernungen ($r \geq r_0$) das Potential des von der
Ionenladung induzierten Dipols Φ_p an (vgl. Gl. (5.15)), für kleine
Abstände einen harten Kern ($\Phi(r) \rightarrow \infty$ für $r < r_0$), vgl. Fig. 10.4.

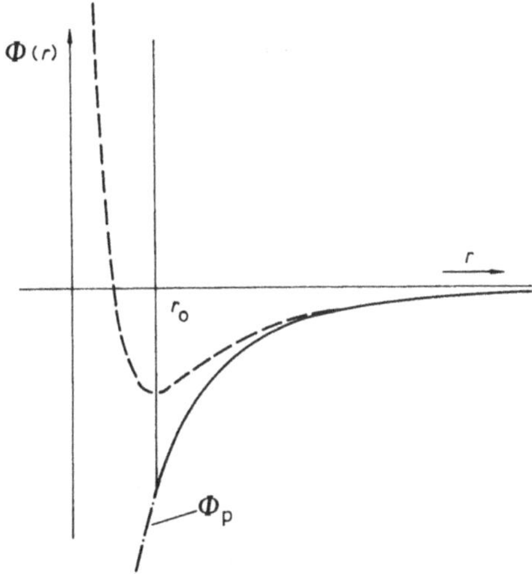

Fig. 10.4 Wechselwirkungspotential zwischen Ion und Molekel (gestrichelt) und Potentialverlauf nach L a n g e v i n (ausgezogene
Linie); Φ_p Potential der Polarisationswechselwirkung.

146

Nach Ausführung der Mittelungen erhielt er für die sog. *Nullbeweg-lichkeit* (d.h. für verschwindende reduzierte Feldstärke)

$$\mu(0,T) = \frac{\left(\dfrac{4\pi\varepsilon_o}{Q^2}\right)^{1/2} g(\xi)}{(n_g(\varepsilon_r-1)\,m_r)^{1/2}} \qquad (10.1).$$

In Gl. (1o.1) bedeutet ε_r die relative Permittivität des Neutral-gases bei der Dichte n_g, $g(\xi)$ ist die sog. L a n g e v i n - Funk-tion, die in Fig. 1o.5 dargestellt ist.

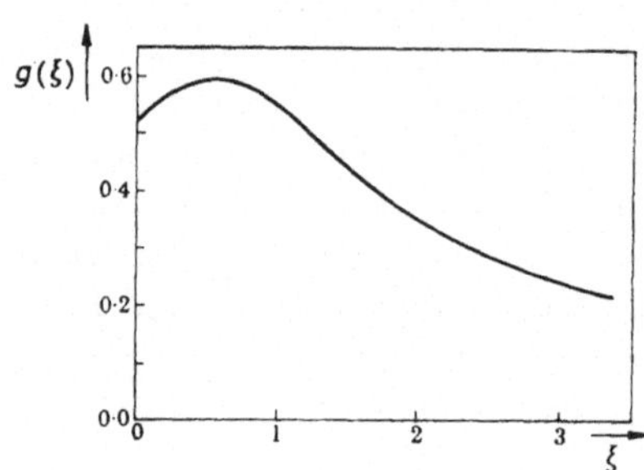

Fig. 1o.5
Die L a n g e v i n -
Funktion $g(\xi)$

Die Variable ξ ist durch

$$\xi = \left(\frac{kT}{|Q\Phi_p(\hbar_o)|}\right)^{1/2} \qquad (10.2)$$

(Q Ionenladung) definiert. Die Polarisierbarkeit γ in Gl. (5.15) wurde durch den Ausdruck

$$\gamma = \frac{\varepsilon_o\,(\varepsilon_r-1)}{n_g}$$

ersetzt. Wie Fig. 1o.5 zeigt, variiert die L a n g e v i n - Funk-tion nur langsam mit der Temperatur T (Es ist angenommen, daß die Gastemperatur gleich der Schwarmtemperatur ist). Aus Gl. (1o.1) folgt, daß

$$\mu(0,T)\,(n_g \cdot m_r)^{1/2} = \left(\frac{4\pi\varepsilon_0}{Q^2} \right)^{1/2} (\varepsilon_r - 1)^{-1/2}\, g(\xi) \qquad (10.3)$$

eine nur von der Gasart abhängige Funktion der Temperatur ist, sie
ist von der Ionensorte unabhängig.
Die Betrachtungen gelten wegen der Näherungen für das Wechselwirkungspotential $\Phi\,(\hbar)$ (vgl. Fig. 10.4) nur im Grenzfall verschwindender Temperaturen. Man kann wegen der schwachen Temperaturabhängigkeit der L a n g e v i n - Funktion daher $g\,(\xi)$ durch $g\,(0)$ =
0.505 ersetzen - vgl. Fig. 10.5. Dann erhält man die sog. *reduzierte Beweglichkeit*

$$\mu_r =: \mu(0,0) \cdot \left(\frac{m_r}{u} \right)^{1/2} = \frac{2.55 \cdot 10^{-5}}{(\varepsilon_r - 1)^{1/2}}\, \frac{m^2}{eVs} \qquad (10.4)$$

als gasspezifische Konstante (u atomare Masseneinheit).

10.4   <u>Diskussion von Meßergebnissen</u>
10.4.1 <u>Nullbeweglichkeiten</u>

In Fig. 10.6 sind reduzierte Nullbeweglichkeiten für verschiedene
Ionensorten in verschiedenen Gasen dargestellt. Die waagerechten
Linien sind die entsprechenden nach Gl. (10.4) berechneten Nullbeweglichkeiten, wie sie sich bei reiner Polarisationswechselwirkung
ergeben würden. Wir können folgende gemeinsame Tendenzen feststellen:

1. Die Beweglichkeiten von Ionen im eigenen Gas (He^+ in He, Ar^+
in Ar usw.) sind durchweg weit niedriger als einer Polarisationswechselwirkung entspräche. Dies liegt daran, daß der Wechselwir-
kungsprozeß die symmetrische Umladung

$$X^+ + X \rightarrow X + X^+$$

ist, deren Wirkungsquerschnitte diejenigen der Polarisationswechselwirkung weit überwiegen.

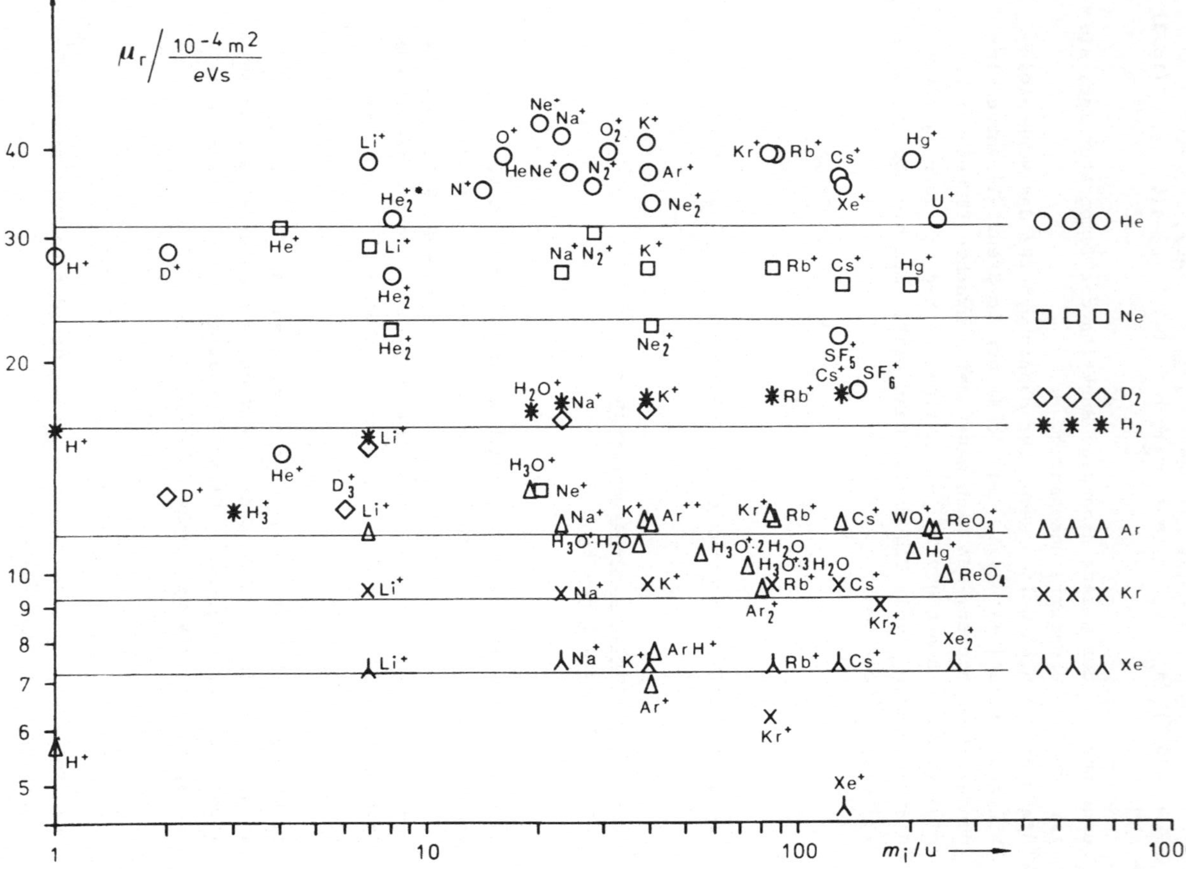

$\mu_r / \dfrac{10^{-4}\,m^2}{eVs}$
m_i/u
Ne^+
Na^+
O^+
O_2^+
K^+
Li^+
Hg^+
Kr^+
Rb^+
Cs^+
He_2^+
N^+
$HeNe^+$
N_2^+
Ar^+
Xe^+
Ne_2^+
U^+
$O O O$ He
He^+
Li^+
Na^+
N_2^+
K^+
Rb^+
Cs^+
Hg^+
H^+
D^+
O_2^+
He_2^+
$\square \square \square$ Ne
He_2^+
Ne_2^+
SF_5^+
Cs^+
SF_6^+
H_2O^+
Na^+
K^+
Rb^+
$\Diamond \Diamond \Diamond$ D_2
$* * *$ H_2
H^+
He^+
Li^+
H_3O^+
D^+
D_3^+
$* H_3^+$
Li^+
Ne^+
Na^+
K^+
Ar^{++}
Kr^+
Rb^+
Cs^+
WO^+
ReO_3^+
$H_3O^+ H_2O$
$H_3O^+ \cdot 2H_2O$
$H_3O^+ \cdot 3H_2O$
Hg^+
ReO_4^-
$\triangle \triangle \triangle$ Ar
Li^+
Na^+
K^+
Rb^+
Cs^+
Ar_2^+
Kr_2^+
Xe_2^+
$X X X$ Kr
Li^+
Na^+
K^+
ArH^+
Rb^+
Cs^+
Ar^+
Kr^+
Xe_2^+
$\curlyvee \curlyvee \curlyvee$ Xe
H^+
Xe^+
40
30
20
10
9
8
7
6
5
1
10
100
1000

149

Fig. 1o.6 Reduzierte Beweglichkeit μ_r für Ionen in verschiedenen
Gasen als Funktion der Ionenmasse m_i. Die waagerechten Linien geben
den nach Gl. (1o.4) berechneten Wert an und die zugeordneten Symbole.

2. Die Beweglichkeiten der Alkaliionen in Edelgasen sind höher
als der Polarisationswechselwirkung entspricht, nähern sich jedoch
mit steigender atomarer Masse des Neutralgases den theoretischen
Werten nach L a n g e v i n an. Die Beweglichkeiten der Edelgasionen sind geringfügig niedriger als die Beweglichkeiten der Alkaliionen von etwa gleicher Masse. Die höhere Beweglichkeit beruht
darauf, daß das aus Abstoßung u n d Anziehung resultierende Potential auch für größere Abstände kleiner ist als das Potential
der reinen Polarisationswechselwirkung. Die Unterschiede zwischen
Edelgas- und Alkaliionen rühren vermutlich daher, daß auch im Ion
ein Dipolmoment induziert wird, so daß das anziehende Potential
zusätzliche Terme proportional (- κ^{-6}) enthält. Diese Terme sind
für Alkaliionen kleiner als für Edelgasionen, da die äußere Elektro-
nenschale der Alkaliionen abgeschlossen ist.

3. Die Beweglichkeiten von Molekülionen liegen in der Regel niedriger als die Polarisationswechselwirkung erwarten läßt. Dies beruht vermutlich darauf, daß Molekülionen permanente Dipolmomente
besitzen und bei ihnen überdies Momente höherer Ordnung induziert
werden können, die die Wechselwirkung verstärken und Beweglichkeiten herabsetzen. Möglicherweise spielen auch inelastische Prozesse eine Rolle. Es fällt auf, daß die reduzierte Beweglichkeit mit
steigender Molekülmasse sinkt. Man vergleiche z.B. die Beweglichkeiten der verschiedenen Hydroniumionenkomplexe $H_3O^+\cdot nH_2O$ in Argon.

1o.4.2 <u>Beweglichkeiten als Funktion der dichtebezogenen Feldstärke</u>

Ähnlich wie für Elektronen kann man grob zwei Bereiche der redu-

zierten Feldstärke unterscheiden. Bei niedrigen reduzierten Feldstärken ist die mittlere Ionenenergie gleich der mittleren kinetischen Energie der Gasmolekel. Dann ist die Beweglichkeit unabhängig von der reduzierten Feldstärke, d.h. die Driftgeschwindigkeit
ist der Feldstärke proportional. Bei höheren reduzierten Feldstärken
wird das Ionengas im Feld aufgeheizt, daher nimmt die Beweglichkeit
mit wachsender Feldstärke ab. Sind Umladungen die wesentlichen Wechselwirkungsprozesse zwischen Ionen und Gasmolekeln, wie z.B. bei der
Drift von Ionen im eigenen Gas, dann ist die Bewegung der Ionen nach
einem Stoß unabhängig von der Bewegung vor dem Stoß, und die einfachen Überlegungen aus Abschnitt 2.3 sind anwendbar.

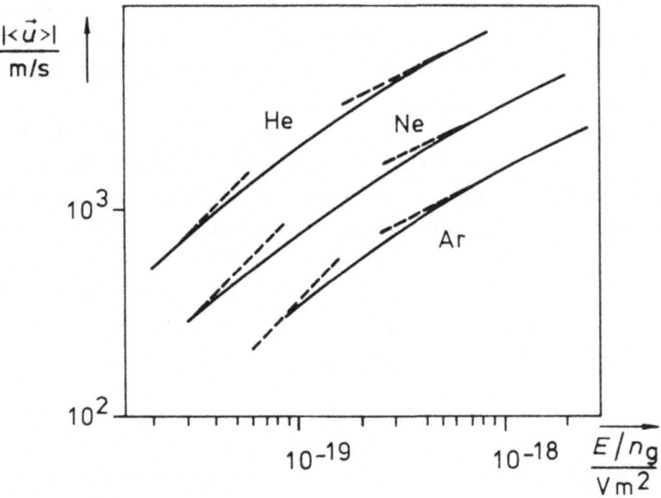

Fig. 1o.7 Driftgeschwindigkeiten von Edelgasionen im eigenen Gas.
Die gestrichelten Linien sind Geraden der Steigung 1 bzw. 1/2
(nach Ref. 42).

Dies bedeutet, daß die Beweglichkeit für konstanten Wirkungsquerschnitt proportional $(E/n_g)^{-1/2}$ abnimmt. Da der Umladungsquerschnitt
schwach energieabhängig ist, beobachtet man meist eine etwas schwä-
chere Abnahme der Beweglichkeit mit der Energie.
Im Vergleich zu den Elektronen erfolgt bei Ionen der Übergang von
der konstanten zur feldabhängigen Beweglichkeit bei wesentlich hö-

heren reduzierten Feldstärken. Dies ist eine Folge der unterschiedlichen Elektronen- und Ionenmassen, wie mehrfach dargelegt.

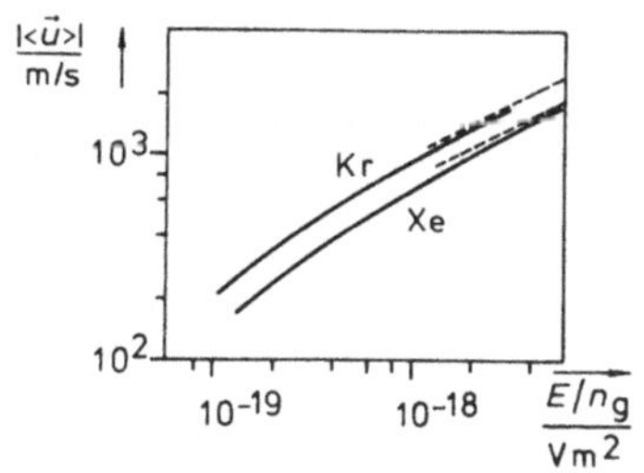

Fig. 1o.8 Driftgeschwindigkeiten von Kr und Xe-Ionen im eigenen Gas als Funktion der reduzierten Feldstärke (nach Ref. 43).

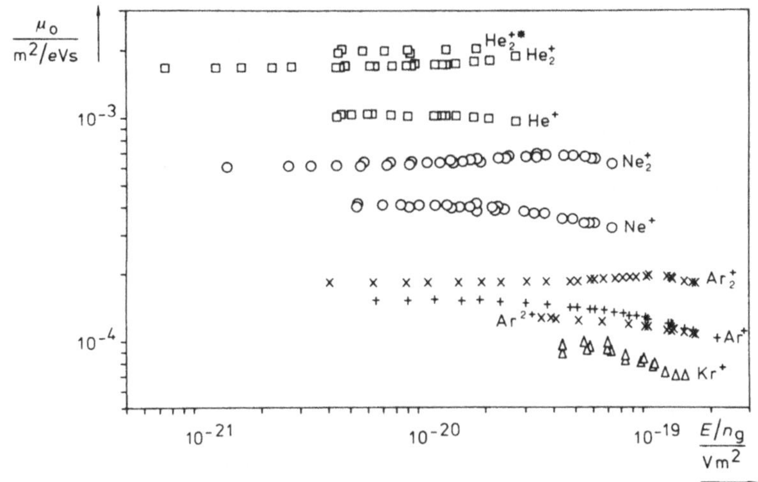

Fig. 1o.9 Beweglichkeiten von verschiedenen Edelgasionen in ihren
eigenen Gasen. μ_0 ist die sog. *reduzierte Beweglichkeit*, d.h. bezo-
gen auf eine Gasdichte n_{g0} = 2.69·10^{25}m^{-3} (zusammengestellt aus
Datenmaterial in Ref. 38).

Die Figuren 1o.7 und 1o.8 zeigen ältere Messungen der Driftgeschwindigkeiten von Edelgasionen in den eigenen Gasen, die das allgemeine Verhalten demonstrieren. Genauere Messungen bei gleichzeitiger
Massenanalyse zeigen, daß in Edelgasen verschiedene Ionensorten mit unterschiedlichen Beweglichkeiten vorkommen, wie in Fig.

lo.9 gezeigt wird.

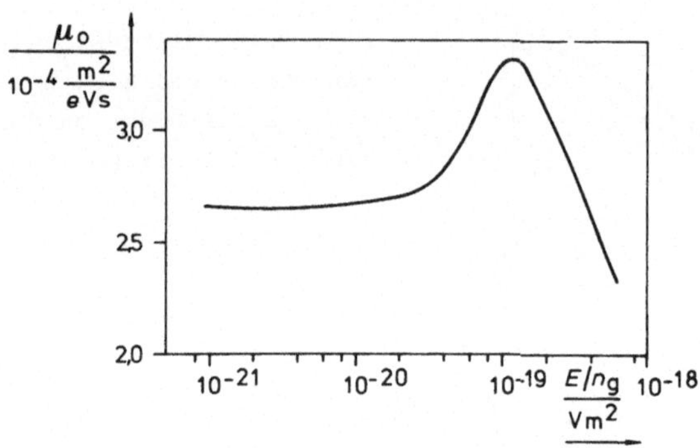

Fig. lo.lo   Reduzierte Beweglichkeit von K^+-Ionen in Argon bei 3oo K   (nach Ref. 44).

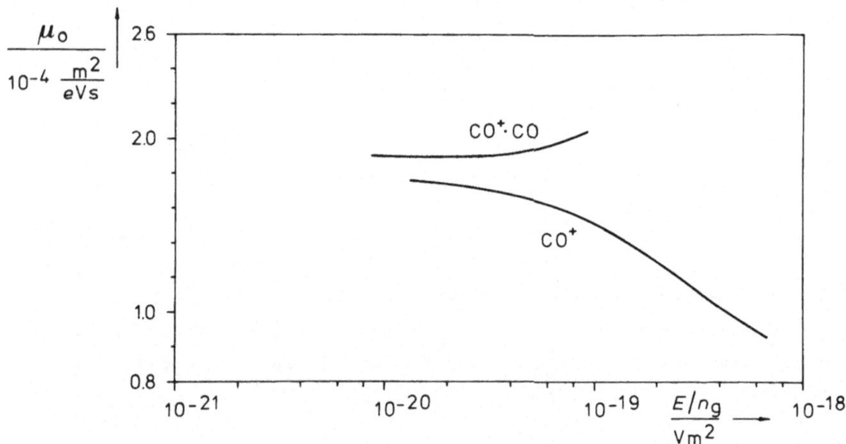

Fig. lo.11   Reduzierte Beweglichkeiten von CO^+ und $CO^+ \cdot CO$-Ionen in Kohlenmonoxid (nach Ref. 45).

Fig. lo.lo zeigt die Beweglichkeit von Kaliumionen in Argon. Es
tritt ein deutliches Maximum bei einer bestimmten reduzierten Feldstärke auf, dem ein Minimum des Wirkungsquerschnittes entsprechen
muß. Das gleiche Verhalten zeigen K^+ - Ionen auch in anderen Gasen.
Fig. lo.11 zeigt als Beispiel für ein Molekülgas die Beweglichkeit von CO^+ - Ionen in Kohlenmonoxid. Wie man sieht, ist auch hier
der allgemeine Verlauf der Beweglichkeit ähnlich wie in Edelgasen.

lo.5 Beweglichkeit in Gasgemischen

Aus Gl. (7.26) läßt sich ein Ausdruck für die Beweglichkeit in Gasgemischen herleiten. Sieht man davon ab, daß die Verteilungsfunktion
eines driftenden Schwarms von der Gasart abhängt, und damit auch
von der Gaszusammensetzung abhängig ist, so ergibt sich für die
Beweglichkeit μ_g in Gasgemischen die als B l a n c ' sches Gesetz
bekannte Beziehung

$$\frac{1}{\mu_g} = \frac{1}{n_g} \; \Sigma_j \; \frac{n_{gj}}{\mu_j} \qquad (lo.5).$$

Hierin bedeuten n_g die Gasdichte des Gemisches, n_{gj} die Gasdichte
der j-Komponente, μ_j die Beweglichkeit, die die betreffenden Ionen
im reinen Gas der Sorte j hätten.

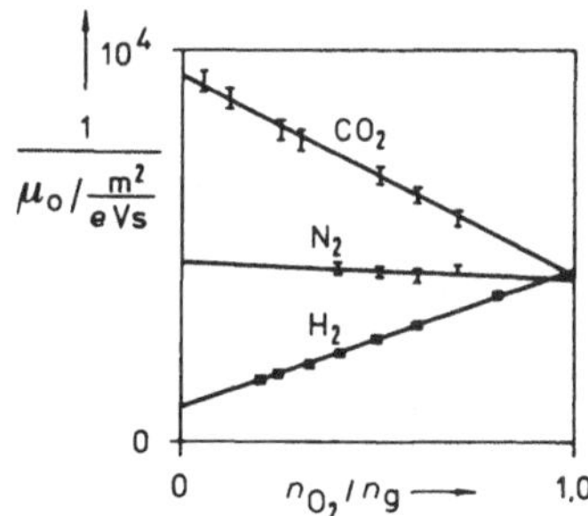

Fig. lo.12 Beweglichkeit
von O_3^--Ionen in Gemischen
aus Sauerstoff und CO_2, N_2
bzw. H_2 zur Demonstration
des Blanc'schen Gesetzes
(nach Ref. 46).

154

Experimentell ergibt sich erwartungsgemäß, daß das B l a n c
sche Gesetz für niedrige reduzierte Feldstärken erfüllt ist, solange die Verteilungsfunktion des Schwarms eine M a x w e l l -
verteilung ist (vgl. Fig. 1o.12). Bei höheren Feldstärken treten
Abweichungen vom B l a n c`schen Gesetz auf. Diese Abweichungen
sind für Elektronenbeweglichkeiten höher als für Ionenbeweglichkeiten.

11   Driftmessungen an negativ geladenen Ionen

11.1 Vorbemerkung

Wie bereits früher erwähnt wurde, können sich Elektronen unter
Bildung negativ geladener Ionen an neutrale Gasmolekel anlagern.
Diese Anlagerung ist besonders wahrscheinlich in Gasen, deren Atome oder Molekel unabgeschlossene äußere Elektronenschalen besitzen,
d.h. z.B. Atome von Elementen der V., VI. und VII. Gruppe des periodischen Systems der Elemente sind. Man nennt Gase, in denen sich
besonders leicht negativ geladene Ionen bilden, *elektronegativ*.
Negativ geladene Ionen spielen eine wichtige Rolle in der modernen
Beschleunigertechnik (Tandembeschleuniger) und in zunehmendem Maße
in der Technologie der sog. Fusionsplasmen (Neutralinjektion).
In der Natur sind sie für eine Reihe extraterrestischer und astro-
physikalischer Phänomene veratnwortlich (H^- - Kontinuum in Sternspektren, Begrenzung der Elektronendichte in der Ionosphäre).

11.2 Exkurs über Bildungsprozesse negativ geladener Ionen

Wir können die Bildung negativ geladener Ionen als den einfachsten Fall einer Ionen-Molekül-Reaktion auffassen.

11.2.1 Wechselwirkungspotentiale

Aufgrund der Polarisationswechselwirkung existiert zwischen neutralen Molekeln und Elektronen stets ein anziehendes Potential,
das mit der vierten Potenz des gegenseitigen Abstandes abnimmt

(vgl. Abschnitt 5.3). Hinzu kommt das Potential der chemischen Kräfte, die bei abgeschlossenen Schalen stets abstoßend wirken, sonst bei großem Abstand anziehend, bei geringem Abstand abstossend wirken. Bei den leichtesten Atomen kann außerdem das von der Elektronenhülle nicht vollständig abgeschirmte Feld des Kerns die Wechselwirkung beeinflussen. Das Potential hat daher einen Verlauf wie in Fig. 6.2 dargestellt. Bei Edelgasen tritt jedoch kein Potentialminimum auf. Der genaue Potentialverlauf und die Tiefe des Potentialminimums hängt von der Art des Gasmolekels ab.

Existiert ein Potentialminimum, so gibt es nach den Regeln der Quantenmechanik darin gebundene Zustände. Wegen der geringen Tiefe des Potentialtopfes existiert in der Regel nur ein einziger gebundener Zustand. Angeregte Zustände negativ geladener A t o m ionen sind nicht bekannt. Man nennt die Differenz zwischen der totalen Energie des neutralen Molekels und des negativ geladenen Ions die *Elektronenaffinitaet* A. Sie ist ein Maß für die Bindungsenergie des angelagerten Elektrons. Man kann die Elektronenaffinität bestimmen, indem man die negativ geladenen Ionen durch Bestrahlung mit Licht zerstört (*Photoneutralisation* oder *Photodetachment*) und die langwellige Grenzwellenlänge bestimmt, bei der dieser Prozeß, der nach dem Schema

$$A^- + h\nu \rightarrow A + e$$

abläuft, auftritt[47]. Die nachfolgende Tabelle gibt den Wert der Elektronenaffinität für einige Atomionen

Element	A/eV	Element	A/eV
H^-	0,8	P^-	1,1
He^-	0,08	S^-	2,1
Li^-	0,6	Cl^-	3,7
Be^-	0,2	Br^-	3,5
C^-	1,2	I^-	3,1
O^-	1,47		
F^-	3,5		
Na^-	0,84		

(Das in der Tabelle aufgeführte He^--Ion existiert nur in einem Zu-

Stand, in dem gleichzeitig eines der übrigen Elektronen angeregt ist. Der Zustand ist metastabil).

11.2.2 Bildungsprozesse

Es gibt unterschiedliche Bildungsprozesse, je nachdem, ob die negativ geladenen Ionen aus neutralen Molekülen oder neutralen Atomen gebildet werden. Wir wollen dies am Beispiel des H^--Ions diskutieren (vgl. Ref. 48). Aus neutralen Atomen kann es über den Mechanismus des *Strahlungseinfangs*

$$e + H \rightarrow H^- + h\nu$$

gebildet werden.

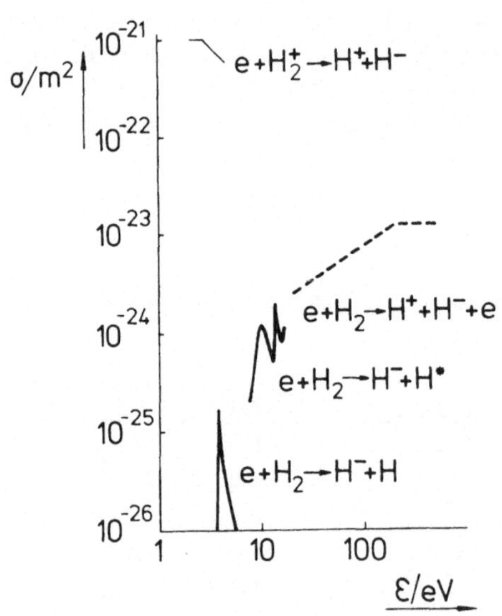

Fig. 11.1 Wirkungsquerschnitte für verschiedene Prozesse zur Bildung von H^--Ionen aus H_2-Molekülen als Funktion der Elektronenenergie (nach Ref. 48).

Dieser Prozeß hat einen sehr niedrigen Wirkungsquerschnitt mit einem Maximalwert von $2,6 \cdot 10^{-26}$ m² bei 0,7 eV. Er spielt in den sehr verdünnten Plasmen der Sternatmosphären eine Rolle und ist z.B. für das sog. H^--Kontinuum im Spektrum der Sonne verantwortlich. In manchen Sternspektren lassen sich auch analoge Kontinua, die der Bildung der Ionen C^-, OH^- und CN^- zuzuschreiben sind, als Absorptionskontinua beobachten.

Bei höheren Dichten wäre ein *Einfang im Dreierstoss* möglich

$$e + 2\,H \rightarrow H^- + H,$$

bei dem der dritte Stoßpartner (statt eines Quants) die freiwerdende Energie abführt. Voraussetzung ist jedoch, daß atomarer Wasserstoff in genügend hoher Konzentration vorhanden ist. Dies ist bei hohen Dichten normalerweise nicht der Fall, daher spielen bei höheren Gasdichten überwiegend Bildungsprozesse, die vom H_2- Molekül ausgehen, eine Rollen.

Nach Rechnungen von D u b r o v s k i i und O b ` e d k o v [49] sollte von allen möglichen Prozessen die sog. *dissoziative Rekombination*

$$e + H_2^+ \rightarrow H^+ + H^-$$

mit etwa 10^{-21} m² bei etwa 2...3 eV den größten Wirkungsquerschnitt besitzen. Ein experimenteller Test dieser Vorhersage steht allerdings bislang aus. Der Wirkungsquerschnitt für die *dissoziative Anlagerung*

$$e + H_2 \rightarrow H^- + H \quad \text{(unterhalb 15,5 eV Elektro-}$$
$$\text{nenenergie)}$$
$$\rightarrow H^- + H^* \quad \text{(oberhalb 15,5 eV Elektronen-}$$
$$\text{energie)}$$

ist etwa um einen Faktor 1000 niedriger (vgl. Fig. 11.1). Die Maximalwerte der Wirkungsquerschnitte betragen $1.6 \cdot 10^{-25}$ m² bei 3.7 eV bzw. $2.1 \cdot 10^{-24}$ m² bei 14 eV.

Bei höheren Energien geht dieser Prozeß in die *polare Dissoziation*

$$e + H_2 \rightarrow H^- + H^+ + e$$

mit einem relativen Maximum des Wirkungsquerschnittes von 1.7 ·
10^{-24} m² bei 38 eV über. Es gibt Hinweise darauf, daß der Wirkungsquerschnitt für diesen Prozeß bis etwa 2oo eV weiter steigt und
bei noch höherer Energie einen annähernd konstanten Wert annimmt
(vgl. Fig. 11.1). Der Verlauf der Wirkungsquerschnitte als Funktion
der Elektronenenergie ist in Fig. 11.1 wiedergegeben.

11.2.3 Neutralisierungsprozesse

Es gibt eine Reihe verschiedener Stoßprozesse, die negativ geladene Ionen zerstören, d.h. entweder wieder in neutrale Molekel und
Elektronen zerlegen oder die elektrische Ladung zweier entgegengesetzt geladener Ionen neutralisieren.

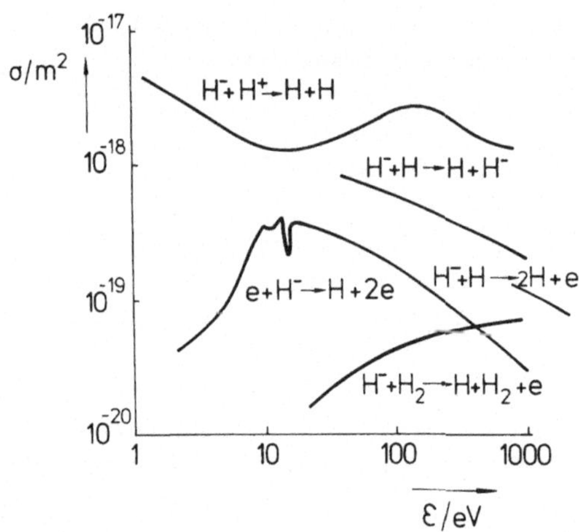

Fig. 11.2 Wirkungsquerschnitte für Neutralisierungsprozesse von
H⁻-Ionen als Funktion der Stoßenergie.

Im Fall des Wasserstoffs haben diese Prozesse um Größenordnungen
höhere Wirkungsquerschnitte als die Bildungsprozesse. Fig. 11.2

zeigt Wirkungsquerschnitte für die wichtigsten Prozesse, d.h. für
die *Stossneutralisation*

$$e + H^- \rightarrow H + 2\,e$$
$$H^- + H_2 \rightarrow H + H_2 + e$$
und
$$H^- + H \rightarrow 2H + e$$

die *assoziative Neutralisation*

$$H^- + H \rightarrow H_2 + e$$

und die *Ionen-Ionen Rekombination* (vgl. Abschnitt 12)

$$H^+ + H^- \rightarrow 2H$$

die im gesamten Energiebereich den wichtigsten Verlustprozeß darstellt. Bei Anwesenheit polarer Moleküle, z.B. Wasserdampf, können
Ionen-Molekülreaktionen wie z.B.

$$H^- + H_2O \rightarrow OH^- + H_2$$

zum Verlust von Ionen führen.
Weitere Prozesse, die zur Neutralisation führen, sind

> Stöße mit angeregten Atomen oder Molekülen;
> Absorption von Photonen (Photoneutralisation);
> Stöße mit Wänden (Oberflächenneutralisation);
> Neutralisation in starken elektrischen Feldern.

Die hohen Wirkungsquerschnitte der Verlustprozesse, insbesondere
der Ionen-Ionen Rekombination, verhindern den Betrieb von Entladungen mit hohen Dichten negativ geladener Wasserstoffionen. Man kann
jedoch Bündel hoher Stromdichte und -stärke von H^--Ionen durch
eine Oberflächenreaktion an Cäsiumbeladenen Oberflächen herstellen[5o].
Dies wird zur Konstruktion von Ionenquellen ausgenutzt.

11.3 Messung des Einfangkoeffizienten in Schwarmexperimenten

Die im vorigen Abschnitt diskutierten Wirkungsquerschnitte wurden
in Strahlexperimenten gemessen. Zur Beschreibung der Bildung negativ geladener Ionen in Schwarmexperimenten benutzt man anstelle des
Wirkungsquerschnittes den *Einfangkoeffizienten* η, der folgendermaßen definiert ist: Wir betrachten einen Elektronenschwarm der
Dichte $n_e(z)$, der in z-Richtung in einem elektrischen Feld driftet.
Dabei sollen die Schwarmelektronen mit den Gasmolekeln unter Bildung negativ geladener Ionen reagieren. Neutralisierungsprozesse
sollen nicht stattfinden. Auf der Driftstrecke dz reagieren dn_e
Elektronen. Im allgemeinen ist dn_e der Elektronendichte, der Mole-
keldichte n_g und der Strecke dz proportional. Der Einfangkoeffizient
ist als die Proportionalitätskonstante definiert

$$dn_e = - \eta n_e dz \qquad (11.1).$$

Um den Zusammenhang zwischen dem totalen Bildungsquerschnitt σ_a und
η zu erhalten, betrachten wir eine Elektronengruppe $dn_e(u) =$
$f(u,z)d^3u$ mit der Geschwindigkeit u (f ist die Verteilungsfunktion
der Schwarmelektronen an der Stelle z). Die Anzahl der von diesen
Elektronen während der Zeit dt von Molekeln eingefangenen Elektronen $d(dn_e)$ ist nach Gl. (5.53) durch

$$d(dn_e) = - \{n_g \sigma_a(u) u f(u,z) d^3u\} dt \qquad (11.2)$$

gegeben. Integration über die Verteilungsfunktion liefert

$$dn_e = - \langle u\sigma_a \rangle \, n_e n_g dt \qquad (11.3).$$

Mit Hilfe der Driftgeschwindigkeit $\langle \vec{u}_e \rangle$ der Elektronen können wir
dt durch dz ersetzen und erhalten

$$dn_e = - \frac{\langle u\sigma_a \rangle}{|\langle \vec{u}_e \rangle|} \, n_e(z) n_g dz \qquad (11.4).$$

Aus dem Vergleich von Gl. (11.1) und (11.4) folgt

$$\eta = n_g \langle u\sigma_a \rangle / |\langle \vec{u}_e \rangle| \qquad\qquad (11.5).$$

Man nennt die Größe $\langle u\sigma_a \rangle$ auch den *Ratenkoeffizienten* des Elektroneneinfangs. $n_g \langle u\sigma_a \rangle$ ist die *Einfangrate* bzw. $n_g n_e \langle u\sigma_a \rangle$ die Einfangrate pro Volumen.

Zur Messung des Einfangkoeffizienten läßt sich die unterschiedliche Beweglichkeit von Elektronen und Ionen ausnutzen, sofern Neutralisierungsprozesse keinen nennenswerten Einfluß haben (wie wir gesehen haben, ist diese Bedingung für Wasserstoff n i c h t erfüllt).

Das nachfolgend beschriebene Meßverfahren wurde von D ö h r i n g[51] entwickelt und zur Messung des Einfangkoeffizienten von Sauerstoff verwendet. Fig. 11.3 zeigt das Prinzip der Meßapparatur.

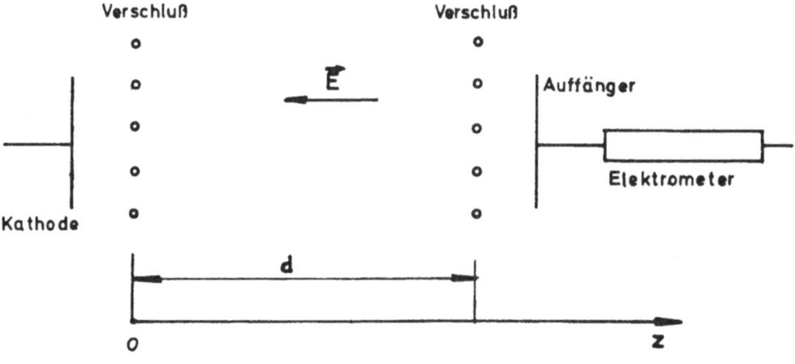

Fig. 11.3 Driftapparatur zur Messung des Einfangkoeffizienten nach D ö h r i n g[51].

Die Kathode emittiert kontinuierlich Elektronen, die auf den ersten Verschluß driften und von ihm absorbiert werden. Öffnet man den Verschluß, so driften sie in den Driftraum; wir beschreiben die Orts- und Zeitabhängigkeit mit Hilfe der Sprungfunktion θ

$$n = n_0 \theta \left(\left| \langle \vec{u}_e \rangle \right| t - z \right) \tag{11.6}$$

n_0 ist die Elektronendichte v o r dem Verschluß. Wird der Verschluß
nach der Zeit dt wieder geschlossen, so kann man das dadurch beschreiben, daß von der Dichte n nach Gl. (11.6) die Dichte n'

$$n' = n_0 \theta \left(\left| \langle \vec{u}_e \rangle \right| / [t-dt] - z \right) \tag{11.7}$$

abgezogen wird. Die Gesamtzahl der Elektronen im Driftraum sei dann
N_0. Wenn der Schwarm in der Zeit dt die Strecke dz driftet, so ist
das von ihm eingenommene Volumen $dV = Adz$, d.h.

$$n_0 = N_0 / Adz \tag{11.8}.$$

Einsetzen von (11.8) in die Differenz aus (11.6) und (11.7) liefert für die Anfangsdichte des Schwarms

$$n_0 = n - n' = \frac{N_0}{A} \delta \left(\left| \langle \vec{u}_e \rangle \right| t - z \right) \tag{11.9}.$$

Hierin ist δ die D i r a c ` sche Deltafunktion, die sich als Ablei-
tung der Sprungfunktion ergibt.
Wir wollen das Auseinanderdiffundieren des Elektronenschwarms vernachlässigen. Er "wischt" schnell durch den Driftraum; die dabei
gebildeten negativen Ionen bleiben während der Driftzeit der Elektronen praktisch an ihrem Entstehungsort. Die Anzahl der Elektronen nimmt aufgrund der Bildung negativer Ionen ab, d.h.

$$dN = - N\eta \left| \langle \vec{u}_e \rangle \right| dt \tag{11.10}.$$

Somit ist die Dichte der Elektronen $n_e(z,t)$ gegeben durch

$$n_e(z,t) = \frac{N_0}{A} \exp \left\{ -\eta \left| \langle \vec{u}_e \rangle \right| + \right\} \delta \left(\left| \langle \vec{u}_e \rangle \right| t - z \right) \tag{11.11}.$$

Ionen werden in gleicher Anzahl gebildet wie Elektronen verloren
gehen. Für die Dichte der negativen Ionen $n_-(z)$ gilt also

163

$$dn_-(z,t) = -\, n_e(z,t)\,\eta\,|<\vec{u}_e>|\,dt \qquad (11.12).$$

Einsetzen von (11.11) und Integration liefert

$$n_-(z) = \frac{\eta N_0}{A}\, \exp(-\eta z)\,\theta(z) \qquad (11.13).$$

Dies gilt vom ersten Verschluß ab. Dies wurde durch die Sprungfunktion $\theta(z)$ berücksichtigt. Um die Ionendrift zu berücksichti-
gen, ersetzen wir z durch $(z-|<\vec{u}_->|t)$ und erhalten

$$n_-(z,t) = \frac{\eta N_0}{A}\, \exp(-\eta z+\eta|<\vec{u}_->|t)\,\theta(z-|<\vec{u}_->|t) \qquad (11.14).$$

Zur Zeit $t=\tau$ werde der zweite Verschluß kurzzeitig geöffnet, so
daß ihn die unmittelbar vor ihm befindlichen Ladungsträger passieren und zum Auffänger driften können. Wiederholt man den Vorgang
periodisch, so kann man am Auffänger einen G l e i c h strom $I(\tau)$
messen, der der Dichte der Ladungsträger vor dem zweiten Verschluß
zur Zeit τ porportional ist.
Dies bedeutet

$$I(\tau) \;\propto\; \frac{\eta N_0}{A}\, \exp(-\eta d + \eta\,|<u_->|\tau)\,\theta(d-|<\vec{u}_->|\tau)$$

$$\propto\; \exp\,\eta|<\vec{u}_->|\tau\,\theta(d-|<\vec{u}_->|\tau) \qquad (11.15),$$

d.h. $I(\tau)$ steigt exponentiell mit der Zeit an. Die Sprungfunktion
gestattet die Bestimmung der Driftgeschwindigkeit, die logarithmische Ableitung

$$dI\;/\;Id\tau$$

liefert $\eta|<\vec{u}_->|$ und damit den Anlagerungskoeffizienten η.
Gleichung (11.15) beschreibt nur den von Ionen getragenen Teil des
Auffängerstroms, bei kurzem Zeitintervall (τ) zwischen Öffnung des
ersten und des zweiten Verschlusses erscheint zusätzlich ein von
den Elektronen herrührender Stromanteil. Fig. 11.4 zeigt schematisch den Verlauf des Stroms als Funktion von τ. Die Driftzeit
negativer Ionen für die gesamte Driftlänge d ist durch τ_s gegeben.

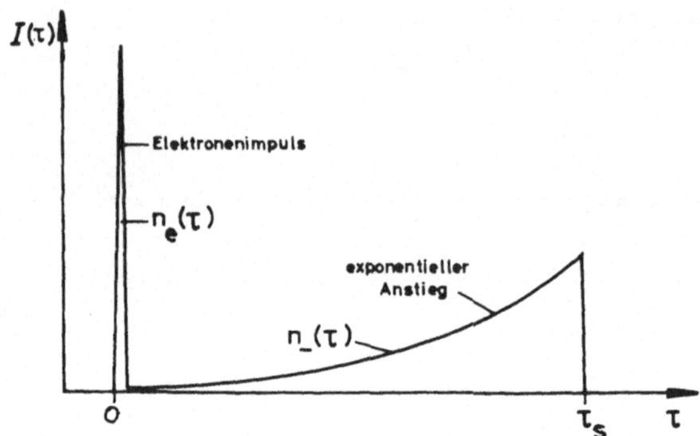

Fig. 11.4   Verlauf des Auffängerstroms I der Driftapparatur nach
Fig. 11.3 als Funktion des Zeitintervalls τ zwischen dem Öffnen des
ersten und des zweiten Verschlussen.

Im Experiment findet man aufgrund der Diffusion der negativen
Ionen keine so scharfe Kante im Verlauf von I (τ) an der Stelle
τ_s.

11.4   Ergebnisse von Driftmessungen

In Fig. 11.5 sind Ergebnisse von Messungen von η mit Hilfe einer
Driftapparatur als Funktion der dichtebezogenen Feldstärke E/n_g
und für verschiedene Gasdrucke (d.h. Gasdichten n_g) dargestellt.
Wie wir eingangs erwähnten, sind negative Ionen des Sauerstoffs
für die Bilanz der Ladungsträger in der Ionosphäre von besonderer
Bedeutung.
Wie man sieht, läßt sich das Diagramm in zwei verschiedene Be-
reiche einteilen. Für hohe Feldstärken bzw. niedrige Dichten
($E/n_g > 10^{-20}$ Vm²) ist η vom Druck unabhängig, wie wir es aufgrund
von Gl. (11.5) erwarten. Für niedrige Feldstärken bzw. hohe Dichten

hingegen wird η Druck- d.h. Gasdichte-abhängig. Gl. (11.5) kann
hier nicht richtig sein.

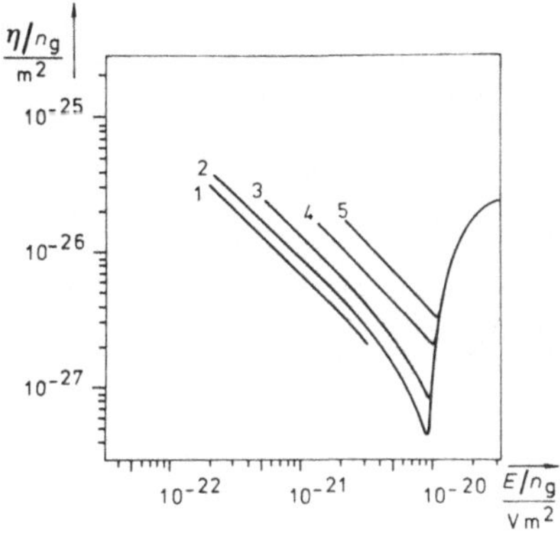

Fig. 11.5 Einfangkoeffizient
in Sauerstoff bei verschiedenen Drucken als Funktion der
dichtebezogenen Feldstärke bei
Gasdruck: Kurve 1 - 7,6 Torr;
2 - 1o,5 Torr; 3 - 15,o Torr;
4 - 25,o Torr; 5 - 44 Torr
(nach Ref. 52).

Gl. (11.5) war unter der Voraussetzung hergeleitet worden, daß
der Einfangprozeß ein Z w e i e r stoßprozeß ist. Geschieht die Anlagerung der Elektronen im D r e i e r stoß, so muß η proportional mit n_g ansteigen. Daraus läßt sich schließen, daß der in Fig.
11.4 gezeigte Verlauf der Meßkurven auf der Wirkung verschiedener
Bildungsprozesse beruht , einem Zweierstoßprozeß

$$e + O_2 \rightarrow O_2^{-*} \rightarrow O^- + O$$

und eine m Dreierstoßprozeß

$$e + O_2 + O_2 \rightarrow O_2^- + O_2 ,$$

wobei zum einen atomare Sauerstoffionen und zum anderen molekulare
Sauerstoffionen entstehen. Die Beweglichkeiten der beiden Ionensorten müssen sich voneinander unterscheiden. Dieser Unterschied wird
in der Tat gefunden. Die Beweglichkeitsunterschiede lassen sich
zwanglos mit den gleichen Annahmen wie die Unterschiede im Anlagerungskoeffizienten deuten.

12   Rekombination

12.1   Vorbemerkung und Begriffsbestimmung

Ladungsträger werden im Gasraum nicht nur gebildet, sie können auch
wieder vernichtet werden, da zu jedem Prozeß auch der inverse Prozeß existiert. Bei der Behandlung der ambipolaren Diffusion hatten
wir für die Formulierung der Randbedingungen von der Tatsache Ge-
brauch gemacht, daß Ladungsträger, die auf eine Wand treffen, dort
entladen oder absorbiert werden. Die Ladungen verschwinden aus dem
Gasraum. Dieser Prozeß wird als *Wandrekombination* bezeichnet. Man
spricht auch von Trägerverlusten durch ambipolare Diffusion, weil
die Diffusion der Transportmechanismus ist, der die Ladungen zur
Wand, d.h. zu einer Senke transportiert. Die Wandrekombination ist
der Umkehrprozeß der Trägeremission von einer Wand. Bei niedrigen
Trägerdichten und niedrigen Gasdrucken ist die Wandrekombination
in der Regel der dominierende Verlustprozeß. Sind keine begrenzenden Wände vorhanden, wie z.B. in astrophysikalischen Plasmen,
oder sind die Trägerdichten im Gasraum sehr hoch (dichte Plasmen),
so kommen als Verlustprozesse die Umkehrprozesse der Ionisierungsprozesse ins Spiel. Wir wollen diese Prozesse als *Volumenrekombina-*
tion oder allgemein als Rekombination bezeichnen. Wir verstehen also unter Rekombination alle Stoßprozesse zwischen Trägern von Ladungen entgegengesetzten Vorzeichens, die zu einer Kombination und damit zu einer gegenseitigen Neutralisation der Ladungen führen. Dies
soll unabhängig davon gelten, ob die Ladungs t r ä g e r sich dabei
ebenfalls zusammenlagern oder nicht. Das Wort Rekombination bezieht
sich also i.a. nur auf die Ladungen, nicht darauf, daß die Bruchstücke einer Struktur (z.B. eines Moleküls), die ursprünglich einmal vorhanden war, wieder vereinigt würden.
Je nachdem, welche Ladungsträgersorten - Elektronen, negativ geladene Ionen, positiv geladene Ionen - an dem Rekombinationsprozeß
beteiligt sind, unterscheiden wir zwischen

> *Elektron - Ion - Rekombination* und
> *Ion - Ion - Rekombination.*

Positiv geladene Ionen können - im Gegensatz zu Trägern negativer
Ladung - mehrfach geladen sein. Sie können daher bei der Rekombina-

tion teilweise oder vollständig neutralisiert werden. Vollständige
Neutralisation eines mehrfach geladenen Ions wäre nur in einem -
sehr unwahrscheinlichen - Stoß gleichzeitig mit mehreren Trägern
negativer Ladungen möglich. Wir werden daher im folgenden bei der
Rekombination unter Beteiligung mehrfach geladener Ionen immer annehmen, daß dabei jeweils nur eine Ladung des positiv geladenen Ions
neutralisiert wird. Ebenso wie bei den übrigen Stoßprozessen kann
man bei der Rekombination zwischen dem Elementarprozeß, der durch
mikrophysikalische Parameter wie Wirkungsquerschnitt u.ä. charakterisiert wird und der makrophysikalischen Erscheinung, die durch
den Rekombinationskoeffizienten R (vgl. Abschn. 2.4.2) beschrieben
wird, unterscheiden. Jedoch sind im Falle der Rekombination nahezu
keine Wirkungsquerschnitte direkt bekannt. Sie sind der Messung
sehr schwer zugänglich, da sie nur bei niedrigen Stoßenergien meß-
bare Werte annehmen. Verschiedene Rekombinationsprozesse verlaufen
überdies im Dreierstoß. Dreierstoßexperimente sind sehr schwierig
und bisher als Strahlexperimente überhaupt noch nicht durchgeführt
worden. Man kann jedoch rechnerisch Wirkungsquerschnitte für Rekombinationsprozesse aus den gemessenen Wirkungsquerschnitten der inversen Ionisierungsprozesse bestimmen (Prinzip des *detaillierten
Gleichgewichtes*). Unter speziellen Annahmen über die Verteilungsfunktionen der beteiligten Stoßpartner lassen sich auf diese Weise
aus den Wirkungsquerschnitten der Ionisierungsprozesse auch Rekombinationskoeffizienten berechnen (M i l n e ' sche Formel, vgl.
Ref. 53). Verglichen mit anderen Elementarprozessen gehört die Rekombination zu den am schlechtesten verstandenen Vorgängen. Wie wir
bei der Einzeldiskussion sehen werden, beschreibt der Koeffizient
R nicht die Wirkung eines einzigen Elementarprozesses, sondern in
der Regel das Zusammenwirken mehrerer verschiedenartiger Prozesse.

12.2 Elektron-Ion Rekombination

Bei der Elektron-Ion Rekombination wird ein freies Elektron in einen gebundenen Zustand überführt. Dies ist nur möglich, wenn beim
Stoß zwischen Ion und Elektron die Bindungsenergie des Elektrons
und seine kinetische Energie abgeführt wird. Je nachdem, über wel-
chen Mechanismus diese Energie abgeführt wird, können wir verschie-

dene Elektron-Ion Rekombinationsprozesse unterscheiden.

Die Überführung der freiwerdenden Energie in kinetische Energie des resultierenden neutralen Atoms ist nicht möglich. Dies wäre der Umkehrprozeß eines Vorgangs, bei dem ein schnellfliegendes Atom oder Molekül plötzlich, ohne äußere Einwirkung, abbremst und ein Elektron emittiert - ein offensichtlich unmöglicher Prozeß.

Die freiwerdende Energie kann auf zweierlei Art abgeführt werden:

1. Als Quant bei der sog. *Strahlungsrekombination*

$$A^+ + e \rightarrow A^* + h\nu \qquad (12.1)$$

sie ist der Umkehrprozeß der Photoionisation.

2. An einen dritten Stoßpartner

$$A^+ + e + B \rightarrow A^* + B_{schnell} \qquad (12.2).$$

Ist der dritte Stoßpartner ein Elektron - sog. *Elektronenstossrekombination* - so handelt es sich um den Umkehrprozeß der Elektronenstoßionisation. Dieser Prozeß geht am leichtesten von statten, da die Übertragung von kinetischer Energie zwischen Elektronen, d.h. Teilchen gleicher Masse, stattfindet (vgl. Abschn. 5.6). Der Prozeß läuft daher auch ab, wenn die Anfangsenergie des zweiten Elektrons niedrig ist. Ebenso wie Ionisierungsprozesse bei Stößen schneller Ionen oder Molekel mit Gasmolekeln ablaufen können, kann eine Stoßrekombination jedoch auch ablaufen, wenn der dritte Stoßpartner B ein Ion oder Gasmolekel ist. Wegen der geringen, beim Stoß zwischen Teilchen verschiedener Masse übertragenen Energie, ist jedoch dabei Voraussetzung, daß es sich um ein schnelles Ion oder Gasmolekel handelt. Da genügend schnelle Ionen und Gasmolekel normalerweise in den Plasmen, in denen Rekombinationsprozesse eine Rolle spielen, nur in verschwindend geringer Anzahl vorhanden sind, spielen solche Rekombinationsprozesse i.A. keine Rolle. In den heißen dichten Plasmen, die in einem Fusionsreaktor benötigt werden, könnten solche Prozesse wegen der hohen, dort erforderlichen Ionentemperaturen jedoch von Bedeutung sein. Wie wir im folgenden Kapitel zeigen werden, können die maximalen Ionisierungsquerschnitte für Stoßionisation mit schweren Teilchen über den maximalen Wirkungs-

querschnitten der Elektronenstoßionisierung liegen. Das gleiche
Verhalten läßt sich für die Rekombinationswahrscheinlichkeiten erwarten.

Wie wir in Gl.(12.1) und (12.2) bereits angedeutet haben, bleibt
das neutralisierte Gasmolekel nach dem Rekombinationsprozeß i.A.
in einem mehr oder weniger hoch angeregten Zustand zurück. Wir werden die Bedeutung angeregter Zustände im nächsten Kapitel etwas genauer betrachten. Für die gegenwärtige Diskussion ist von Bedeutung,
daß Gasmolekel in angeregten Zuständen leichter ionisiert werden
als Gasmolekel im Grundzustand, weil die erforderliche Ionisierungsenergie niedriger ist und die Ionisierungsquerschnitte größer sind.
Zur Berechnung des Rekombinationskoeffizienten R - etwa nach dem
Schema der Bestimmung des Anlagerungskoeffizienten η im vorigen
Kapitel - genügt es daher nicht, wenn nur die Wirkungsquerschnitte
der Prozesse (12.1) und (12.2) bekannt sind. Eine Rekombination
hat erst dann stattgefunden, wenn das angeregte Molekel A^* in einem weiteren Prozeß seine Anregungsenergie abgegeben hat und in
den Grundzustand übergegangen ist. Dies kann entweder in einem
(oder mehreren) superelastischen Stoß nach dem Schema

$$A^* + e \rightarrow A^{*`} + e_{schnell} \tag{12.3}$$

oder durch spontane Abregung unter Aussendung eines (oder mehrerer)
Lichtquants (Linienemission) nach dem Schema

$$A^* \rightarrow A^{*`} + h\nu \tag{12.4}$$

geschehen. Daneben laufen auch Prozesse ab, die die angeregten
Molekel wieder ionisieren oder zumindest höher anregen:

$$A^* + e \rightarrow A^+ + e + e \tag{12.5}$$
$$A^* + e \rightarrow A^{*``} + e_{langsam} \tag{12.6}$$
$$A^* + h\nu \rightarrow A^{*``} \tag{12.7}$$
$$A^* + h\nu \rightarrow A^+ + e \tag{12.8}.$$

Die Gesamtheit der Prozesse (12.1) bis (12.8) wird unter dem Begriff *Stoss-Strahlungsrekombination* zusammengefaßt. Die inversen
Prozesse (12.5) bis (12.8) sind besonders dann häufig, wenn sich
A^* in einem Anregungszustand befindet, dessen Ionisierungsenergie

geringer als die mittlere thermische Energie kT des Plasmas ist.
Man kann für solche Zustände annehmen, daß sich ihre Bevölkerung
durch Rekombination und Entvölkerung durch den inversen Ionisierungsprozeß gerade die Waage halten, so daß die Besetzung dieser
Zustände dem thermischen Gleichgewicht entsprechen. Mit Hilfe solcher Annahmen und aus den Wirkungsquerschnitten der inversen Ionisierungsprozesse lassen sich dann die Rekombinationskoeffizienten
zumindest für einfache Fälle (vollionisiertes Wasserstoffplasma)
berechnen.

Fig. 12.1 zeigt als Beispiel Rekombinationskoeffizienten für ein
optisch dünnes Wasserstoffplasma als Funktion der Elektronendichte
und für verschiedene Elektronentemperaturen. Wir können folgendes
Verhalten feststellen: Für niedrige Dichten und hohe Temperaturen
wird R nahezu konstant. Dies bedeutet, daß die Rekombination überwiegend nach (12.1) im Z w e i e r stoß als Strahlungsrekombination
abläuft. Für hohe Dichten und niedrige Temperaturen steigt R proportional zur Elektronendichte n_e. Dies bedeutet, daß die Rekombination überwiegend nach (12.2) im D r e i e r stoß abläuft.
Unsere bisherige Diskussion gilt vorwiegend für Rekombination von
H^+-Ionen. Bei der Rekombination von Ionen, die noch einen Rest
ihrer Elektronenhülle besitzen, kann als weiterer möglicher Rekombinationsprozeß die sog. *dielektronische Rekombination* auftreten,
bei der die freiwerdende Energie des eingefangenen Elektrons auf
ein weiteres Elektron der Hülle des Atoms übertragen wird. Es entsteht dabei ein doppelt angeregter Zustand, d.h. ein Zustand, in
dem sich zwei Hüllenelektronen in angeregten Zuständen befinden

$$A^+ + e \rightarrow A^{**} \tag{12.9}$$

Doppelt angeregte Zustände sind sehr kurzlebig und zerfallen in
kürzester Zeit wieder in ein Ion und ein Elektron (*Autoionisation*).
Der Prozeß kann daher nur dann wesentlich zur Rekombination bei-

Fig. 12.1   Koeffizient R der Stoß-Strahlungs-Rekombination als
Funktion der Elektronendichte n_e und der Elektronentemperatur T_e
in einem Wasserstoffplasma (Werte aus Tabellen in Ref. 12, Bd. 4).

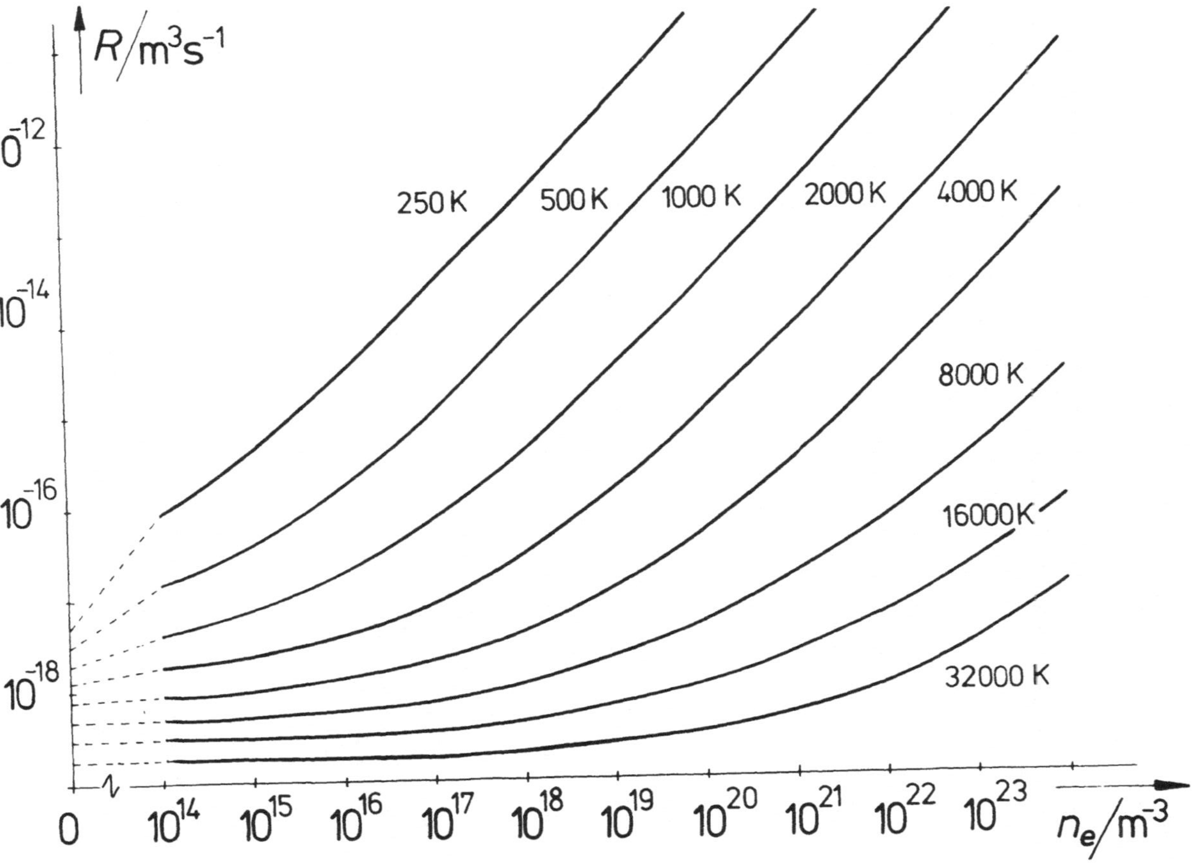

R/m³s⁻¹
n_e/m⁻³
250 K
500 K
1000 K
2000 K
4000 K
8000 K
16000 K
32000 K
10⁻¹²
10⁻¹⁴
10⁻¹⁶
10⁻¹⁸
10¹⁴
10¹⁵
10¹⁶
10¹⁷
10¹⁸
10¹⁹
10²⁰
10²¹
10²²
10²³
0

tragen, wenn sich das neutrale Molekel in einem Folgeprozeß unter Aussendung eines Lichtquants abregt und stabilisiert. Die Strahlungsabregung ist etwa um den Faktor $10^{-3}\ldots10^{-4}$ weniger wahrscheinlich als der Zerfall des doppelt angeregten Zustandes durch Autoionisation. Trotzdem kann die dielektronische Rekombination die Strahlungsrekombination überwiegen. Dies scheint z.B. in der Sonnenkorona für die Rekombination von Heliumionen eine Rolle zu spielen[54].

Sind die positiv geladenen Ionen Molekülionen, so kann die freiwerdende Energie bei der Rekombination zur Dissoziation des Moleküls verwendet werden:

$$(AB)^{+} + e \rightleftharpoons (AB)^{*} \rightarrow A^{*} + B^{*} \tag{12.10}$$

Der Prozeß verläuft über einen (oder mehrere) Zwischenzustände, in denen ein hochangeregtes neutrales Molekül gebildet wird, das entweder in die angeregten Bruchstücke A^{*}, B^{*} oder wieder in ein Molekülion und ein freies Elektron zerfallen kann. Nur im ersten Fall hat eine Rekombination stattgefunden. Man nennt den Vorgang *dissoziative Rekombination*. In ionisierten Gasen, in denen Molekülionen auftreten (z.B. O_2^{+}-Ionen in der E-Schicht der Ionosphäre für die der Prozeß von B a t e s und M a s s e y 1947 erstmalig postuliert wurde[54]), ist die dissoziative Rekombination der dominierende Rekombinationsprozeß. In der Regel besitzen die Bruchstücke A^{*} und B^{*} eine erhebliche kinetische Energie, die von dem Überschuß der Rekombinationsenergie über die Dissoziationsenergie herrührt. Diese Energie macht sich bei der Strahlungsabregung der Bruchstücke als D o p p l e r verbreiterung der betreffenden Emissionslinien bemerkbar. Der Prozeß läßt sich daher anhand der charakteristischen Linienprofile nachweisen und ausmessen (vgl. Ref. 12 Bd. 4).

12.3   Ion-Ion-Rekombination
12.3.1 Reaktionsschemata der Ion-Ion-Rekombination

Rekombinationsstudien wurden begonnen, lange bevor die Existenz freier Elektronen im Gasraum erwiesen war. Daher beschäftigen sich die älteren Rekombinationsstudien, insbesondere theoretische Arbeiten, überwiegend mit der Ion-Ion-Rekombination. Experimentell findet man, daß die Rekombinationskoeffizienten in elektronegativen Gasen diejenigen in anderen Gasen weit überwiegen. Dies beruht auf der Wirkung der Ion-Ion-Rekombination.

Wie bei der Elektron-Ion-Rekombination wird auch bei der Ion-Ion-Rekombination Energie frei, die sich im einfachsten Fall gleich der Differenz aus der Ionisierungsenergie des positiven Ions und der Elektronenaffinität des negativen Ions ergibt. Diese Überschußenergie muß in irgendeiner Form aus dem reagierenden molekularen System abgeführt werden. Ähnlich wie bei der Elektronenstoßrekombination läßt sich die Übertragung dieser Energie an die Freiheitsgrade der Translation (kinetische Energie) der Rekombinationsprodukte ausschließen. Folgende Reaktionsschemata sind möglich:

Dreiteilchenrekombination

$$A^+ + B^- + C \rightarrow AB + C \tag{12.11}$$

Strahlungsrekombination

$$A^+ + B^- \rightarrow AB + h\nu \tag{12.12}$$

Gegenseitige Neutralisation durch Umladung

$$A^+ + B^- \rightarrow A^* + B^* \tag{12.13}$$

und *Dissoziative Neutralisation*

$$(AB)^+ + C^- \rightarrow A + B + C$$

$$\tag{12.14}$$

oder
$$A^+ + (BC)^- \rightarrow A + B + C$$

Die verschiedenen Prozesse können nebeneinander ablaufen, so daß
der Rekombinationskoeffizient die Summe der Einzelprozesse beschreibt. In der Regel überwiegt jedoch die Dreierstoßrekombination
(12.11), der dritte Stoßpartner C ist in der Regel ein neutrales
Atom. Wir wollen daher im folgenden einige Abschätzungen für den
Rekombinationskoeffizienten R der Ion-Ion-Rekombination besprechen,
denen allein der Prozeß (12.11) zugrunde gelegt wurde.

12.3.2 <u>Abschätzung des Koeffizienten der Dreierstoßrekombination</u>

Wir betrachten ein ionisiertes Gas mit der Gastemperatur T. Wie wir
wissen, sind die Temperaturen der Gase der positiven bzw. negativen
Ionen bei nicht zu kleinen Drucken nur minimal größer als die Gastemperatur T. Deshalb gilt praktisch

$$< \frac{1}{2}\, m_+ u_+{}^2> = < \frac{1}{2}\, m_- u_-{}^2> = \frac{3}{2}\, kT \qquad (12.15).$$

Bezeichnen wir mit m_r die reduzierte Masse aus m_+ und m_-, so gilt
für die Relativbewegung zweier Ionen, die einen großen Abstand voneinander haben, ebenfalls

$$< \frac{1}{2}\, m_r u_r{}^2> = \frac{3}{2}\, kT \qquad (12.16)$$

(u_r = Relativgeschwindigkeit). Wir nehmen an, daß zwischen den Ionen nur das Coulombpotential wirksam ist, d.h.

$$\Phi\,(\hbar) = - \frac{e^2}{4\pi\varepsilon_o\,\hbar} \qquad (12.17).$$

Weiterhin nehmen wir an, daß eine Rekombination stattfindet, wenn
die Gesamtenergie $\varepsilon_{tot} = \varepsilon_{kin} + \Phi(\hbar)$ der Relativbewegung negativ
wird, d.h. wenn sich die Ionen in geschlossenen Bahnen umkreisen.
Im unendlich Fernen ist $\Phi=0$ und $\varepsilon_{kin} > 0$, also $\varepsilon_{tot} > 0$.
Bei gegenseitiger Annäherung der Ionen wächst die kinetische Ener-
gie der Relativbewegung auf Kosten der potentiellen Energie. Findet
nun ein Stoß mit einem Gasatom statt, bei dem so viel kinetische
Energie abgegeben wird, daß $\varepsilon_{tot}<0$ wird, so tritt Rekombination ein.

Nehmen wir an, daß die kinetische Energie der Relativbewegung nach jedem Stoß gleich dem Gleichgewichtswert $3\,kT/2$ ist, so kann der Fall $\varepsilon_{tot} < 0$ erst ab einem kritischen Abstand r^* beider Ionen eintreten, für den gilt

$$\Phi\,(r^*) \;=\; -\,\frac{3}{2}\,kT \tag{12.18}.$$

Aus (12.18) und (12.17) folgt für den sog. *T h o m s o n schen Radius* r^*

$$r^* \;=\; \frac{e^2}{6\,\pi\varepsilon_o\,kT} \tag{12.19}.$$

Denken wir uns die positiven Ionen von einer Kugel mit dem Radius r^* umgeben, so können wir unter den genannten Voraussetzungen annehmen, daß eine Rekombination immer dann erfolgt, wenn ein negatives Ion innerhalb einer solchen Wirkungssphäre mit einem Gasmolekel stößt.

Zur Vereinfachung nehmen wir an, daß die negativen Ionen die Wirkungssphäre auf geraden Bahnen durchqueren, d.h. vernachlässigen die gegenseitige Anziehung der Ionen. Die Wahrscheinlichkeit, daß ein Ion auf einer Strecke der Länge x stößt, ist nach Abschnitt 5.8 gegeben durch $\exp(-x/\langle\ell\rangle)$ ($\langle\ell\rangle$ mittlere freie Weglänge). Ist b der Stoßparameter, so ist die Länge x der Bahn innerhalb der Wirkungssphäre gegeben durch

$$x \;=\; 2\,(r^{*2}-b^2)^{1/2}$$

(vgl. Fig. 12.2). Integration über alle möglichen Stoßparameter liefert die Stoßwahrscheinlichkeit P

$$P \;=\; 1 - \frac{2}{r^{*2}} \int\limits_{0}^{r^*} \exp\{-2(r^{*2}-b^2)^{1/2}/\langle\ell\rangle\}\,b\,db$$

$$= 1 + \frac{\langle\ell\rangle}{2r^*}\,\exp\,(-2r^*/\langle\ell\rangle)\,[1+\frac{\langle\ell\rangle}{2\,r^*}] - \frac{\langle\ell\rangle^2}{4r^{*2}} \tag{12.20}.$$

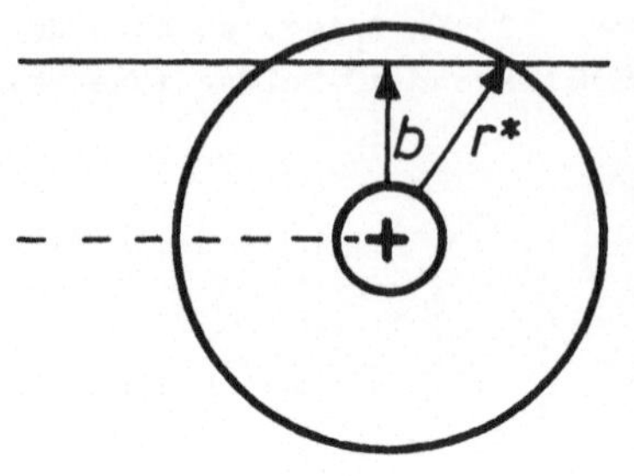

Fig. 12.2

Bezeichnen wir nun mit $P_\pm$ die Wahrscheinlichkeiten, daß ein positiv bzw. negativ geladenes Ion innerhalb der Wirkungssphäre eines entgegengesetzt geladenen Ions stößt und dabei genügend Energie abgibt. Die Rate, mit der positiv geladene Ionen sich negativ geladenen bis auf einen Abstand r^* nähern, ist - bis auf einen Zahlenfaktor von der Größenordnung 1 - durch $\pi r^{*2}(\langle u_+^2\rangle + \langle u_-^2\rangle)^{1/2}\, n_-$ gegeben. Die Chance für eine Rekombination ist dann durch

$$\pi r^{*2}\, (\langle u_+^2\rangle + \langle u_-^2\rangle)^{1/2}\, n_-\,(P_+ + P_-)$$

gegeben, d.h.

$$\frac{dn_+}{dt} = -\,\pi r^{*2}(\,\langle u_+^2\rangle + \langle u_-^2\rangle)^{1/2}\,(P_+ + P_-)\,n_+ n_- =: R n_+ n_-$$

$$(12.21)$$

(vgl. Abschn. 2.4.2). Somit erhalten wir aus (12.2o) und (12.21) den Rekombinationskoeffizienten R. Bei niedrigen Drucken ist $2r^*/\langle \ell\rangle \ll 1$. Dann kann man die Exponentialfunktion in (12.2o) entwickeln und erhält

$$R_L \propto T^{-5/2} \quad \text{bzw.} \quad R_L \propto p \qquad (12.22)$$

(sofern $\langle \ell\rangle$ nicht von der Temperatur abhängt). Für hohe Drucke wird $2r^*/\langle \ell\rangle \gg 1$, d.h. die Exponentialfunktionen verschwinden, d.h.

$$R_H \propto T^{-3/2} \qquad (12.23)$$

der Rekombinationskoeffizient wird vom Druck unabhängig. Dieses
Verhalten wird bei nicht zu hohen Drucken (unterhalb 10^3 Torr)
auch beobachtet. Bei noch höheren Drucken sinkt der Rekombinationskoeffizient mit steigendem Druck wieder ab. Dieses Verhalten wurde
von L a n g e v i n mit der Annahme erklärt, daß positiv und negativ geladene Ionen unter der Wirkung der gegenseitigen elektrostatischen Anziehung aufeinander zudriften. Tatsächlich muß man neben
der Drift jedoch auch die Diffusion der Ionen berücksichtigen. Geschieht dies, so erhält man jedoch den gleichen Ausdruck für den
Rekombinationskoeffizienten. Wir betrachten daher nur die einfache
L a n g e v i n'sche Theorie. Das zugrundeliegende Modell ist
erst oberhalb 10^5 Torr einigermaßen realistisch. Aus den oben erwähnten Gründen gilt die daraus abgeleitete Formel jedoch bereits
ab etwa $2 \cdot 10^3$ Torr. Driften positiv und negativ geladene Ionen unter der Wirkung der elektrostatischen Anziehung aufeinander zu, so
ist die relative Driftgeschwindigkeit u_D im Abstand λ gegeben durch

$$u_D(\lambda) = (\mu_+ + \mu_-) \; \frac{e^2}{4\pi\varepsilon_0 \lambda^2} \qquad (12.24).$$

Auf eine Kugel mit dem Radius λ um ein positiv geladenes Ion trifft
also ein (Teilchen-)Strom J negativ geladene Ionen

$$J = 4\pi\lambda^2 n_- u_D(\lambda) = \frac{e^2}{\varepsilon_0}(\mu_+ + \mu_-)n_- \qquad (12.25),$$

von denen wir annehmen, daß sie sämtlich rekombinieren.
Somit ist

$$\frac{dn_+}{dt} = - J n_+ = : R n_+ n_- \qquad (12.26)$$

oder

$$R = \frac{e^2}{\varepsilon_0}(\mu_+ + \mu_-) \qquad (12.27).$$

Wie man sieht, ergibt sich $R \propto 1/p$ in Übereinstimmung mit dem experimentellen Befund. Der Zwischenbereich zwischen der Gültigkeit
der T h o m s o n'schen und der L a n g e v i n'schen Formel

wird in einer schwierigen Theorie von N a t a n s o n[55] beschrieben, die Feinheiten der Drift im inhomogenen Feld berücksichtigt. Eine vollständige theoretische Beschreibung der Rekombination ist aber auch durch diese Theorie nicht gegeben, da in ihr unbestimmte Parameter enthalten sind, die im Experiment angepaßt werden müssen.

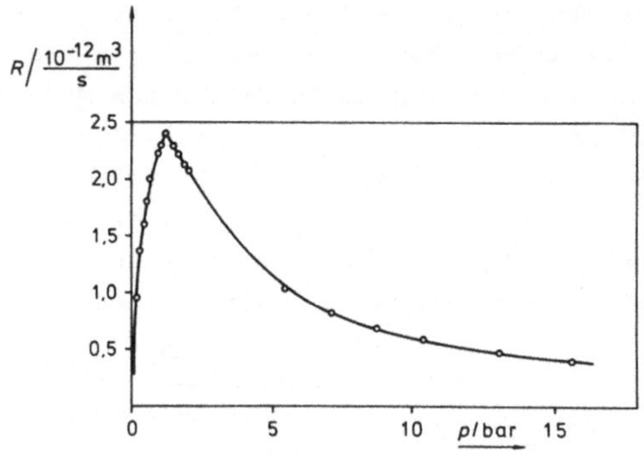

Fig. 12.3   Rekombinationskoeffizient R der Ion-Ion-Rekombination in Luft von Zimmertemperatur als Funktion des Druckes.

Fig. 12.3 zeigt den Rekombinationskoeffizienten in Luft als Funktion des Druckes. Unterhalb 2 bar entspricht der Verlauf Gl.(12.22). Statt einen konstanten Wert bei hohem Druck anzunehmen, sinkt R für noch höhere Drucke jedoch mit einem $1/p$-Gesetz ab, wie die L a n g e v i n - Theorie voraussagt.

12.4   Messung des Rekombinationskoeffizienten
12.4.1 Allgemeines zur Messung an abklingenden Plasmen

Wir wollen im Folgenden von den verschiedenen Verfahren zur Messung des Rekombinationskoeffizienten R nur die Messung der Dichteabnahme im Nachleuchten einer Entladung besprechen. Eine Über-

sicht über andere Verfahren findet sich z. B. in Ref. 12, Bd. 4.
Um einzusehen, daß der zeitliche Verlauf der sich abbauenden Plasmadichte eine Aussage über den wirksamen Verlustmechanismus liefert, betrachten wir zunächst den idealisierten Fall, daß im Plasma nur eine einzige Ionensorte vorhanden ist, und daß die Ladungsträger aufgrund der Wirkung eines einzigen Prozesses verschwinden
(wie wir später sehen werden, ist diese Bedingung nur in Ausnahme-
fällen erfüllt).
Zunächst betrachten wir ein quasineutrales Plasma (d.h. $n_+ = n_- = n_o$),
das sich durch Zweierstoßrekombination abbaut. In diesem Fall ist
R unabhängig von der Dichte. Nach Abschalten der Ionisierungsprozesse gilt dann für die Dichte die Differentialgleichung

$$\frac{dn}{dt} = - R n^2 \qquad\qquad (12.28).$$

Die Lösung ergibt sich durch Trennung der Variablen zu

$$n\,(t) = \frac{n_o}{1 + R n_o\, t} \qquad\qquad (12.29).$$

Hierin ist n_o die Plasmadichte zum Zeitpunkt $t=0$.
Dies bedeutet, daß $1/n$ gegen t aufgetragen, eine Gerade ergeben
muß.
Für die Abnahme der Dichte durch Wandrekombination (ambipolare Diffusion) hatten wir für genügend große Zeiten (nach Abklingen der
höheren Diffusionsmoden) die Beziehung

$$n\,(t) = n_o\,\exp(\,-\,t/\tau_{Diff}\,) \qquad\qquad (12.3o)$$

erhalten (vgl. Kap. 8.5). τ_{Diff} ist die Diffusionszeit der Grundmode. Beobachtet man den Verlauf der Dichte hinreichend lange, so
kann man somit die beiden Verlustmechanismen unterscheiden und aus
der Steigung von $1/n(t)$ bzw. $\log n(t)$ den Rekombinationskoeffizienten oder die Diffusionszeit bestimmen.
Sind beide Prozesse bei der Trägervernichtung gleichzeitig wirksam, so werden die Verhältnisse komplizierter, zumal die Rekombination als nichtlinearer Prozeß Diffusionsoberwellen ständig neu
anfachen kann. Nehmen wir zur Vereinfachung an, daß nur die Dif-

fusionsgrundwelle wirksam ist, d.h., daß

$$\left(\frac{dn}{dt}\right)_{\mathrm{Diff}} = - \frac{n}{\tau_{\mathrm{Diff}}}$$

ist, so erhalten wir als Differentialgleichung für $n(t)$

$$\frac{dn}{dt} = - Rn^2 - \frac{n}{\tau_{\mathrm{Diff}}} \tag{12.31}.$$

Diese Differentialgleichung ist wieder durch Trennung der Variablen lösbar. Es ergibt sich

$$n(t) = \frac{n_o}{(1 + Rn_o\tau_{\mathrm{Diff}}) \exp(t/\tau_{\mathrm{Diff}}) - Rn_o\tau_{\mathrm{Diff}}} \tag{12.32},$$

d.h. für $t \ll \tau_{\mathrm{Diff}}$ geht $n(t)$ wie

$$n(t) \approx \frac{n_o}{1 + Rn_o t}$$

für $t \gg \tau_{\mathrm{Diff}}$ wie

$$n(t) \approx \frac{n_o}{1 + Rn_o\tau_{\mathrm{Diff}}} \exp(- t/\tau_{\mathrm{Diff}}).$$

Da aber bei $t \ll \tau_{\mathrm{Diff}}$ auch Diffusionsoberwellen eine Rolle spielen, ist der Zusammenhang noch wesentlich komplizierter. Im allgemeinen sinkt beim Abschalten einer Entladung die Elektronentemperatur, Molekülreaktionen treten auf, bei niedriger Elektronentemperatur bilden sich negative Ionen (meist mißt man die Elektronendichte, so daß die Bildung negativer Ionen einen unerwünschten Verlust bedeutet), was u.U. durch Verunreinigungen im Entladungsgas begünstigt wird. Dadurch ändert sich der Rekombinationsprozeß während des Abklingens der Entladung, d.h. $R=R(t)$. Auch hat das Entladungsgas in seinen angeregten Atomen einen gewissen Energievorrat, den es nach Abschalten der Entladung über Ionisation abgeben kann. Die Elektronenproduktion kann also nach dem Abschalten der Entladung noch eine Weile anhalten und dadurch die Messung von R so beeinflussen, daß R für kleine t zu niedrig gemessen wird.

Man muß durch Variation aller möglichen Parameter versuchen, die
verschiedenen Prozesse aufgrund ihrer verschiedenen Parameterab-
hängigkeiten zu identifizieren. Darüberhinaus untersucht man das
Leuchten der Entladung (Auftreten von Rekombinationskontinua, Mo-
lekülbanden) und die Ionenzusammensetzung (Massenspektrometer).
Bei den Massenspektrometern ist eine besondere Schwierigkeit, daß
sie zum Betrieb niedrige Drucke benötigen, während Rekombinationsmessungen bei hohem Entladungsdruck durchgeführt werden müssen. In
den notwendigen Druckstufen können aber wieder weitere Reaktionen
auftreten.

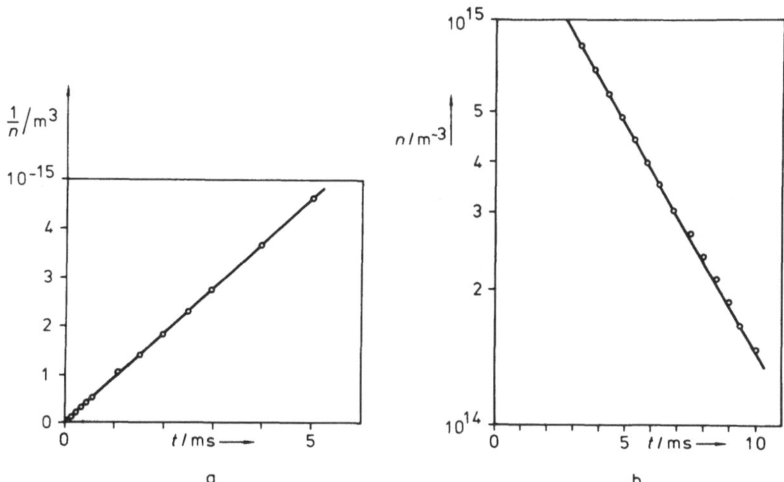

Fig. 12.4   Elektronendichte im abklingenden Plasma als Funktion
der Zeit

a) Trägervernichtung durch Volumenrekombination (Argon), $1/n(t)$ ergibt eine Gerade.

b) Trägervernichtung durch Wandrekombination (Argon-Helium-Mischung)
   log $\{n(t)\}$ ergibt eine Gerade (nach Ref. 56   )

Fig. 12.4 (a) zeigt $1/n(t)$ für ein Nachleuchtplasma in reinem Argon. In Argon bildet sich durch Stoß ein Molekülion

$$Ar^+ + 2\ Ar \rightarrow Ar_2^+ + Ar \qquad (12.33)$$

dessen Rekombinationsrate aufgrund der dissoziativen Rekombination

$$Ar_2^+ + e \rightarrow Ar + Ar \qquad (12.34)$$

sehr hoch ist. Zweierstoßrekombination ist also der dominierende Verlustprozeß und $1/n(t)$ gibt, gegen t aufgetragen, eine Gerade. Fig. 12.4 (b) zeigt $n(t)$ in einem He-Ar-Gemisch. Auch hier ist das vorliegende Ion Ar^+, das durch Penningionisation (vgl. Kap. 13)

$$He^* + Ar \rightarrow He + Ar^+ + e \qquad (12.35)$$

gebildet wird. Wegen des geringen Ar-Gehaltes ist hier die Reaktion (12.33) nicht möglich, andere Rekombinationsprozesse spielen kaum eine Rolle. Daher erfolgt die Trägervernichtung durch ambipolare Diffusion, $\log\{n(t)\}$, gegen t aufgetragen, ergibt eine Gerade.

12.4.2 <u>Meßverfahren</u>

Strahlexperimente zur Messung von Rekombinations w i r k u n g s - q u e r s c h n i t t e n sind sehr schwierig und aufwendig und daher nur selten ausgeführt worden. Da zur Strahlformung einerseits hohe Teilchenenergien im Strahl erforderlich sind, Rekombinationsprozesse andererseits nur bei niedrigen Relativgeschwindigkeiten der Stoßpartner in merklicher Anzahl auftreten, verwendet man einander durchdringende, parallellaufende Strahlen von entgegengesetzt geladenen Ladungsträgern, deren Geschwindigkeiten sich nur sehr wenig voneinander unterscheiden, so daß die Stoßenergien im Schwerpunktssystem niedrig sind (sog. *merging-beam*-Technik). Die Messung der Rekombinations k o e f f i z i e n t e n erfolgt im abklingenden Plasma einer abgeschalteten Entladung durch Messung des zeitlichen Dichteverlaufs (entsprechend unserer allgemeinen

Klassifikation könnte man auch hier von Schwarmexperimenten sprechen). Als Entladungen eignen sich sowohl Gleichstromentladungen
als auch elektrodenlose Mikrowellenentladungen. Zur Dichtebestim-
mung können die verschiedenen, in der Plasmaphysik gebräuchlichen,
Diagnostikverfahren verwendet werden. Da die Wandrekombination auf
Metalloberflächen i.a. wesentlich größer ist als auf Glasoberflä-
chen, sind für Rekombinationsmessungen Gleichstromentladungen nur
unter Anwendung besonderer Vorsichtsmaßnahmen (großes Volumen, hoher Druck) verwendbar. Aus dem gleichen Grund eignen sich elektrische Sonden als Diagnostikmethode nicht sonderlich gut, zumal die
Interpretation der Sondenkennlinien bei den erforderlichen hohen
Drucken problematisch wird. Daher werden in den meisten Fällen für
Rekombinationsstudien elektrodenlose Hochfrequenz- bzw. Mikrowellenentladungen benutzt, die in einem Hohlraumresonator brennen. Die
Verstimmung des Hohlraumresonators kann als Maß für die Anzahl der
freien Elektronen im Resonator, d.h. für die Plasmadichte, dienen.
Diese Diagnostikmethode hat den Vorteil, daß ihre Rückwirkung auf
das Plasma verschwindend gering ist. Entsprechende Anordnungen
sind von verschiedenen Autoren verwendet worden. Als Beispiel besprechen wir ein Experiment von B i o n d i[57], dessen Schema in
Fig. 12.5 dargestellt ist.

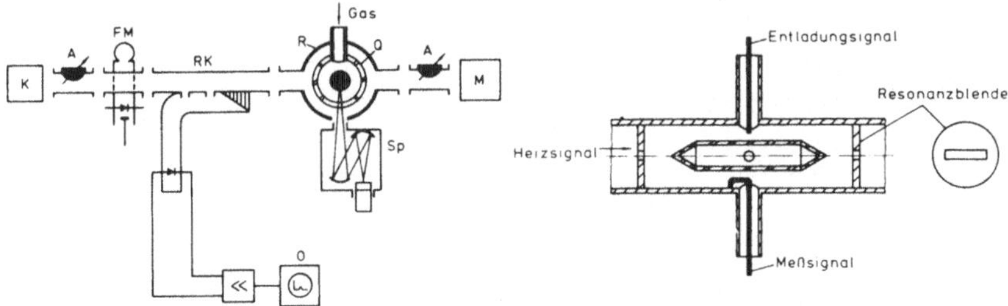

Fig. 12.5   a) Schaltschema einer Apparatur zur Messung von Rekom-
                binationskoeffizienten im abklingenden Plasma einer
                Mikrowellenentladung.
             b) Resonator mit koaxialer Einkopplung und Quarzgefäß
                für Rekombinationsstudien (nach B i o n d i[57]).

In einem zylindrischen Hohlleiter wird durch sog. Resonanzblenden
ein Resonator R abgeteilt, in dem sich ein Quarzgefäß Q mit dem
Entladungsgas befindet.(Zur Erzielung höchster Gasreinheit ist das
Gassystem in Ultrahochvakuumtechnik ausgeführt und mit Vorrichtungen zur Gasreinigung versehen). Ein gepulstes Magnetron M erzeugt im Resonator ein genügend starkes Feld, so daß im Quarzgefäß eine Entladung zündet. Die Pulsdauer beträgt 1µs bis einige
Millisekunden. Das im Dauerstrich mit variabler Frequenz schwingen-
de Klystron K speist gleichzeitig (in einer anderen Schwingungs-
mode als das Magnetron) einige µW Leistung in den Resonator. Die
vom Resonator reflektierte Leistung wird über den Richtkoppler RK
ausgekoppelt und mittels Kristalldetektor auf einem, mit dem Magnetron synchron laufenden, Oszillographen O in Abhängigkeit von der
Zeit dargestellt. Da eine eindeutige Beziehung zwischen der Resonanzfrequenz und der im Resonator befindlichen Anzahl freier Elektronen besteht, andererseits die reflektierte Leistung im Resonanz-
fall ein Minimum aufweist, läßt sich aus dieser Messung der zeitliche Dichteverlauf ermitteln. Während die Entladung abklingt, kann
im Hohlleiter weitere Mikrowellenleistung zugeführt werden, die
die Elektronen im Plasma aufheizt. Auf diese Weise läßt sich der
Rekombinationskoeffizient als Funktion der Elektronentemperatur
messen. Gleichzeitig läßt sich über ein optisches Spektrometer Sp
das von der Entladung emittierte Licht in seinem zeitlichen Verlauf vermessen. Zur Messung der Ionenzusammensetzung kann außerdem
ein Massenspektrometer an die Entladung angeschlossen werden.

Eine Abwandlung der Methode besteht darin, daß man das Plasma zusammen mit dem Neutralgas mittels einer Düse aus dem aktiven Bereich der Entladung in einen feldfreien Raum strömen läßt. Strömt
das Gas mit konstanter Geschwindigkeit, so läßt sich der Rekombinationskoeffizient aus der Abnahme der Ladungsträgerdichte mit wachsendem Abstand von der Entladung bestimmen. Weitere Meßverfahren
sind in Ref. 12, Band 4 diskutiert.

12.4.3 Meßergebnisse

Um die außerordentlichen Schwierigkeiten bei der Messung und Interpretation von Rekombinationskoeffizienten zu demonstrieren, wollen
wir an dieser Stelle den historischen Verlauf der Messung von Rekombinationskoeffizienten in Helium und deren Deutung schildern (vgl.
auch Ref. 12, Bd. 4 und Ref. 54,58,60). Neutrales Helium liegt bei
normalen Temperaturen als atomares Gas vor. Man sollte erwarten,
daß in ihm besonders einfache und überschaubare Verhältnisse vorliegen. Deshalb wurde die Rekombination in Helium besonders eingehend untersucht.

Erste Messungen von B i o n d i und B r o w n[59] lieferten für
R_{He} für Drucke oberhalb 2o Torr einen Wert von $1 \cdot 7 \cdot 10^{-14} m^3/s$. Dieser Wert ist sehr hoch und kann nur durch dissoziative Rekombina-
tion von Molekülionen erklärt werden. Spätere Wiederholungen der
Messung lieferten jedoch einen erheblich niedrigeren Rekombinationskoeffizienten, der unterhalb der Meßgrenze von $2 ... 4 \cdot 10^{-15} m^3/s$
lag. Um diese Diskrepanz zu klären, wurde daher das zeitliche Verhalten des Plasmaleuchtens nach Abschalten der Entladung simultan
mit dem zeitlichen Verhalten der Elektronendichte untersucht. Es
zeigte sich, daß die Intensität der Helium l i n i e n etwa in der
gleichen Weise abnimmt wie die Elektronendichte, während die Intensität der Molekül b a n d e n des He_2^+-Ions davon abweichende,
schwer zu interpretierende Zeitabhängigkeiten aufwiesen. Die Zeitabhängigkeiten lieferten in keinem Fall eindeutige Gesetzmäßigkeiten, so daß auf die Wirkung mehrerer Verlustprozesse geschlossen
werden mußte. Gewisse Anzeichen deuteten darauf hin, daß die Dreierstoßrekombination des He^+-Ions

$$He^+ + 2 e \rightarrow He^* + e \rightarrow He^{*\prime} + h\nu + e \rightarrow ... \qquad (12.36)$$

einer dieser Verlustprozesse war. Aufklärung über die tatsächlich
ablaufenden Prozesse lieferten erst massenspektrometrische Untersuchungen am abklingenden Heliumplasma. Danach war das Ergebnis der
Messung von B i o n d i und B r o w n[59] auf eine Verunreinigung
von $5 \cdot 10^{-6}$ Teilen Neon zurückzuführen, die dem Helium beigemischt
waren. In diesem Gemisch ist ab etwa 7 Torr Ne^+ das dominierende
Ion, nicht He_2^+, wie ursprünglich angenommen. Dies liegt daran, daß

etwa gebildete He_2^+-Ionen sofort nach dem Schema

$$He_2^+ + Ne \rightarrow Ne^+ + 2\ He \qquad (12.37)$$

unter Bildung von Ne-Ionen mit Neon reagieren. Die Reaktion hat einen Wirkungsquerschnitt von ca. $10^{-19} m^2$. Oberhalb von 10 Torr tritt die Reaktion

$$Ne^+ + 2\ He \rightarrow (HeNe) + He \qquad (12.38)$$

auf und $(HeNe)^+$-Ionen sind in merklicher Anzahl vorhanden. Der gemessene Rekombinationskoeffizient war derjenige der dissoziativen Rekombination von $(HeNe)^+$. Dissoziative Rekombination von He_2^+-Ionen wurde hingegen im Experiment niemals beobachtet. Theoretische Überlegungen sprechen dafür, daß dieser Prozeß nicht stattfinden kann. Durch eine Serie von Experimenten wurden neben der Wanddiffusion folgende Reaktionen als mögliche Verlustprozesse gefunden: Für He^+-Ionen die Dreierstoßrekombination (12.36) sowie eine Dreierstoßreaktion unter Bildung von He_2^+-Ionen:

$$He^+ + 2\ He \rightarrow He_2^+ + He \qquad (12.39)\ .$$

Für He_2^+-Ionen die Strahlungsrekombination

$$He_2^+ + e \rightarrow He_2^* \rightarrow 2\ He + h\nu \qquad (12.4o)$$

und die Elektronenstoßrekombination

$$He_2^+ + 2\ e \rightarrow He_2^* + e \rightarrow 2\ He + e + h\nu \qquad (12.41)\ .$$

Das Zusammenwirken der verschiedenen Verlustprozesse führt zu den komplizierten Zeitabhängigkeiten der Dichte und des Entladungsleuchtens.
In den schweren Edelgasen überwiegt unter vergleichbaren Bedingungen die dissoziative Rekombination der zweiatomigen Molekülionen alle anderen Verlustprozesse (vgl. Fig. 12.4 a). Verglichen mit Helium, liegen die Rekombinationskoeffizienten in den schweren Edelgasen daher außerordentlich hoch. In anderen Gasen und Dämpfen tre-

ten neben zweiatomigen auch mehratomige Molekülionen und Komplex-
ionen auf. Dadurch erhöht sich die Zahl der möglichen Molekülreaktionen außerordentlich. Die Untersuchung der Rekombination ist
daher sehr schwierig und nur unter erheblichem Aufwand durchzuführ-
ren. Eine eingehendere Diskussion findet sich in der bereits zitierten Spezialliteratur.

13 Ionisierungsprozesse im Gasraum
13.1 Klassifizierung der Ionisierungsprozesse

Wie wir bereits im Abschnitt 2.1 dargelegt hatten, werden Gasmolekel ionisiert, wenn durch ein ionisierendes Agens soviel Energie
auf das einzelne Molekel übertragen wird, daß entweder ein Elektron (oder auch mehrere) aus den atomaren Schalen entfernt wird
oder das Molekel in ein positiv geladenes und ein negativ geladenes Ion dissoziiert. Wir können die Ionisierungsprozesse nun einerseits nach der Art des ionisierenden Agens, andererseits nach der
Art der gebildeten Ladungsträger klassifizieren. Unter *Stossioni-
sierung* verstehen wir alle Prozesse, bei denen die Ionisierungsenergie der kinetischen Energie eines schnellen Teilchens ent-
stammt, das mit einem Gasmolekel stößt. Wird die Ionisierungsenergie von einem Lichtquant auf das Gasmolekel übertragen, so sprechen wir von *Photoionisierung*.
Atome und Moleküle haben die Fähigkeit, eine gewisse, auf sie übertragene Energie, für einige Zeit zu speichern, sie werden angeregt.
Daher ist es möglich, die Ionisierungsenergie nicht in einem einzigen Prozeß, sondern in mehreren aufeinanderfolgenden, stufenwei-
se auf sie zu übertragen. In diesem Fall spricht man von *Stufenionisierung*, im Gegensatz zur *Direktionisierung*, bei der die Ionisierungsenergie in einem einzigen Stoßprozeß übertragen wird. Bei
der Stufenionisierung können die verschiedenen Prozesse, die zur
Ionisierung führen, von verschiedener Art sein. Insbesondere können angeregte Atome oder Moleküle untereinander reagieren und dabei Anregungsenergie aufeinander übertragen, so daß der eine Stoßpartner abgeregt wird, während der andere ionisiert wird. Ionisierung durch reaktive Stöße wird allgemein als *Chemoionisierung* bezeichnet, sie spielt z.B. in Flammen eine dominierende Rolle.

Die *polare Dissoziation*, bei der ein Molekül nach der Aufnahme von
Energie in ein positiv und ein negativ geladenes Ion dissoziiert,
hatten wir bereits in Kap. 11 als möglichen Bildungsprozeß von negativ geladenen Ionen erwähnt. Für die meisten Anwendungen im Laboratorium ist die direkte Elektronenstoßionisierung der dominierende Ionisierungsprozeß. Das Hauptgewicht dieses Kapitels wird daher
auf der Diskussion der Elektronenstoßionisierung liegen. Daneben
spielen bei höheren Drucken Stufenprozesse unter Beteiligung von
Reaktionen angeregter Atome und Moleküle eine Rolle. Photoionisierung ist bei der Zündung von Entladungen und in dichten Bogen-
plasmen von Bedeutung, außerdem ist sie der wichtigste Ionisierungsprozeß in Sternatmosphären (z.B. Sonnenkorona,Ionosphäre der Erde
u.a.).
In heißen Plasmen (Sterninneres, Fusionsreaktor) spielt die Ionisierung durch schnelle Ionen (oder Neutrale) eine Rolle, sie kann
ab einer bestimmten Temperatur in ihrer Wirkung diejenige der Elektronenstoßionisierung überwiegen.

13.2. <u>Atomaufbau, Anregung, Abregung</u>

Zum Verständnis der Ionisierung ist es notwendig, sich einige Grund-
tatsachen über den Atomaufbau in das Gedächtnis zu rufen (vgl. z.B.
Ref. 61). Im Potential des positiv geladenen Atomkerns existieren
diskrete gebundene Zustände der Elektronen, die Energieniveaus
oder *Energieterme der Atomhuelle*. Man unterteilt die Hülle in
Schalen, die von innen nach außen mit den Buchstaben K, L, M, N,
O,... bezeichnet werden .Die Schalen werden in sog. Unterschalen
unterteilt, die mit wachsender Quantenzahl mit den Buchstaben S,P,
D,F,... bezeichnet werden. Die Besetzung dieser Schalen wird durch
das P a u l i - Prinzip geregelt, das für jede Schale eine endliche, für diese Schale charakteristische, Anzahl von Elektronen erlaubt (K-Schale 2 Elektronen, L-Schale 8 Elektronen, M-Schale
18 Elektronen, N-Schale 32 Elektronen usf.). Ein Atom ist neutral,
wenn die Zahl der Hüllenelektronen der Anzahl der Kernladungen entspricht. Es befindet sich im *Grundzustand*, wenn sich die Hüllenelektronen in den jeweils niedrigsten, aufgrund des P a u l i - Prin-
zips erlaubten, Energieniveaus befinden. Neben den dann *besetzten*

Energieniveaus gibt es jedoch noch weitere mögliche höhere Energieniveaus, in die Elektronen angehoben werden können. Dazu muß
dem Atom die entsprechende Energie, die der Energiedifferenz der
Niveaus entspricht, zugeführt werden. Befindet sich ein Elektron
in einem höheren Energieniveau, so nennt man das Atom *ungeregt*,
die Differenz zwischen der inneren Energie eines Atoms im Grundzustand und der eines angeregten Atoms heißt *Anregungsenergie*. Die
Energiedifferenzen zwischen den Energieniveaus werden mit wachsender Anregungsenergie immer geringer und konvergieren bei einer
bestimmten Energie gegen Null. Oberhalb dieser Energie existieren
keine diskreten Niveaus mehr, sämtliche Energiezustände der Elektronen sind möglich. Die so definierte Grenze ist die sog. *Ionisierungsgrenze* des Atoms, die Energiedifferenz zwischen dem ober-
sten Energieniveau des Grundzustandes und der Ionisierungsgrenze
ist die *Ionisierungsenergie*. Die Gesamtheit der Zustände oberhalb
der Ionisierungsgrenze wird auch als Kontinuum bezeichnet; es sind
dies die Zustände der freien Elektronen. Ionisierung bedeutet also,
daß ein Elektron aus einem gebundenen Zustand in das Kontinuum gehoben wird. Befindet sich ein Atom in einem angeregten Zustand, so
fällt das Elektron aus dem höheren Energieniveau i.a. spontan in
einen tieferliegenden Zustand (spontane Abregung). Dabei wird die
freiwerdende Energie als Lichtquant ausgesandt. Die dabei emittierten Lichtquanten bilden das Linienspektrum des Atoms. Der Übergang
aus dem Anregungsniveau kann entweder direkt in das entsprechende
Niveau des Grundzustandes erfolgen, oder in ein dazwischen liegen-
des tieferes Anregungsniveau. Im einen Fall spricht man von *Direkt-
abregung*, im anderen von *stufenweiser Abregung* des Atoms. Die Lebensdauer eines angeregten Zustandes ist i.a. sehr kurz (1ns...
1µs). Es gibt jedoch angeregte Zustände, von denen aus spontane
Übergänge in Niveaus des Grundzustandes oder in tiefer gelegene
angeregte Niveaus durch Erhaltungssätze (sog. Auswahlregeln) ver-
boten sind. Die Lebensdauern dieser Zustände können einige Sekunden oder noch erheblich mehr betragen. Man nennt diese Zustände
metastabil. Atome in metastabilen Anregungszuständen, oft *metastabile Atome* oder kurz *Metastabile* genannt, spielen bei der oben
erwähnten Stufenionisierung eine wichtige Rolle. Die oben genannten Gesetzmäßigkeiten gelten in dieser Form nur, wenn nur e i n
Elektron des Grundzustandes, und zwar das im höchsten Energieniveau in der äußersten Schale befindliche, in ein Anregungsniveau

gehoben wird. Für die Betrachtung der Ionisierungsprozesse ist es von Bedeutung, daß nicht nur ein, sondern auch zwei (oder mehrere) Elektronen in höhere Zustände gehoben werden können (sog. *Doppelanregung*). Bei der Übertragung von hohen Energien auf ein Atom können außerdem auch Elektronen aus inneren (energetisch tiefliegenden) Schalen in ein Anregungsniveau gehoben oder vom Atom entfernt werden.

Wir betrachten zunächst ein doppelt angeregtes Atom. Die Energie, die es aufgenommen hat, um aus dem Grundzustand in einen doppelt angeregten Zustand zu kommen, ist die Summe der Energien, die benötigt werden, um die beiden Elektronen jeweils in ein höheres Energieniveau zu bringen. Die Summe dieser Energien ist höher als die Energie, die aufgewandt werden muß, um ein einzelnes Elektron aus seinem Niveau im Grundzustand über die Ionisierungsgrenze zu heben. D.h. die Energieniveaus des doppelt angeregten Atoms liegen energetisch über der Ionisierungsgrenze (man sagt, sie liegen im Kontinuum)[62]. Daher ordnet sich die Hülle eines doppelt angeregten Atoms nach kürzester Zeit spontan in der Weise um, daß das eine Elektron in das Niveau des Grundzustandes übergeht, während das andere mit der entsprechenden kinetischen Energie in einen ungebundenen Zustand übergeht, d.h. emittiert wird. Das Atom wird ionisiert. Dieser Prozeß heißt *Autoionisation*. Wir hatten ihn im Zusammenhang mit seinem Umkehrprozeß, der dielektronischen Rekombination, in Kap. 12 bereits kurz besprochen. Bei der Autoionisation geht somit ein Elektron in ein tieferes Energieniveau über, ohne daß ein Lichtquant emittiert würde. Die freiwerdende Energie wird zur Emission eines weiteren Elektrons verwandt.

Ein ähnlicher Prozeß kann auch auftreten, wenn bei einem Stoßprozeß ein Elektron aus einer inneren Schale entfernt wird. Ist ein nach dem P a u l i - Prinzip erlaubter Zustand nicht besetzt, d.h. ein sog. *Loch* entstanden, so wird es durch spontanen Übergang eines Elektrons aus einer darüberliegenden besetzten Schale aufgefüllt. Die dabei freiwerdende Energie kann entweder als R ö n t - g e n quant abgestrahlt werden oder dazu dienen, ein Elektron aus einer höheren Schale zu emittieren. Der letztere Prozeß wird *innerer A u g e r - Prozeß* genannt. Er spielt bei der Bildung mehrfachgeladener Ionen eine wichtige Rolle. Wir werden ihn daher später noch etwas eingehender diskutieren.

13.3 Klassische Theorie der Stoßionisierung

Zum näheren Verständnis der besonders wichtigen Stoßionisierung
wollen wir im folgenden eine einfache klassische Überlegung[63]
skizzieren, mit deren Hilfe J.J. T h o m s o n[64] versucht hat, den
Ionisierungsstoßquerschnitt zu bestimmen. Da die Rechnung den For-
malismus der Quantenmechanik nicht verwendet, ist das Ergebnis nur
qualitativ richtig. Dafür ist das angewandte Modell unmittelbar anschaulich. Klassische Methoden spielen wegen ihrer relativen mathe-
matischen Einfachheit zur Berechnung von Wirkungsquerschnitten auch
heute noch eine Rolle (vgl. z.B. Ref. 65, 66).
Wir betrachten den Stoß zwischen einem Teilchen der Masse m und einem Atom; der Stoßparameter sei b. Vor dem Stoß sei das Atom im Zustand i, mit der Wahrscheinlichkeit $P_{ij}(b) \leq 1$ gehe es beim Stoß in
den Zustand j über. Die Relativgeschwindigkeit vor dem Stoß betra-
ge u_i, wenn ein Übergang im Atom stattgefunden hat, nach dem Stoß
u_j. Der Wirkungsquerschnitt für den Übergang i → j durch Stoß beträgt

$$\sigma_{ij} = \int P_{ij}(b)\, 2\pi b\, db \qquad (13.1).$$

Führen wir in (13.1) den Drehimpuls $L = m_r u_i b$ (m_r reduzierte Masse)
ein, so erhalten wir

$$\sigma_{ij} = \frac{2\pi}{(m_r u_i)^2} \int P_{ij}(L)\, L\, dL \qquad (13.2).$$

Ist P_{ij} eine Funktion des totalen Drehimpulses und der Übergang
i → j reversibel, so gilt für den Umkehrprozeß $P_{ij}(L) = P_{ji}(L)$, d.h.

$$\sigma_{ji} = \frac{2\pi}{(m_r u_j)^2} \int P_{ij}(L)\, dL \qquad (13.3).$$

Sind ε_i und ε_j die Energie des Atoms im Zustand i bzw. j, so erhalten wir u_j aus dem Energiesatz

$$\frac{1}{2} m_r u_i^2 + \varepsilon_i = \frac{1}{2} m_r u_j^2 + \varepsilon_j \qquad (13.4).$$

Die Übergangswahrscheinlichkeit P_{ij} hängt von r_{min}, dem minimalen Abstand des Elektrons vom Atom ab, für den wir in Kap. 5 die Beziehung (5.4o) hergeleitet hatten. Ist das Wechselwirkungspotential des Atoms verschwindend gering, so ist

$$r_{min} \quad b = L/m_r u_i \qquad (13.5) .$$

Der minimale Abstand wird für konstanten Drehimpuls mit abnehmenden u_i immer größer, daher sollte die Übergangswahrscheinlichkeit P_{ij} mit sinkender Elektronengeschwindigkeit abnehmen, d.h. $P_{ij} \to 0$ für $u_i \to 0$. D.h., daß auch umgekehrt σ_{ji} der Anregungsquerschnitt bei der Schwellenenergie

$$\frac{1}{2} m_r u_{js}^2 = : \varepsilon_i - \varepsilon_j = : \varepsilon_{ji} \qquad (13.6)$$

verschwinden sollte, ebenso sollte die Übergangswahrscheinlichkeit mit wachsendem Drehimpuls abnehmen. Dieses Verhalten des Wirkungsquerschnitts bzw. der Übergangswahrscheinlichkeit wird bei Stoßanregung von Atomen in der Tat beobachtet.
Bei positiv geladenen Ionen konvergiert r_{min} wegen der Wirkung des Coulombpotentials für verschwindende Elektronengeschwindigkeit gegen einen festen, vom Drehimpuls abhängigen Wert

$$r_{min} \to L^2/2\zeta m_r e^2 \qquad (13.7)$$

(ζ Ionenladungszahl, e Elementarladung), dies bedeutet, daß Anregungsquerschnitte für Ionen an der Schwelle einen endlichen Wert behalten. Um den Wirkungsquerschnitt zu bestimmen, legen wir die Übergangswahrscheinlichkeit P_{ji} nach einem groben Modell fest. Wir betrachten den Energieübertrag $\Delta\varepsilon$ beim Stoß eines Teilchens der Masse m auf ein (freies) Elektron. Für $\Delta\varepsilon \geq \varepsilon_{ji}$ setzen wir $P_{ji} = 1$, für $\Delta\varepsilon < \varepsilon_{ji}$ setzen wir $P_{ji} = 0$.
Nach Gl. (5.3o) ist $\Delta\varepsilon$ mit dem Ablenkwinkel θ verknüpft, der Ablenkwinkel andererseits nach Gl. (5.43) mit dem Stoßparameter b. Für ein Coulombpotential lautet der Zusammenhang zwischen b und θ

$$b = \frac{\zeta e^2}{4\pi\varepsilon_o m_r u^2} \text{ ctg } \theta/2 \qquad (13.8)$$

(m_r reduzierte Masse von E l e k t r o n und stoßendem Partikel).
Einsetzen von (13.8) in die Beziehung für $\Delta\varepsilon$ liefert:

$$\Delta\varepsilon = \frac{4\, mm_e}{(m+m_e)^2}\ \frac{m_r u_j^2/2}{1 + b^2\left(\dfrac{4\pi\varepsilon_0 m_r u_j^2}{\zeta e^2}\right)^2} \tag{13.9}.$$

Wie man sieht, nimmt $\Delta\varepsilon$ mit wachsendem Stoßparameter ab. Wir definieren einen maximalen Stoßparameter b_{max}, bei dem gerade noch ionisiert wird, durch

$$\Delta\varepsilon(b_{max}) := \varepsilon_i \tag{13.1o}$$

(ε_i Ionisierungsenergie), dann ist der Ionisierungsquerschnitt σ_i
gegeben durch

$$\sigma_i = 2\pi N b^2_{max} \tag{13.11}$$

(N Anzahl der Elektronen in der äußeren Schale des Atoms).
Uns interessiert nur der Grenzwert von σ_i für hohe Stoßenergien, da
wir nur für hohe Energien erwarten können, daß unser Modell einigermaßen realistisch ist. Es ergibt sich

$$\sigma_i \rightarrow 4\pi N\left(\frac{\zeta e^2}{4\pi\varepsilon_0}\right)^2 \frac{1}{m_e u_j^2 \varepsilon_i} \tag{13.12}.$$

Aus Gl. (13.12) folgt:

> σ_i ist unabhängig von der M a s s e des stoßenden Teil-
> chens und nur von seiner G e s c h w i n d i g k e i t
> abhängig, außerdem hängt σ_i nicht vom Vorzeichen der La-
> dung ab.

Quantenmechanische Rechnungen ergeben unter den gleichen Voraussetzungen (große Stoßenergie) ebenfalls, daß σ_i nur von der Geschwindigkeit, nicht von der Masse des stoßenden Partikels abhängt. Dies
Verhalten wird im Experiment in der Tat auch beobachtet. Als Beispiel zeigen wir in Fig. 13.1 den Ionisierungsquerschnitt von Argon
für Elektronen- und für Protonenstoß in Abhängigkeit von der Ge-

schwindigkeit der stoßenden Teilchen. (Wegen der unterschiedlichen
Masse entsprechen dem sehr unterschiedliche Energien, die an der
oberen und unteren Ordinate für Elektronen bzw. Protonen angegeben
sind).

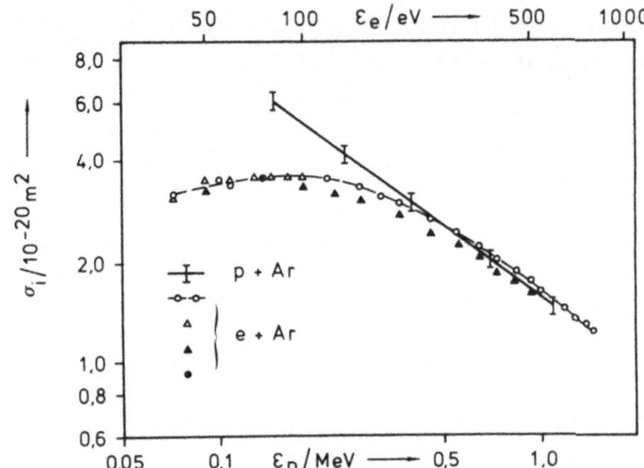

Fig. 13.1
Vergleich der
Ionisierungsquer-
schnitte für
Stoß von Elektro-
nen bzw. Proto-
nen mit Argon-
atomen für glei-
che Geschwindig-
keiten; ε_e Elektronenenergie,
ε_p Protonenener-
gie (nach Ref.28)

Wie man sieht, konvergieren die Wirkungsquerschnitte der beiden
verschiedenen Prozesse für hohe Geschwindigkeiten gegen den gleichen Wert. Bemerkenswert ist, daß der Wirkungsquerschnitt für Stös-
se schwerer Partikel bei niedrigen Geschwindigkeiten über demjeni-
gen für Elektronenstoß liegt. Bei niedrigen Stoßenergien ist der
von uns berechnete Wirkungsquerschnitt etwa um einen Faktor 5 zu
groß, während er bei hohen Energien zu steil abfällt. Berücksichtigt man in einer quantenmechanischen Rechnung Feinheiten der Atom-
struktur (die in unsere Rechnung nur mit dem empirischen Parameter
ε_i ganz grob eingeht), so findet man, daß die Übergangswahrscheinlichkeit P auch für nahezu zentrale Stöße den Wert 1 kaum erreicht.
Dies erklärt den zu großen Wert von σ_i bei niedrigen Energien. Andererseits treten bei hohen Energien Ionisierungsprozesse auch
noch bei Stoßparametern auf, bei denen aufgrund unserer Abschätzung
nicht mehr genügend Energie auf das Elektron übertragen werden sollte. Daher fällt der Wirkungsquerschnitt nicht, wie $1/u^2$, sondern
nur wie $\log (u^2)/u^2$ ab.

13.4 Bildung mehrfach geladener Ionen

Reicht bei der Stoßionisierung die Energie des stoßenden Teilchens
(im Schwerpunktsystem) aus, um mehr als ein Elektron aus der Atomhülle zu entfernen, so werden im Experiment auch alle möglichen
Ionisierungszustände, d.h. mehrfach geladene Ionen, beobachtet.
Dies ist für die Interpretation der Messung von Ionisierungsquerschnitten von Bedeutung.
An der Bildung von mehrfach geladenen Ionen sind eine Reihe verschiedener Prozesse beteiligt, die wir im folgenden diskutieren wollen.
Als erstes ist die sog. *Stufenionisierung* zu nennen. Bei der Stufenionisierung wird in aufeinanderfolgenden Stößen desselben atomaren bzw. molekularen Systems ein Elektron nach dem anderen aus
der Hülle entfernt. Es handelt sich also um verschiedene Ionisierungsprozesse derselben Art an ein und demselben Partikel. Voraussetzung für Stufenionisierung ist, daß sich die ionisierten Partikel genügend lange im Wechselwirkungsraum, in dem die ionisierenden Stöße stattfinden, aufhalten.
In Stoßexperimenten kann man dies - zum Zweck des Studiums der
Mehrfachionisierung - erreichen, wenn man im Wechselwirkungsraum
durch geeignet vorgespannte Elektroden eine Mulde im elektrostatischen Potential ausbildet, so daß Ionen darin eingefangen werden[67].
Stufenionisierung setzt ein, sobald die stoßenden Partikel genügend Energie besitzen, um jeweils e i n Elektron aus der Hülle
der bereits ionisierten gestoßenen Partikel zu entfernen.
Reicht die Stoßenergie aus, um in einem Stoß m e h r e r e Elektronen zu entfernen, so setzt die *Einfachstoßionisierung* ein.
Auch die Einfachstoßionisierung erfolgt über verschiedene mehrstu-
fige Prozesse, es ist jedoch jeweils nur ein einziger Stoßprozeß
an der Bildung der mehrfach geladenen Ionen beteiligt.
Gemeinsam für alle Einfachstoßprozesse ist, daß zunächst in einem
Primärprozeß (Stoß) ein Elektron aus einer inneren Schale des gestoßenen Atoms entfernt wird. Der Primärprozeß kann ein Stoß mit
einem entsprechend hochenergetischen Elektron oder Ion sein; es kann
eine Photoionisierung sein oder auch z.B. ein sog. K-Einfang, bei
dem sich ein instabiler Atomkern durch den Einfang eines Elektrons
aus der K-Schale stabilisiert. Die stoßenden Partikel können auch
aus einem radioaktiven Zerfall des Atomkerns stammen.

Das so gebildete Loch in einer inneren Schale wird durch den Übergang eines Elektrons aus einer höheren Schale aufgefüllt. Dabei
wird die Energiedifferenz der beiden Elektronenzustände frei und
kann entweder als R ö n t g e n quant abgestrahlt werden oder in
einem sog. A u g e r prozeß zur Emission eines Elektrons (oder in
seltenen Fällen mehrerer Elektronen) führen. Auf diese Weise entstehen zwei (oder mehrere) Löcher in höheren Schalen, die nun ihrerseits aus höheren Schalen aufgefüllt werden. Auch bei diesem
Übergang kann die Überschußenergie als R ö n t g e n quant emittiert oder zur Emission von A u g e r elektronen verwandt werden. Im günstigsten Fall können so durch eine Kaskade von A u g e r-
prozessen nach einem einzigen Stoß sehr hoch geladene Ionen erzeugt
werden. Als Beispiel zeigen wir in Fig. 13.2 eine (mögliche) A u -
g e r-Kaskade in der Hülle eines Xenonatoms, die von einem "Start-
loch" in der K-Schale zu einem 20-fach geladenen Xenonatom führt.

Die Wahrscheinlichkeit für einen A u g e r prozeß im Vergleich zu
der für R ö n t g e n emission hängt von der Kernladungszahl Z
des Atoms ab. Im allgemeinen ist bei niedrigen Z die Wahrscheinlichkeit für A u g e r emissionen höher, bei hohen Z die Wahrscheinlichkeit für R ö n t g e n emission. Die Z-Abhängigkeit der
Wahrscheinlichkeit ω_x für R ö n t g e n emission bei Übergängen
von der L-Schale zur K-Schale läßt sich mit Hilfe der halbempi-
rischen Beziehung

$$\frac{\omega_x}{1-\omega_x} = (1.5 \cdot 10^{-2} + 3{,}27 \cdot 10^{-2} Z - 0.64 \cdot 10^{-6} Z^3)^4 \qquad (13.13)$$

beschreiben. $(1-\omega_x)$ ist die Wahrscheinlichkeit für den A u g e r -
prozeß. In Fig. 13.3 ist die Abhängigkeit von ω_x und $1-\omega_x$ von Z
dargestellt.
In höheren Schalen sind - wie   Fig. 13.2 zeigt - auch Übergänge
innerhalb der Unterschalen möglich. Die freiwerdende Energie reicht
dann u.U. nur aus, um ein Elektron aus einer noch höher liegenden
Schale zu emittieren (sog. C o s t e r - K r o n i g - Uebergang).
Dies verkompliziert die Verhältnisse, da solche Übergänge nicht
für jedes Z energetisch möglich sind. Eine ausführliche Diskussion
findet sich z.B. in Ref. 70, neuere Ergebnisse in dem unter Ref.69
zitierten Tagungsband.

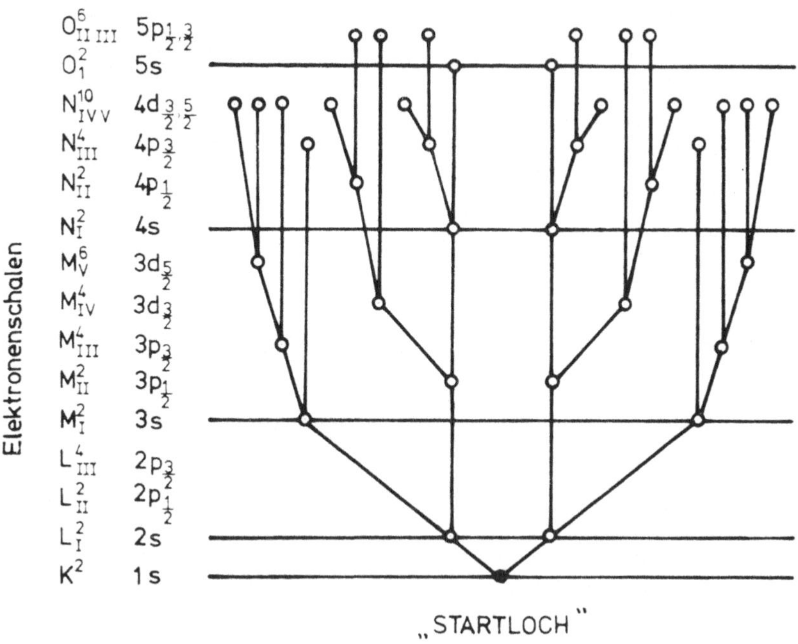

Fig. 13.2   A u g e r - Kaskade in einem Xenonatom. Die eingezeichneten Übergänge sind erlaubt und energetisch möglich, die Übergangswahrscheinlichkeit des A u g e r -Prozesses im Vergleich zur R ö n t g e n emission ist nicht berücksichtigt[68].

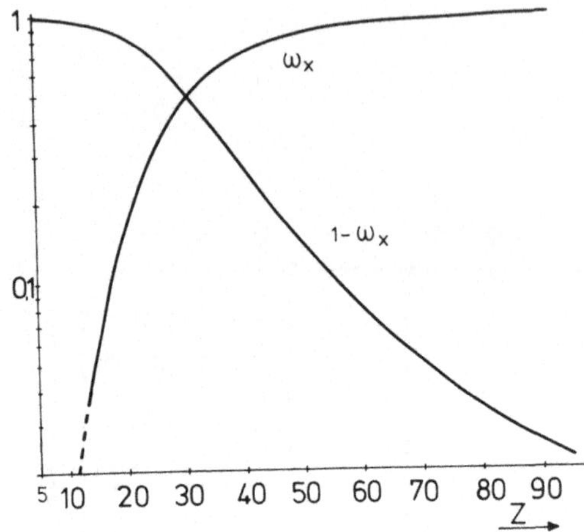

Fig. 13.3 Wahrscheinlichkeit für R ö n t - g e n emission ω_x oder A u g e r emission $(1-\omega_x)$ bei Elektronenübergängen aus der L- in die K-Schale eines Atoms (nach Ref.69).

Neben A u g e r übergängen kann auch das sog. *Abschuetteln* (engl. shake-off) zur Bildung mehrfach geladener Ionen beitragen. Man versteht hierunter eine Elektronenemission, die zustandekommt, wenn durch die schnelle Störung der Atomhülle beim Herausschlagen eines inneren Elektrons im Primärprozeß äußere Elektronen in das Kontinuum "geschüttelt" werden, weil die Störung so schnell erfolgt, daß die Hülle sich nicht sofort auf den neuen Zustand (Änderung des Potentials für die äußeren Elektronen) umstellen kann. Bei diesem Prozeß können auch Quanten und Elektronen gleichzeitig emittiert werden. Verglichen mit der Ionisierung über A u g e r kaskaden ist der Beitrag des Abschüttelns zur Bildung von mehrfach geladenen Ionen jedoch gering.

13.5 Totaler und scheinbarer Ionisierungsquerschnitt, differentielle Ionisierung

Im Gegensatz zu elastischen Stößen oder Stößen, die zu einer Anregung führen, wird bei der Ionisierung ein neues Teilchen, nämlich ein Elektron, freigesetzt. Auf dieses Elektron wird ein Teil

der Stoßenergie übertragen. Dies ändert die Energie- und Impulsbilanz gegenüber der in Kap. 5 besprochenen für elastische (und
unelastische) Stöße. Zur vollständigen mikrophysikalischen Beschreibung genügt der differentielle Wirkungsquerschnitt $d\sigma/d\Omega$ daher nicht,
da die auf das freigesetzte Elektron übertragene Energie ε' als zusätzlicher Parameter auftritt.
Zur vollständigen mikrophysikalischen Beschreibung der Stoßionisierung wird daher der sog. *doppeltdifferentielle Wirkungsquerschnitt*
$\partial^2\sigma_i/\partial\Omega\partial\varepsilon'$ verwandt, der für jeden Ladungszustand ζ des gebildeten
Ions gesondert zu bestimmen ist[71]. Der totale Ionisierungsquer-
schnitt σ_i ergibt sich somit zu

$$\sigma_i = \sum_\zeta \sigma_i^{\zeta} = \sum_\zeta \iint \frac{\partial^2\sigma_i^{\zeta}}{\partial\Omega\partial\varepsilon'}\, d\Omega d\varepsilon' \qquad (13.14)$$

(ζ ist ein Index). Der totale Wirkungsquerschnitt beschreibt die
Wahrscheinlichkeit dafür, daß überhaupt ein Ionisierungsprozeß stattfindet, unabhängig davon, wieviel Ladungen freigesetzt werden. Dies
ist bei der Untersuchung der Elektrizitätsleitung in Gasen nicht unbedingt von Interesse. Hier kommt es darauf an zu wissen, wieviele
Ladungen in einem Stoß freigesetzt werden. Dies wird durch den sog.
scheinbaren Ionisierungsquerschnitt σ_i^{a} beschrieben, der anstelle
von Gl. (13.14) durch

$$\sigma_i^{a} = : \sum_\zeta \zeta \cdot \sigma_i^{\zeta} \qquad (13.15)$$

definiert ist.

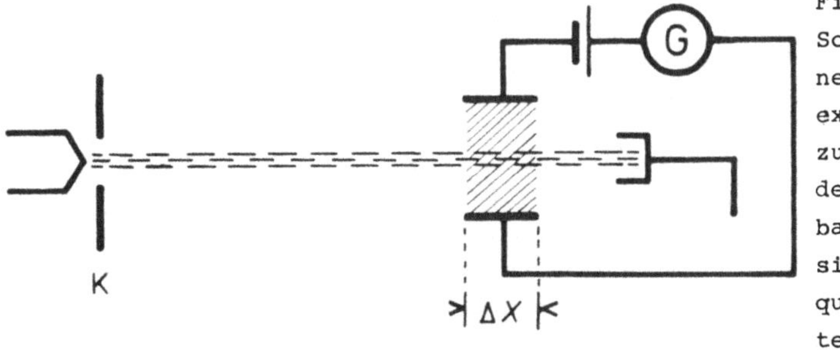

Fig. 13.4
Schema ei-
nes Strahl-
experiments
zur Messung
des schein-
baren Ioni-
sierungs-
querschnit-
tes.

Der scheinbare Ionisierungsquerschnitt wird bei sog. elektrischen Messungen des Ionisierungsquerschnittes bestimmt. Um dies einzusehen, betrachten wir ein einfaches Schema für ein Experiment zur Bestimmung des totalen Ionisierungsquerschnittes (vgl. Fig. 13.4). Der von einer Elektronenkanone K erzeugte monoenergetische Elektronenstrahl durchsetzt einen Wechselwirkungsraum der Länge Δx, in dem die Gasdichte n_g herrscht. Der Wechselwirkungsraum wird von zwei Elektroden begrenzt, an denen eine Spannung anliegt. Wie wir in Abschnitt 2.4.2 gezeigt haben, ist bei geeigneter Wahl der Spannung der im Außenkreis fließende Strom ΔI der Zahl der im Volumen gebildeten Ladungsträgerpaare proportional. Betrachten wir zunächst nur den Strom ΔI^ζ, der aufgrund der Bildung ζ-fach geladener Ionen fließt, so gilt (I_e Strahlstrom im Elektronenstrahl)

$$\Delta I^\zeta = \zeta I_e n_g \sigma_i^{\ \zeta} \Delta x \tag{13.16}.$$

D.h. insgesamt fließt der Strom

$$\Delta I = \sum_\zeta \Delta I^\zeta = I_e n_g \Delta x \sum_\zeta \zeta \sigma_i^{\ \zeta} = I_e n_g \Delta x \sigma_i^{\ a} \tag{13.17}$$

der zu $\sigma_i^{\ a}$ proportional ist. Experimente nach dem Schema der Fig. 13.4 sind somit zur Bestimmung des totalen Wirkungsquerschnittes nicht geeignet. Sei müssen entweder durch eine Analyse nach Ladungszuständen ergänzt werden, indem die gebildeten Ionen in einem Ladungsspektrometer voneinander getrennt werden, oder die gebildeten Ionen müssen einzeln mit Hilfe von Teilchendetektoren (Sekundärelektronenvervielfachern) gezählt werden.
Anstelle des Ionisierungsquerschnittes wird in der Literatur häufig die sog. *differentielle Ionisierung* α_i angegeben, die folgendermaßen definiert ist:

$$\alpha_i : = \frac{1}{I_e} \ \frac{\Delta I}{\Delta x} \ \frac{n_{go}}{n_g} \tag{13.18}.$$

Hierin ist n_{go} die Gasdichte unter besonders zu definierenden Normalbedingungen, z.B. bei 1 Torr und 0° C. Aus Gl. (13.18) und (13.15) folgt

$$\alpha_i = \sigma_i{}^a n_{go} \qquad\qquad (13.19).$$

Mancherorts wird α_i als die Zahl der Ionenpaare (besser wäre "Ladungspaare") bezeichnet, die von einem Elektron pro Längeneinheit erzeugt werden. Diese Sprechweise ist inkorrekt, da bei der so definierten Größe der Energieverlust des Elektrons bei jedem ionisierenden Stoß berücksichtigt werden müßte. Richtiger lautet die Definition: α_i ist die Zahl der Ladungspaare, die von einem Strahl definierter Energie pro Längeneinheit und pro Elektron erzeugt werden.

13.6 Experimentelle Methoden zur Bestimmung von Ionisierungsquerschnitten

Wir beschränken uns an dieser Stelle auf die Diskussion von Meßmethoden zur Bestimmung des in der Gaselektronik allein interessierenden totalen bzw. des scheinbaren Ionisierungsquerschnittes. Bezüglich differentieller Messungen verweisen wir auf Ref. 12 und 71.

Die entscheidende experimentelle Schwierigkeit liegt in der Bestimmung der von einer genügend monoenergetischen Elektronengruppe ausgelösten Ionisierung. Dieses Problem wird in den meisten Fällen durch die Bildung eines möglichst energiehomogenen Elektronenstrahls gelöst.

Erste Messungen von $\sigma_i{}^a$ in leichten Edelgasen sowie in Hg, H_2, N_2 und HCl wurden 1925 von C o m p t o n und v a n V o o r h i s mit einer Anordnung gemäß Fig. 13.4 durchgeführt. Wegen der unkontrollierbaren Streuung von Strahlelektronen auf die Auffängerplatte sind ihre Ergebnisse jedoch quantitativ nicht verwertbar. Durch Überlagerung eines Magnetfeldes in Strahlrichtung konnte dieses Problem jedoch von T a t e und Mitarbeitern[73] gelöst werden und die Anordnung für quantitative Messungen benutzt werden. Die Energiebreite des Strahls ist jedoch zu hoch, um den Ionisierungseinsatz und Feinstrukturen im Wirkungsquerschnitt zu vermessen. N o t t i n g h a m erreichte eine höhere Energiehomogenität durch Verwendung eines Elektronenspektrometers nach Art der R a m s a u e r ` schen Anordnung zur Messung von totalen Wirkungsquerschnitten (vgl. Fig. 5.5). Seine Messungen sind die genauesten und besten der älteren Bestimmungen von Wirkungsquerschnitten. Moderne Anordnungen verwenden elektrostatische Energiefilter zur Formung des Elektronenstrahls. Als Beispiel zeigen wir in Fig. 13.5 die Meßanordnung von C l a r k e[74].

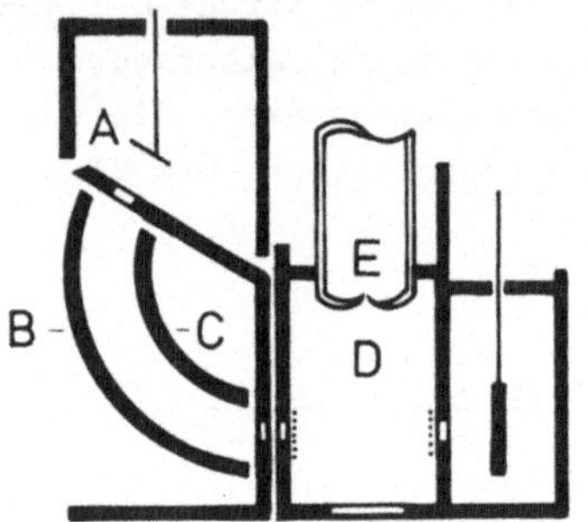

Fig. 13.5   Anordnung zur Messung von Ionisierungsquerschnitten mit Elektronenstrahlen geringer Energiebreite (nach Ref. 74).

Die an der Kathode A auf 0 V erzeugten Elektronen werden auf 3 eV beschleunigt und in dem Zylinderkondensator C, B (127° Ablenkung) nach ihrer Energie selektiert. Die Energie wird durch das Potential der Ionisierungskammer D bestimmt, in die über den Stutzen E Gas eingelassen wird. Durch einen Schlitz in der Ionisierungskammer können die gebildeten Ionen abgesaugt und in einem Massenspektrometer nach Ladungszuständen analysiert werden. Bei Strahlströmen von 10^{-8}A wurden für Energien von 7...60 eV eine Energiehalbwertsbreite von 0,3 eV erreicht. Noch geringere Energiebreiten wurden in dieser Anordnung durch spezielle Maßnahmen zur Unterdrückung der Elektronenreflexion an den Wänden der Ionisierungskammer erzielt. Mit einer speziellen Wandstruktur erreichten M a r m e t und K e r w i n[75] bei 10^{-9}A Strahlstrom eine Energiehalbwertsbreite von 0.04 eV.

Mit Hilfe eines Differenzverfahrens erreichten F o x und Mitarbeiter[76] mit wesentlich geringerem Aufwand eine vergleichbare Energieauflösung. Ihre sog. RPD-Methode (retarding potential difference) wurde besonders zur Messung des Ionisierungseinsatzes verwendet. Fig. 13.6 zeigt die Meßanordnung und den dazugehörigen Potentialverlauf. Die von einer Kathode K emittierten Elektronen diffundieren gegen das von der Blende B erzeugte negative Potential an. Hinter der Blende B werden sie auf ihre Endenergie beschleunigt, das Potentialminimum am Ort der Blende B dient also als virtuelle

Kathode.

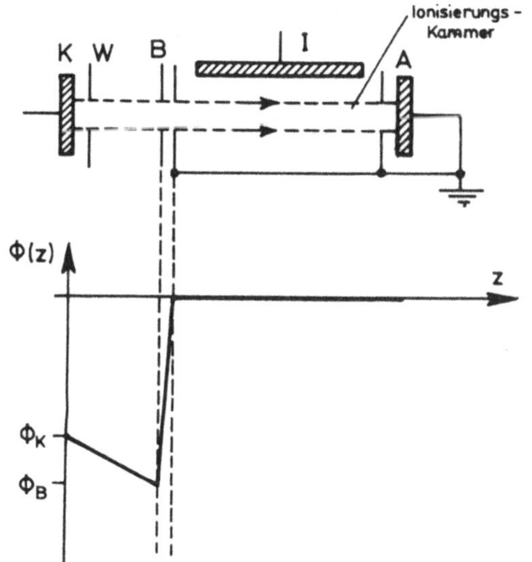

Fig. 13.6 RPD-
Anordnung zur Mes-
sung von Ionisie-
rungsquerschnitten
und Potentialverlauf
im Elektronenstrahl
(schematisch).

Mit Hilfe der W e h n e l t elektrode W kann der Elektronenstrahl
gepulst werden. Zur besseren Führung des Elektronenstrahls ist in
Strahlrichtung ein magnetisches Feld vorhanden. Nach einem Elektronenpuls werden die in der Ionisierungskammer gebildeten Ionen
durch einen negativen Spannungspuls auf den Ionenfänger I aufgesammelt bzw. in ein Ladungsspektrometer beschleunigt. Das Diffe-
renzverfahren beruht nun darauf, daß man den Ionenstrom einerseits
für ein Blendenpotential Φ_B, andererseits für ein Blendenpotential
$\Phi_B + \delta\Phi_B$ mißt und die Differenz der Ionenströme bestimmt. Im Ideal-
fall sollte diese Differenz die Anzahl der Ionen ergeben, die von
Elektronen mit der Energiebreite $e^{\delta\Phi_B}$ ionisiert worden sind. Eine
genaue Analyse ergibt jedoch, daß sich δF, die Differenz der Verteilungsfunktionen der Strahlelektronen in den beiden Fällen aus
einem Anteil mit der Energiebreite $e^{\delta\Phi_B}$ und einem zweiten Anteil
mit einer Energiebreite, die der Kathodentemperatur entspricht,
zusammensetzt. Dieser zweite Anteil begrenzt die erzielbare Energiebreite (bei Oxidkathoden beträgt die Betriebstemperatur ca.
$600^{\circ}C$; das entspricht einer Energiebreite von etwa 0.08 eV). Das

Verfahren ist sehr einfach und elegant, da es ohne eine aufwendige Strahlformung auskommt und trotzdem eine sehr hohe Energieauflösung aufweist. In manchen Fällen sind die Meßresultate jedoch nicht eindeutig interpretierbar. Daher sind Kontrollmessungen mit aufwendigeren Verfahren notwendig[12].

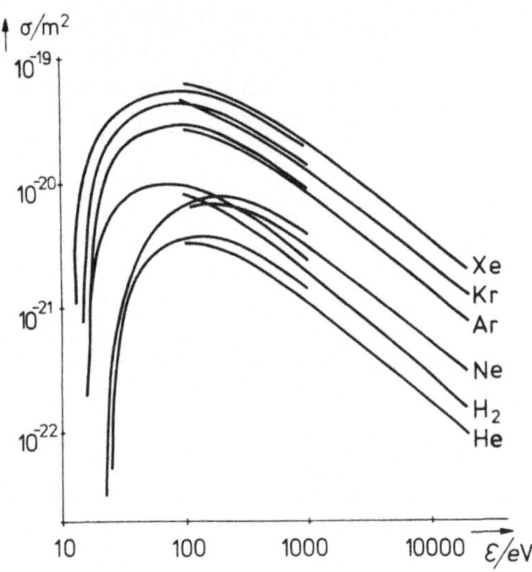

Fig. 13.7 Totale Ionisierungsquerschnitte für Edelgase und Wasserstoff (zusammengestellt aus Tabellen in Ref. 76).

In Fig. 13.7 sind gemessene totale Ionisierungsquerschnitte für Edelgase und Wasserstoff über einen weiten Energiebereich dargestellt. Sehen wir davon ab, daß die in den unterschiedlichen Energiebereichen von verschiedenen Autoren gemessenen aufgrund von Unsicherheiten in der Kalibrierung nicht genau aneinander anschliessen, so können wir den folgenden gemeinsamen Verlauf feststellen: Bei hohen Energien sinken die Wirkungsquerschnitte mit wachsender Energie nach einer gemeinsamen Energieabhängigkeit ab. In der von uns gewählten doppeltlogarithmischen Darstellung ergeben sich für den Verlauf parallele Geraden.
Bei niedrigen Energien durchlaufen die Wirkungsquerschnitte ein für die jeweilige Gasart charakteristisches Maximum und sinken dann bis zur Einsatzenergie (Ionisierungsenergie) wieder steil ab.

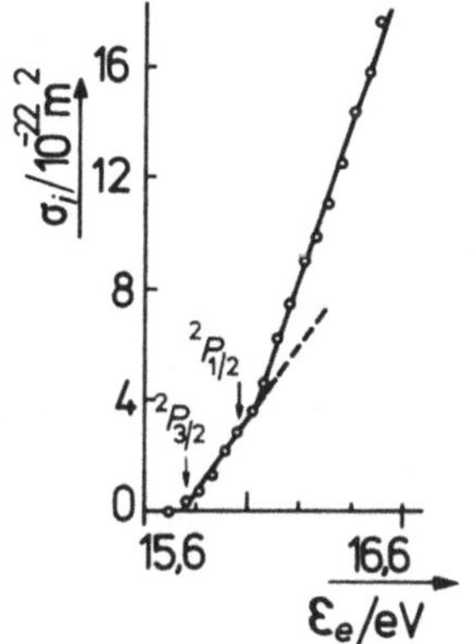

Fig. 13.8   Feinstruktur des Ioni-
rungsquerschnittes σ_i für Argon in
der Nähe der Einsatzspannung.

Fig. 13.8 zeigt die genaue Struktur des Wirkungsquerschnittes für
Argon in der Nähe der Ionisierungsenergie. Die Struktur läßt sich
anhand der Unterschalen in der Elektronenhülle des Argons erklären.
Die Bindungsenergien der Elektronen in den Unterschalen unterscheiden sich geringfügig voneinander, so daß die Ionisierung der verschiedenen Unterschalen bei unterschiedlicher Energie einsetzt.
Die Strukturen können auf diese Weise den spektroskopisch ermittelten Niveaus der Argonhülle zugeordnet werden.
Ältere Messungen hatten eine Reihe zusätzlicher Strukturen aufge-
wiesen, die den spektroskopisch ermittelten Niveaus nicht zugeordnet werden konnten. Es konnte jedoch gezeigt werden, daß sie Molekülionen zuzuordnen sind, die durch Oberflächenreaktionen von Argon auf der heißen Kathode entstanden waren.

13.7   <u>Photoionisierung</u>

Die Ionisierungsenergie kann nicht nur von einem schnellen Partikel,
sondern auch von einem genügend energetischen Lichtquant auf ein
Atom übertragen werden. Die kinetische Energie ε des freigesetzten
Elektrons entspricht dann dem Energieüberschuß des Quants über die
Ionisierungsenergie ε_i

$$\varepsilon = h\nu - \varepsilon_i \qquad\qquad (13.20).$$

Die durch

$$h\nu_g = \varepsilon_i \qquad\qquad (13.21)$$

definierte Lichtfrequenz bzw. die entsprechende Wellenlänge heißt
Grenzfrequenz bzw. *langwellige Grenze der Photoionisierung*. Die
langwelligen Grenzen liegen für sämtliche Elemente jenseits des
sichtbaren Spektrums im Ultravioletten.
Man kann die Absorption eines Photons durch ein Atom als einen Re-
sonanzprozeß auffassen, der optimal bei der Resonanzfrequenz ν_g
verläuft. Dem entspricht, daß der Ionisierungsquerschnitt für Photoionisierung an der Ionisierungsgrenze $h\nu_g$ seinen höchsten Wert
besitzt und zu höheren Frequenzen hin abfällt. Bei Quantenenergien,
die der Bindungsenergie von Elektronen in Unterschalen oder in tie-
feren Schalen entsprechen, findet man Stufen oder Kanten, in denen
der Wirkungsquerschnitt erneut ansteigt. Danach fällt er wieder
monoton ab. Bei Energien, die der Anregung innerer Schalen entsprechen, werden andererseits Resonanzstrukturen in Form tiefer
Einbrüche beobachtet, weil ein Teil der absorbierten Quanten nicht
zur Ionisierung, sondern nur zur Anregung (und anschließenden Re-
emission) führt. Entsprechend ihrem Resonanzcharakter besitzt die
Photoionisierung verglichen mit allen anderen Ionisierungsprozes-
sen an der Ionisierungsgrenze den höchsten Ionisierungsquerschnitt.

Photoionisierung durch hochenergetische Quanten erfolgt vorzugs-
weise in der Schale, deren Bindungsenergie der Quantenenergie am
nächsten kommt, d.h. in inneren Schalen. Daher werden bei genügender Quantenenergie durch die dem Primärprozeß folgenden A u g e r-
Kaskaden mehrfachgeladener Ionen gebildet, wie wir es bereits in
Abschnitt 13.4 diskutiert hatten.
Zur Messung des Ionisierungsquerschnittes verwendet man Meßanord-
nungen, die im Prinzip der in Fig. 13.4 ähneln, mit dem Unterschied,
daß der Elektronenstrahl durch einen (möglichst monochromatischen)
Lichtstrahl ersetzt ist[77]. Zur Herstellung monochromatischer Licht-
strahlen bedient man sich Monochromatoren, deren Bauart dem unter-
suchten Wellenlängenbereich angepaßt sein muß. Eine eingehende
Diskussion findet sich in Ref. 12 und 77.
Da bei genügender Quantenenergie auch mehrfachgeladene Ionen ent-

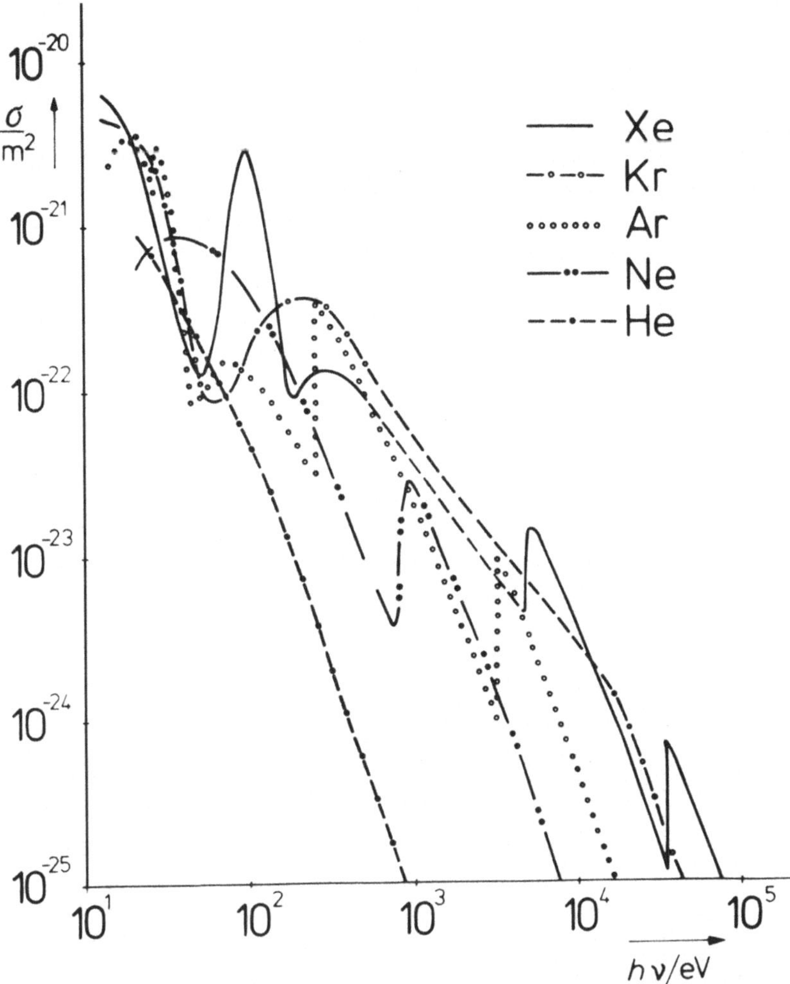

Fig. 13.9   Photoionisierungsquerschnitte der Edelgase als Funktion der Quantenenergie (nach Tabellen in Ref. 77).

stehen, d.h. von einem Photon mehrere Ladungspaare freigesetzt
werden können, muß man auch bei der Photoionisierung scheinbaren
und totalen Wirkungsquerschnitt voneinander unterscheiden. Die
in Abschnitt 13.5 angestellten Überlegungen gelten in entsprechender Weise auch hier.
Als Beispiel für Meßergebnisse zeigen wir in Fig. 13.9 totale
Wirkungsquerschnitte für die Photoionisierung von Edelgasen als
Funktion der Quantenenergie. Die Anregungsstrukturen sind wegge-
lassen, da sie - entsprechend den scharf definierten Anregungsenergien - auf enge Energieintervalle beschränkt sind.

13.8 Chemoionisierung

Unter dem Begriff Chemoionisierung wird eine große Klasse verschiedener Ionisierungsprozesse zusammengefaßt, von denen wir nur einige wenige, in der Gaselektronik bedeutsame, besprechen wollen. Bezüglich einer weitergehenden Diskussion chemischer Reaktionen in
der Gasphase muß auf Spezialwerke (z.B. Ref. 12, 78 und 79) verwiesen werden.
In der Gaselektronik treten reaktive Stöße zwischen Atomen bzw.
Molekülen auf, wenn ein oder beide Stoßpartner zuvor durch einen
Elektronenstoß angeregt worden sind. In den meisten Fällen sind -
wegen der verglichen mit der Stoßzeit kurzen Lebensdauer angeregter Atome oder Moleküle - nur Stöße unter Beteiligung von Metastabilen von Bedeutung.
Zur näheren Klassifizierung betrachten wir die möglichen Reaktions-
kanäle beim Stoß eines angeregten Atoms A^* mit einem Molekül BC
(oder Atom). Dabei setzen wir voraus, daß die Anregungsenergie von
A^* größer als die Ionisierungsenergie ε_i von BC sei und daß die
kinetische Energie von A^* klein gegen ε_i ist (sog. gaskinetischer
Stoß). Neben *elastischen Stoessen*

$$A^* + BC \rightarrow A^* + BC \qquad\qquad (13.22)$$

und *Stossabregung*

$$A^* + BC \rightarrow A + BC + h\nu \qquad\qquad (13.23)$$

können *Stossdissoziation*

$$A^* + BC \rightarrow A + B + C \qquad\qquad (13.24),$$

P e n n i n g ionisation

$$A^* + BC \rightarrow A + BC^+ + e \qquad\qquad (13.25)$$

oder

$$A^* + BC \rightarrow A + B^+ + C + e \qquad\qquad (13.26),$$

Umordnungsionisierung

$$A^* + BC \rightarrow AB^+ + C + e \qquad\qquad (13.27)$$

oder *assoziative Ionisierung*

$$A^* + BC \rightarrow ABC^+ + e \qquad\qquad (13.28)$$

auftreten. Nach H o r n b e c k und M o l n a r[80] ist assoziative
Ionisierung der dominierende Prozeß bei der Bildung diatomiger
Edelgasmolekülionen. Die Reaktion läuft nach dem Schema

$$Ne^* + Ne \rightarrow Ne_2^+ + e \qquad\qquad (13.29)$$

ab (in Helium läuft diese Reaktion jedoch nicht mit metastabilen
He-Atomen, sondern mit höher angeregten He-Atomen ab).
Die sog. Penningionisierung wurde erstmalig von K r u i t h o f f
und P e n n i n g[81] bei der Untersuchung von Ionisierungskoeffizienten (vgl. Kap. 14) in Ne-Ar-Gemischen gefunden. Da die Anregungsenergie des metastabilen Ne-Atoms (ca. 16.7 eV) nur wenig höher
liegt als die Ionisierungsenergie des Argonatoms (15.76 eV) verläuft der Prozeß

$$Ne^* + Ar \rightarrow Ne + Ar^+ + e \qquad\qquad (13.30)$$

mit relativ hohem Wirkungsquerschnitt.
Messungen von Ionisierungsquerschnitten durch Stöße angeregter Atome

oder Moleküle werden - ähnlich wie Rekombinationsmessungen -
durch massenspektrometrische Analyse von nachleuchtenden Entladungen durchgeführt (vgl. z.B. Ref. 12 und 82). Um eine ungefähre
Vorstellung von der Bedeutung der reaktiven Stöße zu geben, führen
wir nachstehend die Wirkungsquerschnitte für einige Reaktionen auf
(der Anregungszustand des He-Atoms ist in dem Klammerausdruck klas-
sifiziert)[82].

$$Ne^* + Ar \rightarrow Ne + Ar^+ + e \qquad\qquad \sigma_i = 2.6 \cdot 10^{-20} m^2$$
$$Ar^* + Ar \rightarrow Ar_2^+ + e \qquad\qquad \sigma_i = 3.1 \cdot 10^{-18} m^2$$
$$Hg^* + Hg^* \rightarrow Hg^+ + Hg + e \qquad\qquad \sigma_i = 5 \cdot 10^{-18} m^2$$
$$He(2^3S) + He(2^3S) \rightarrow He^+ + He + e \qquad\qquad \sigma_i = (1...1.2) 10^{-18} m^2$$
$$He(3^3D) + He \rightarrow He^+ + He + e \qquad\qquad \sigma_i = 1.4 \cdot 10^{-19} m^2$$
$$He(3^3P) + He \rightarrow He^+ + He + e \qquad\qquad \sigma_i = 2.1 \cdot 10^{-20} m^2$$
$$He(3^1D) + He \rightarrow He^+ + He + e \qquad\qquad \sigma_i = 4.6 \cdot 10^{-20} m^2$$
$$He(3^1P) + He \rightarrow He^+ + He + e \qquad\qquad \sigma_i = 1.9 \cdot 10^{-20} m^2.$$

14 Ionisierungskoeffizienten
14.1 Definition der Ionisierungskoeffizienten

In Kap. 3 hatten wir zur makroskopischen Beschreibung der Ionisierung im Gasraum zwei verschiedene Koeffizienten benutzt: die mittlere *Ionisierungsfrequenz* $\langle \nu_i \rangle$ und den (ersten) *Townsend`-
schen Ionisierungskoeffizienten* α. Die Ionisierungsfrequenz ist
analog der Stoßfrequenz definiert

$$\nu_i = n_g u \sigma_i \qquad\qquad\qquad (14.1).$$

Hierbei ist u die Relativgeschwindigkeit der stoßenden Teilchen,
n_g die Dichte der (zu ionisierenden) Neutralteilchen, d.h. allgemein die Gasdichte und σ_i der Ionisierungsquerschnitt. Wir wollen
uns im folgenden auf die Betrachtung der Elektronenstoßionisierung
im Gasraum beschränken. Wegen der geringen Elektronenmasse können
wir dann u mit der Elektronengeschwindigkeit im Laborsystem gleichsetzen. Die Ionisierung durch eine Elektronpopulation mit der
Dichte n_e und der Verteilungsfunktion $f(\vec{u})$ beschreiben wir durch

die mittlere Ionisierungsfrequenz $\langle \nu_i \rangle$, die durch

$$\langle \nu_i \rangle = \frac{n_g}{n_e} \int d^3 u\, u \sigma_i f(\vec{u}) \tag{14.2}$$

gegeben ist. Wie man sieht, hängt die Ionisierungsfrequenz von der Gasdichte ab. Um die Ionisierung durch eine Elektronenverteilung mit einer bestimmten Form der Verteilungsfunktion, d.h. z.B. mit einer bestimmten Elektronentemperatur T_e zu charakterisieren, benutzt man daher den sog. *Ionisierungsratenkoeffizienten* S

$$S(T_e) = \frac{\langle \nu_i \rangle}{n_g} = \langle u \sigma_i \rangle = \frac{1}{n_e} \int d^3 u\, u \sigma_i f(\vec{u}) \tag{14.3}.$$

Zur Beschreibung der Bildung mehrfachgeladener Ionen muß man die Ionisierungsfrequenz nach den gebildeten Ionen und nach dem Partikel, von dem aus die Ionen gebildet werden, klassifizieren. Die Größen S und $\langle \nu_i \rangle$ sind von Bedeutung, wenn man die Ladungszusammensetzung oder die Energiebilanz in einem ionisierten Medium bestimmen will. Zur Berechnung der Ladungsdichte, d.h. z.B. zur Bestimmung der Leitfähigkeit, benötigt man die *scheinbaren Ionisierungsraten* S^a

$$S^a = \langle u \sigma_i^a \rangle \tag{14.4}.$$

Um den Zusammenhang zwischen T o w n s e n d koeffizient α und Wirkungsquerschnitt zu erhalten, betrachten wir aus dem driftenden Elektronenschwarm (vgl. Kap. 3) eine monoenergetische Elektronengruppe $dN(u) = f(\vec{u}, z) d^3 u$. ($f(\vec{u}, z)$ ist die Verteilungsfunktion der Elektronen an der Stelle z). Die Anzahl der Elektronen aus dieser Gruppe, die während der Zeit dt ionisiert haben, $d(dN)$, ist gegeben durch

$$d(dN) = n_g \sigma_i u f(\vec{u}, z) d^3 u\, dt \tag{14.5}.$$

Integration über die Verteilungsfunktion liefert

$$dN = N(z) n_g \langle u \sigma_i \rangle\, dt \tag{14.6}.$$

Mit Hilfe der Driftgeschwindigkeit $\langle\vec{u}_e\rangle$ können wir dt durch dz eliminieren und erhalten

$$dN = \frac{\langle u\sigma_i\rangle}{|\langle\vec{u}_e\rangle|}\, N(z)\, n_g dz \qquad (14.7).$$

Vergleichen wir Gl. (14.7) mit Gl. (3.1), in der der T o w n s - e n d koeffizient α definiert wurde, so finden wir

$$\alpha = \frac{\langle u\sigma_i\rangle}{|\langle\vec{u}_e\rangle|}\, n_g \qquad (14.8).$$

Wie man sieht, ist α/n_g ein Koeffizient, der die Ionisierung durch einen Elektronenschwarm mit einer bestimmten Form der Verteilungsfunktion unabhängig von der Gasdichte n_g charakterisiert. Der Koeffizient α ist eigentlich unhandlich. Wie wir bereits in Kap. 4 erwähnten und in den folgenden Abschnitten noch näher diskutieren werden, ist α eine Funktion der dichtebezogenen Feldstärke E/n_g im Gasraum. Dementsprechend ist der Koeffizient

$$\eta_i = \frac{\alpha/n_g}{E/n_g} = \frac{\alpha}{E} \qquad (14.9)$$

ein Koeffizient, der die Ionisierung durch einen Elektronenschwarm besser charakterisiert. Der Koeffizient η_i wird daher in der Literatur häufig anstelle des Koeffizienten α benutzt. (Wir benutzen den Index i zur Unterscheidung von η_i von dem in Kap. 11 definierten Anlagerungskoeffizienten). Beschreibt α die Anzahl der pro Wegeinheit erzeugten Ionen- (oder Ladungs-)paare (bei Verwendung von σ_i^a in Gl. (14.8)), so beschreibt η_i die pro durchlaufene Potentialdifferenz erzeugten Ionenpaare. Dies ist folgendermaßen einzusehen: αdz ist die Zahl der von einem Schwarmelektron im Mittel auf der Strecke dz erzeugten Ionenpaare. Dies können wir nach Gl. (14.9) umformen zu

$$\alpha dz = \frac{\alpha}{E}\, E dz = \eta_i dU \qquad (14.1o).$$

Dabei ist $Edz = dU$ die auf der Strecke dz eintretende Änderung des elektrischen Potentials. Die Definition von η_i darf nicht als eine

Verallgemeinerung der Definition eines Ionisierungskoeffizienten
für beliebigen Potentialverlauf mißverstanden werden. Wie α ist
η_i eine Funktion des (dichtebezogenen) elektrischen Feldes und
daher streng nur für ein konstantes (bzw. sich genügend langsam
änderndes) elektrisches Feld definiert.

14.2 Bestimmung von Ratenkoeffizienten

Zur Beschreibung der Ionisierung in Plasmen werden überwiegend Ratenkoeffizienten verwendet. Ist der Wirkungsquerschnitt über einen
genügend großen Energiebereich bekannt und ebenso die Verteilungsfunktion der stoßenden Teilchen (Elektronen), so läßt sich der Ratenkoeffizient mit Hilfe von Gl. (14.3) zumindest numerisch berechnen. Auf das Problem der Bestimmung von Verteilungsfunktionen,
speziell der Elektronenverteilungsfunktionen in Plasmen können wir
hier im einzelnen nicht eingehen. Für viele Laborplasmen ist die
Annahme, die Verteilungsfunktion der Elektronen sei eine M a x -
w e l l verteilung, eine schlechte Näherung. (Dies gilt speziell
für die positive Säule von Niederdruckentladungen).
Andererseits ist die Bestimmung des Wirkungsquerschnittes zumindest für niedrige Energien, für die Mehrfachionisierung noch keine
merkliche Rolle spielt, in Strahlexperimenten unproblematisch.

Wirkungsquerschnitte für die Bildung von mehrfachgeladenen Ionen
sind für Einfachstoßprozesse im Prinzip in der gleichen Weise zu
erhalten wie die für die Bildung von einfachgeladenen Ionen.
Für die Beschreibung von heißen dichten Plasmen benötigt man jedoch die Ratenkoeffizienten für die Stufenionisierung, d.h. für
die Ionisierung von Ionen. Wirkungsquerschnitte für die Ionisierung von Ionen in Strahlexperimenten zu messen ist schwierig, da
ein genügend dichtes Target aus Ionen hergestellt werden muß. Daher sind bisher nur wenige Strahlexperimente durchgeführt worden[83].
Die Bestimmung der Ratenkoeffizienten für Stufenionisierung als
Funktion der Elektronentemperatur ist daher eine wichtige Aufgabe
der experimentellen Plasmaphysik. Man kann sie bestimmen, wenn
man in einem Plasma, dessen Kennparameter (Elektronentemperatur
und -dichte, Neutralgasdichte) möglichst genau bekannt sind, die

214

zeitliche Entwicklung der Ladungszustände für eine Atomart mißt,
die zu einem bestimmten Zeitpunkt in geringer Konzentration dem
Plasma zugefügt wird[84].

Im periodischen System der Elemente existieren etwa 5ooo verschiedene Ionen, bzw. Ionisationsstufen. Die Ionisierungsenergien liegen zwischen 3,89 eV (Cs^+) und 129,3 keV(U^{92+}). Die Ratenkoeffizienten sind bisher nur für einen Bruchteil dieser Ionen bestimmt. Daher tritt von Fall zu Fall immer wieder das Problem auf, für eine
spezielle Atomsorte die bisher unbekannten Ratenkoeffizienten the-
oretisch zu bestimmen.

Hierzu geht man von einem Ansatz entsprechend der (mit Hilfe der
B o r n` schen Näherung modifizierten, vgl. Abschnitt 13.3)
Gl. (13.12) für die Energieabhängigkeit des Wirkungsquerschnittes
aus und berechnet S nach Gl. (14.3) für eine M a x w e l l verteilung der Elektronen numerisch. Wegen der unterschiedlichen Bindungsenergien der Elektronen in den verschiedenen Unterschalen muß
man den Wirkungsquerschnitt für jede Unterschale der äußeren Schale
des betrachteten Ions getrennt berechnen und die Anteile miteinander addieren. Ratenkoeffizienten für verschiedene Ionensorten, die
auf diese Weise gewonnen wurden, hat L o t z[85] zusammengestellt.
Die Übereinstimmung dieser Ratenkoeffizienten mit experimentell
gewonnenen ist jedoch nicht in jedem Fall gut[84].

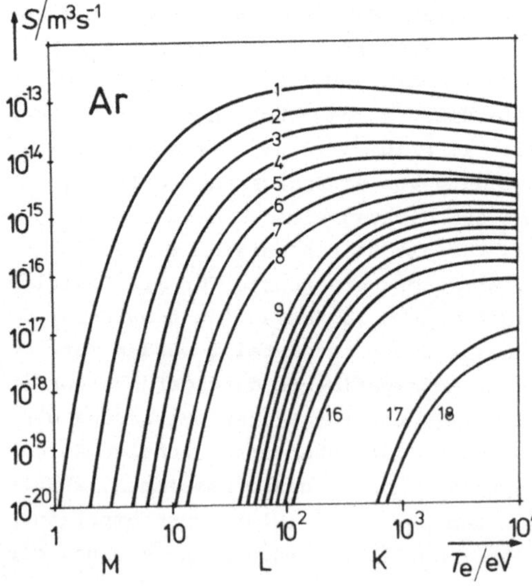

Fig. 14.1 Ratenko-
effizienten für die
Bildung der verschie-
denen Ionisierungsstu-
fen des Argonatoms
durch Stufenionisie-
rung[85]. Die Zahlen be-
deuten die Ladungszahl
des gebildeten Argon-
ions, die Buchstaben
K,L,M geben die Scha-
len an, aus denen die
Elektronen entfernt
wurden, um die betref-
fende Ionisierungsstu-
fe zu erhalten.

Fig. 14.1 zeigt als Beispiel berechnete Ratenkoeffizienten für die
verschiedenen Ionisierungsstufen von Argon. Die Schalenstruktur der
Argonhülle prägt sich deutlich in der Kurvenschar aus. Als Beispiel für die Anwendung dieses Ansatzes diskutieren wir die Berechnung der Ladungszustände im Plasma einer Entladung, die in einem
Gas brennt, dessen Atome die Kernladungszahl Z besitzen. Die Ionisierung soll durch Stufenionisierung erfolgen, als Verlustprozeß
nehmen wir (ambipolare) Diffusion der Ladungsträger zu den Wänden
in der Diffusionsgrundmode an, d.h. wir nehmen an, daß wir die Verluste durch eine (für alle Ionen gemeinsame) Diffusionszeit τ beschreiben können. Sei n^ζ die Dichte der ζ-fach geladenen Ionen.
Für n^ζ gilt die Bilanzgleichung

$$\frac{dn^\zeta}{dt} = S(\zeta,T_e)\,n^{\zeta-1}n_e - \frac{n^\zeta}{\tau} - S(\zeta+1,T_e)\,n^\zeta n_e \qquad (14.11).$$

Hierin ist $S(\zeta,T_e)$ der Ratenkoeffizient für die Bildung ζ-fach geladener Ionen durch Weiterionisierung von $(\zeta-1)$-fach geladenen.
Der erste Term der rechten Seite beschreibt die Erzeugung ζ-fach
geladener Ionen, der zweite die Verluste durch Diffusion, der dritte Term beschreibt die Verluste durch Höherionisierung der ζ-fach
geladenen Ionen zu $(\zeta+1)$-fach geladenen. Insgesamt ergibt (14.11)
ein Gleichungssystem von Z miteinander gekoppelten Gleichungen.
(Bei schweren Elementen wird $S(\zeta,T_e)$ u.U. bereits für $\zeta<Z$ sehr klein,
dann genügt es, wenn nur die ersten Gleichungen des Gleichungssystems
betrachtet werden). Dieses Gleichungssystem läßt sich lösen. Bei
der oben beschriebenen Meßmethode für S wird dn^ζ/dt und n^ζ gemessen und S aus der Lösung des Gleichungssystems bestimmt. Umgekehrt
kann man aus einem Ansatz für S n^ζ bestimmen. Als Beispiel zeigen
wir in Fig. 14.2 einen Vergleich zwischen einer gemessenen und der
mit dem geschilderten Ansatz berechneten Ladungsverteilung in einer
Reflexentladung in Xenon[86]. Ionisierungsgrad und Elektronentemperatur wurden in dieser Rechnung als Anpassungsparameter verwendet.
Die gute Übereinstimmung zwischen gerechneter und gemessener Ladungsverteilung beweist die Richtigkeit der angenommenen Temperaturabhängigkeit des Ratenkoeffizienten.

Charakteristisch für eine Entladung in der Stufenionisierung,über
die Einzelstoßionisierung dominiert, ist, daß n^ζ für $\zeta>1$ ein Maximum aufweist. Liegt Einzelstoßionisierung vor, so fällt n^ζ monoton

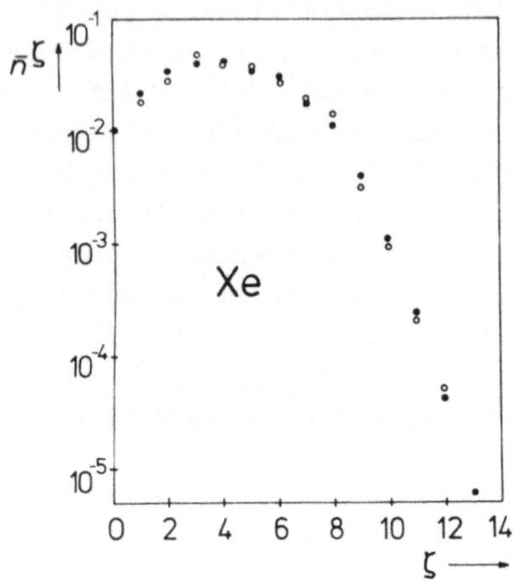

Fig. 14.2 Vergleich der gemessenen (Kreise) und der berechneten (Punkte) Ladungsverteilung für eine Reflexentladung in Xenon[86]. $\bar{n}^\zeta$ sind die relativen Ladungsdichten, d.h. $\bar{n}^\zeta = n^\zeta / \sum_\zeta \zeta n^\zeta$.

mit wachsendem ζ.

Die Lage des Maximums der Ladungsverteilung können wir festlegen, wenn wir fordern, daß für ζ_m, d.h. den Ladungszustand mit der höchsten Dichte

$$n^\zeta = n^{\zeta-1} \tag{14.12}$$

ist. Gl. (14.11) liefert zusammen mit Gl. (14.12) als Bedingung für die Ratenkoeffizienten im stationären Fall

$$n_e \tau = \{ S(\zeta_m, T_e) - S(\zeta_m+1, T_e) \}^{-1} \tag{14.13}.$$

Wie man sieht, ist neben der Elektronentemperatur T_e das Produkt aus Elektronendichte und Diffusionszeit $n_e \tau$ der bestimmende Parameter für die Struktur der Ladungsverteilung in einem Plasma.

14.3   Bestimmung des T o w n s e n d ' schen Ionisierungskoeffizienten

Die Berechnung der Ratenkoeffizienten für ein Plasma ist in vielen Fällen vergleichsweise einfach, weil die Verteilungsfunktion der Elektronen als eine M a x w e l l verteilung angesetzt werden kann. Die T o w n s e n d koeffizienten sind für einen driftenden Elektronenschwarm definiert. Hier muß in der Regel mit großen Abweichungen der Elektronenverteilung von einer M a x w e l l verteilung gerechnet werden. Daher ist die theoretische Bestimmung der T o w n s e n d koeffizienten erheblich schwieriger. In der Rechnung muß die Bestimmung der Verteilungsfunktion der Elektronen mit einbezogen werden, die ihrerseits wiederum von den makroskopischen Koeffizienten, wie Beweglichkeit und T o w n s e n d koeffizient, abhängt (vgl. Abschnitt 9.5). Das Problem ist bisher nur ansatzweise gelöst. T o w n s e n d koeffizienten werden überwiegend experimentell bestimmt. Wir werden daher auch in unserer Diskussion das Hauptgewicht auf experimentelle Methoden zur Bestimmung der

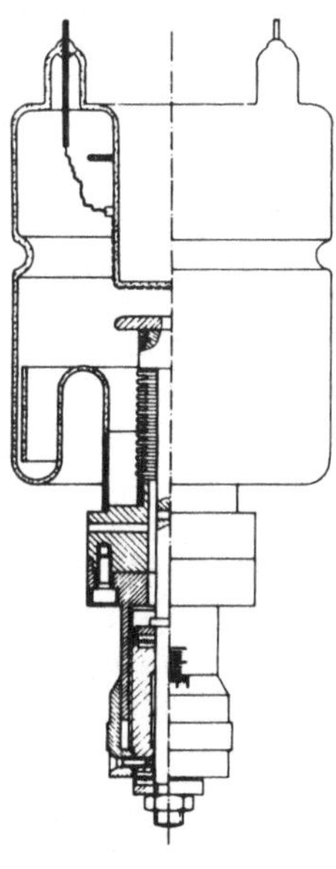

Fig. 14.3   Entladungsgefäß zur Bestimmung von T o w n s e n d koeffizienten[87].

T o w n s e n d koeffizienten legen.

Die Meßanordnung zur Bestimmung von α ähnelt auch in modernen Experimenten der ursprünglichen von T o w n s e n d (vgl. Fig. 3.2): es ist eine unselbständige oder teilselbständige Entladung, bei der der Elektrodenabstand sowie Gasdruck und Gasart variiert werden können. Fig. 14.3 zeigt eine moderne Ausführung für ein Entladungsgefäß[87]: Zur Erzielung höchster Gasreinheit ist das Gefäß ausheizbar aus Edelstahl und Glas aufgebaut. Die Bewegung der einen Elektrode wird über einen Metallbalg in das Gefäß übertragen. Das Gefäß ist dadurch gegen den äußeren Luftdruck hermetisch abgeschlossen. Die Bewegung kann über eine Mikrometerschraube sehr präzise ausgeführt werden.

Die (Photo-)Kathode besteht aus einer dünnen Metallbedampfung auf einen Quarzfenster. Diese Schicht wird von hinten gleichmäßig mit ultraviolettem Licht bestrahlt. Das ultraviolette Licht durchstrahlt also nicht den Gasraum und kann daher im Volumen nicht ionisieren.Anfangselektronen werden nur an der Kathode ausgelöst.

Die ursprüngliche Methode zur Bestimmung von α hatten wir in Abschnitt 3.4 bereits kurz erwähnt. Man bestimmt den Strom I in der teilselbständigen Entladung für konstante Feldstärke $E = U/d$ als Funktion des Elektrodenabstandes d (konstante Feldstärke bedeutet, daß U und d einander proportional geändert werden müssen). Aus experimentellen Gründen ist es schwierig, d über einen genügend großen Bereich zu variieren, so daß die Kennlinie auch in Bereichen gemessen werden kann, in denen der Einfluß von Sekundärprozessen mit Sicherheit ausgeschlossen werden kann. D.h. in der Regel kann die Kennlinie $I(d)$ (oder,was äquivalent ist, $I(U)$) nicht nach Gl. (3.13) ausgewertet werden. Wie wir in Abschnitt 3.4 ausführlich (wenn auch oft in sehr grober Näherung) diskutiert haben, kann die Form der Kennlinie von der Natur der Sekundärprozesse abhängen. Die Auswertung nach Gl. (3.16) ist - solange man keine Kenntnisse über die Natur der Sekundärprozesse hat - mit großen Unsicherheiten behaftet. Im einfachsten Fall ergibt sich γ nicht als Koeffizient, sondern als eine Funktion des Elektrodenabstandes d.

Abgesehen von diesen Unsicherheiten bereitet die Bestimmung von α und γ nach Gl. (3.16) aus der Kennlinie $I(d)$ Schwierigkeiten, die in dem Auftreten von transzendenten Funktionen in Gl. (3.16) be-

gründet sind. In der Literatur werden zur Lösung dieses Problems
verschiedene Verfahren angegeben, die wir hier im einzelnen jedoch nicht diskutieren wollen, da sie nur Auswerteverfahren für
ein und dieselbe Meßmethode sind (vgl. z.B. Ref. 39).
Um die oben genannten Schwierigkeiten zu umgehen, ist es notwendig, die Koeffizienten α und γ,oder zumindest einen von ihnen, in
einer unabhängigen Messung separat zu bestimmen.
Zur Bestimmung von γ wurde die Zündbedingung Gl. (3.17) verwandt.
Dies ist jedoch nur zuverlässig, solange Gl. (3.16) die Kennlinie
der Meßstrecke beschreibt (γ muß von d unabhängig sein).
Besser ist es, nach der Methode von E n g s t r o m und H u x -
f o r d[88] das ionisierende Agens (d.h. die ultraviolette Strahlung)
abzuschalten und das Abklingen der verschiedenen Sekundärprozesse
auszumessen. Die charakteristischen Zeiten sind für Photonen etwa
0.1 µs, für Ionen 10 µs und für Metastabile (und Resonanzphotonen)
0.1...1 ms. Auf diese Weise lassen sich die im Experiment aktiven
Sekundärprozesse identifizieren und man kann die jeweils gültige
Gleichung der Charakteristik $I(d)$ bestimmen. Außerdem kann man den
jeweils gültigen Wert für die verschiedenen γ-Koeffizienten bestimmen. Besser als Methoden zur unabhängigen Bestimmung von γ ist die
direkte Bestimmung von α. Dazu müssen Methoden herangezogen werden,
die nicht auf einer Ausmessung der Charakteristik der Gasstrecke
fußen. Eine unabhängige Methode zum Bestimmen von α, die auf der
Messung von sog. *Einzellawinen* beruht, wurde von S c h l u m -
b o h m[89] verwandt. Sie beruht darauf, daß Gl. (3.2) die Mächtigkeit einer Einzellawine nur im Mittel beschreibt. Mißt man die
statistische Verteilung der Mächtigkeit vieler Einzellawinen aus,
so erhält man für die Wahrscheinlichkeit $P(N,d)$ dafür, daß eine
Einzellawine an der Anode die Mächtigkeit N besitzt, die Verteilung

$$P(N,d) = \frac{\exp(-N/\bar{N})}{\bar{N}} \qquad (14.14),$$

wobei

$$\bar{N} = \exp \alpha d$$

ist. D.h. log P als Funktion von N ergibt eine Gerade, aus deren
Steigung man α erhält.

Wie wir bei der Besprechung der Einzellawinen sehen werden, erfordert die Methode zeitaufgelöste Messungen des Stromverlaufs, um die Einzellawinen bzw. ihre Mächtigkeit bestimmen zu können. Der apparative Aufwand ist erheblich höher als bei dem einfachen T o w n s e n d'schen Verfahren. Eine weitere Möglichkeit zur unabhängigen Bestimmung von α liefert die Ausmessung der räumlichen Variation der Elektronendichte in der (stationären) Entladung. Die räumliche Verteilung wird - unabhängig von der Wirksamkeit von Sekundärprozessen - durch Gl. (3.3) beschrieben, d.h. log n_e(z) gegen z aufgetragen liefert eine Gerade, aus deren Steigung sich α ermitteln läßt. Da eine Absolutbestimmung von n_e nicht notwendig ist, genügt es, die räumliche Variation einer Größe auszumessen, die n_e proportional ist. Eine solche Größe ist z.B. die Intensität bestimmter, von der Entladung emittierter Spektrallinien. Messungen nach diesem Verfahren wurden von d e H o o g[87] mit Hilfe des in Fig. 14.3 dargestellten Entladungsgefäßes durchgeführt.

Als letztes Verfahren wollen wir die Bestimmung von α aus dem zeitlichen Verlauf des Stroms in einer Einzellawine besprechen. Wird der Anfangsstrom I_a sehr klein gehalten (etwa von der Größenordnung $ed/|\langle\vec{u}_e\rangle|$, so befinden sich im Mittel nur von einem einzigen Primärelektron ausgelöste Lawinen, sog. *Einzellawinen*, im Gasraum. Wir wollen zunächst den von einer Einzellawine im äußeren Stromkreis influenzierten Strom untersuchen. Hierbei wollen wir zur Vereinfachung die Diffusion der Elektronen in der Lawine sowie ihre radiale Verteilung und die endliche Länge der Strecke vernachlässigen, die die Elektronen benötigen, um mit dem Feld im Gasraum ins Gleichgewicht zu kommen. Zur Zeit t = o sollen an der Kathode N_0 Elektronen ausgelöst werden (wir betrachten später den Fall N_0 = 1). Sind die Elektronen von der Kathode zur Stelle z gewandert, so besteht die Lawine aus

$$N = N_0 \, \exp \alpha (d-z) \qquad\qquad (14.15)$$

Elektronen, von denen wir annehmen, sie befänden sich alle an der Stelle z. Verglichen mit den schnell driftenden Elektronen stehen die Ionen faktisch still. Im Gasraum ist also die gleiche Anzahl von Ionen vorhanden; sie sind jedoch über die von den Elektronen durchdriftete Strecke verteilt. Die Lawine ist zur Zeit t an allen

Orten z mit der Wahrscheinlichkeit $\theta(|<\vec{u}_e>|t+z-d)$ gewesen (θ ist die Einheitssprungfunktion). Zur Zeit $t+dt$ ist die Lawine an allen Orten z mit der Wahrscheinlichkeit $\theta(|<\vec{u}_e>|t + |<\vec{u}_e>|dt + z - d)$ gewesen. Die Differenz der Sprungfunktionen definiert somit den Ort, wo sie sich zur Zeit dt mit der Wahrscheinlichkeit 1 aufhält. Über eine T a y l o r entwicklung erhält man für diese Differenz $\delta(|<\vec{u}_e>|t +z - d)dz$ (δ ist die D i r a c 'sche Deltafunktion). Ist A der Querschnitt der Gasstrecke, so ist Adz das Volumen, das die Lawine zur Zeit t ausfüllt. Die Elektronendichte in der Lawine ist somit gegeben durch

$$n_e(z,t) = \frac{N(z,t)}{Adz} = \frac{N_0}{A}\exp\,\alpha(d-z)\,\delta(|<\vec{u}_e>|t+z-d) \quad (14.16).$$

Vernachlässigt man die Ionendrift und Ionendiffusion, so erhält man für die Ionendichte n_+ aus dem Ansatz

$$\frac{dn_+}{dz} = \alpha n_e \quad\quad (14.17)$$

die Beziehung

$$n_+ = \frac{\alpha N_0}{A}\exp\,\alpha\,(d-z)\,\theta(|<\vec{u}_e>|t+z-d) \quad\quad (14.18).$$

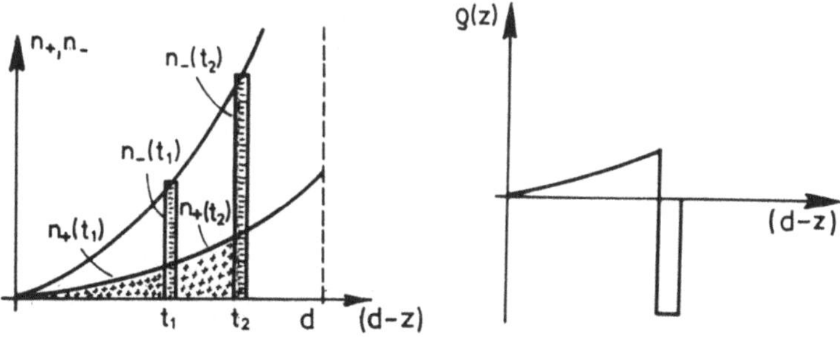

Fig. 14.4   Teilchendichten n und Raumladungsdichte ρ in einer Lawine. Die Elektronen bilden eine wandernde, δ-funktionsartige Verteilung, während die Ionen eine faktisch stillstehende Verteilung bilden, deren Dichte zur Anode hin exponentiell zunimmt.

Dies ist in Fig. 14.4 für zwei verschiedene Zeiten schematisch
dargestellt, außerdem die Raumladungsverteilung zu einer bestimmten Zeit.
Wir wollen nun nacheinander den von der wandernden Elektronen- bzw.
Ionenwolke im äußeren Kreis influenzierten Strom berechnen. Im Volumenelement $dV = Adz$ befinde sich die Ladung dQ. Wenn sie die Strek-
ke dz im Feld E gewandert ist, hat sie die Energie $dQEdz$ aufgenommen, die von dem äußeren Kreis aufgebracht werden muß. Ist dI der
von dQ im äußeren Kreis influenzierte Strom, so gilt also

$$UdIdt = dQEdz = dQE \frac{dz}{dt} dt \qquad (14.19).$$

Die außen anliegende Spannung U und das Feld sind über $E=U/d$ mit-
einander verknüpft, $dz/dt = |\langle\vec{u}\rangle|$ ist die Driftgeschwindigkeit der
Ladungsträger. Nehmen wir als Ladungsträger einfachgeladene Ionen
oder Elektronen an, so gilt $dQ = endV$ (e Elementarladung; da Ionen
und Elektronen in entgegengesetzter Richtung driften, brauchen wir
das Vorzeichen der Ladung nicht zu beachten). Wir erhalten also
aus (14.19) allgemein

$$I = \int dI = \int \frac{en}{d} |\langle\vec{u}\rangle| dV \qquad (14.2o).$$

Mit Hilfe von Gl. (14.16) erhalten wir somit für den Elektronenstrom

$$I_e(t) = \frac{eN_0 |\langle\vec{u}_e\rangle|}{d} \exp \alpha |\langle\vec{u}_e\rangle| t \qquad \text{für } |\langle\vec{u}_e\rangle| t \leq d$$

$$(14.21)$$

$$I_e(t) = 0 \qquad \text{für } |\langle\vec{u}_e\rangle| t > d.$$

Aus dem Abbrechen des Elektronenstroms läßt sich $t_- = :d/|\langle\vec{u}_e\rangle|$ be-
stimmen und damit die Driftgeschwindigkeit der Elektronen. Ist die
Driftgeschwindigkeit bekannt, so läßt sich α aus der logarithmi-
schen Steigung des Elektronenstroms $dI_e(t)/I_e dt$ für $t \leq t_-$ bestimmen. Zur Berechnung des von den Ionen influenzierten Stroms
setzen wir näherungsweise $t_- = 0$ (wegen $t_- \ll t_+ = d/|\langle u_+\rangle|$), d.h.
vernachlässigen die Ionendrift während des Laufens der Elektronen-

lawine. Unter diesen Voraussetzungen hat die Ionenwolke zur Zeit $t = 0$ die Verteilung

$$n_+ \,(z,0) \;=\; \frac{\alpha N_0}{A} \; \exp\, \alpha\,(d-z)\,\theta\,(d-z) \qquad\qquad (14.22)\,.$$

Sie driftet mit der Driftgeschwindigkeit $|<\vec{u}_+>|$ zur Kathode. Zur Zeit t sind die Ionen, die im Bereich $0 \le d-z \le |<\vec{u}_+>|t$ waren, zur Kathode gewandert und dort entladen worden. Die Ionen an der Stelle z sind zur Stelle $z+|<\vec{u}_+>|t$ gewandert, im Bereich $0 \le z \le |<\vec{u}_+>|t$ sind überhaupt keine Ionen mehr vorhanden (die Diffusion bleibt unberücksichtigt). Somit hat die Ladungswolke die Form

$$n_+(z,t) \;=\; \frac{\alpha N_0}{A}\exp\, \alpha\,(d-z-|<\vec{u}_+>|t)\,\theta\,(d-z-|<u_+>|t) \quad (14.23)\,.$$

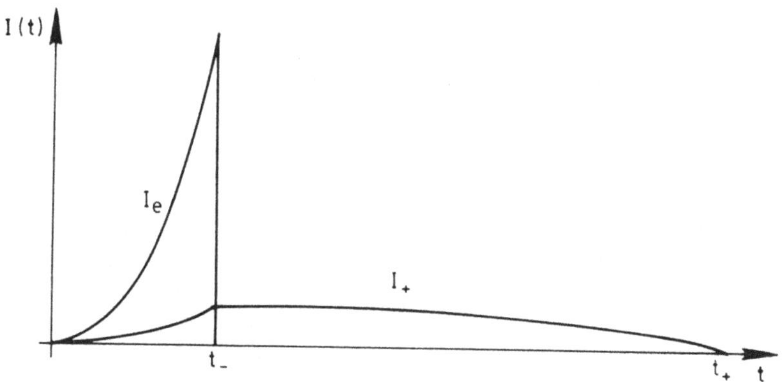

Fig. 14.5   Zeitlicher Verlauf von Ionen- und Elektronenstrom in einer Einzellawine (schematisch).

Setzen wir dies in Gl. (14.2o) ein, so erhalten wir den von den Ionen influenzierten Strom $I_+(t)$ zu

$$I_+(t) \;=\; \frac{e\,|<\vec{u}_+>|\,N_0}{d} \; \{\exp(\alpha d)\, -\, \exp(\alpha\,|<\vec{u}_+>|t)\} \qquad (14.24)\,.$$

Der erste Term in der Klammer beschreibt den von der Gesamtzahl der erzeugten Ionen influenzierten Strom, der zweite Term den Anteil der bereits an der Kathode entladenen Ionen. Den gesamten Stromverlauf haben wir in Fig. 14.5 schematisch dargestellt. Der dargestellte Verlauf gilt auch für eine Einzellawine, da wir nur vorausgesetzt hatten, daß N_0 Elektronen an der Kathode gleichzeitig starten. In unserem Modell ist somit angenommen, daß der Strom von N_0 synchron laufenden Einzellawinen influenziert wird. Einzellawinen lassen sich sichtbar machen, wenn man die T o w n s - e n d entladung in einer Nebelkammer betreibt[90]. Dazu legt man an die Elektroden der Gasstrecke rechteckige Spannungspulse. Am Ende des Spannungspulses bleibt die Lawine stehen und kann aufgrund der Tröpfchenbildung photographiert werden. Die Lawinen haben etwa Tropfenform, wie in Fig. 14.6 schematisch dargestellt.

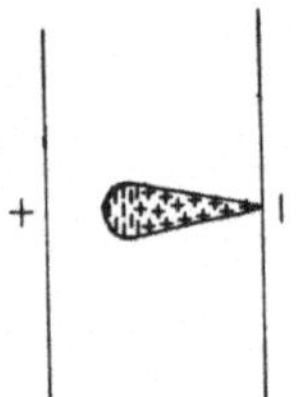

Fig. 14.6   Form einer Einzellawine und Verteilung der Ladungsträger (vgl. Fig. 14.4).

Diese Form kommt durch das Auseinanderdiffundieren der Elektronenwolke zustande. Startet die Lawine genau beim Einschalten des Spannungspulses, so läßt sich aus ihrer Länge und der Pulsdauer der Spannung die Driftgeschwindigkeit bestimmen, der Winkel der Einhüllenden der Lawine liefert die Diffusionsgeschwindigkeit der Elektronen senkrecht zum Feld bzw. ihre charakteristische Energie D/μ (vgl. Abschnitt 7.7). Damit eröffnet das Studium von Einzellawinen nicht nur die Möglichkeit, den T o w n s e n d - koeffizienten α , sondern auch Driftgeschwindigkeit von Elektronen und Ionen und die charakteristische Energie von Elektronen für hohe Feldstärken zu messen. Eine eingehende Diskussion findet sich in Ref. 9o und 91.

14.4 Diskussion von Meßergebnissen für T o w n s e n d koeffizienten

Bei der Messung der T o w n s e n d koeffizienten kommt es auf
äußerste Gasreinheit an, will man reproduzierbare Ergebnisse erhalten. Schon Beimengungen von 10^{-6} Anteilen eines anderen Gases können die Meßergebnisse wesentlich verändern. Dieser Punkt ist bei
älteren Messungen nicht immer beachtet worden. Sie sind daher oft
von nur geringem Wert. Erste umfangreiche Untersuchungen des
T o w n s e n d koeffizienten unter sauberen Bedingungen stammen
von K r u i t h o f f [92] und K r u i t h o f f und P e n n i n g [81].
Ihre Meßwerte gelten z.T. noch heute als Standard (vgl. Ref. 76).
Der Einfluß der Verunreinigungen drückt sich i.A. in einer Zunahme der gemessenen Werte der Koeffizienten aus. Dies beruht auf
der Wirkung der P e n n i n g ionisierung (13.26).

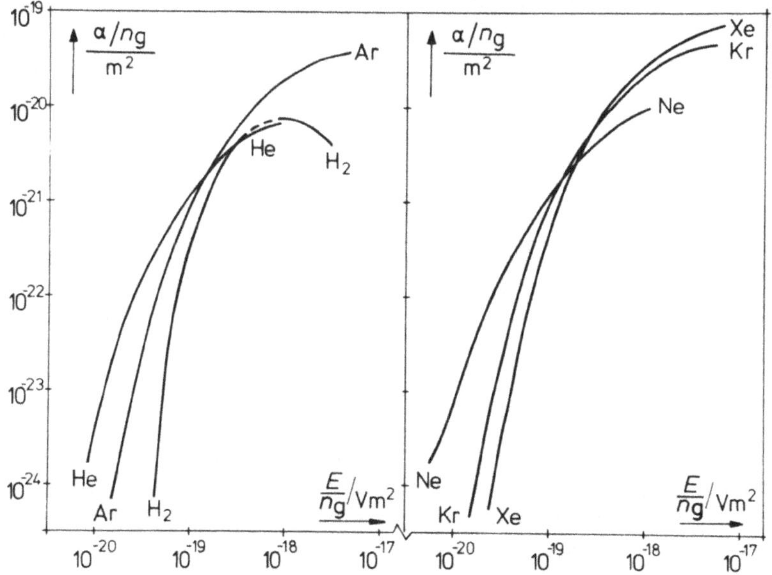

Fig. 14.7   Dichtebezogener T o w n s e n d koeffizient α/n_g als
Funktion der dichtebezogenen Feldstärke E/n_g für verschiedene Edelgase und Wasserstoff.

Bei einem Vergleich der aus der Kennlinie und aus der räumlichen Dichteverteilung bestimmten α-Werte fand d e H o o g[87], daß die Werte aus der Kennlinie in reinen Gasen zu groß ausfallen (bis zu einem Faktor 2). D e H o o g[87] schrieb dies der Wirkung der Metastabilen zu. In Gasgemischen, in denen Metastabile durch P e n n i n g ionisierung zerstört werden, fand d e H o o g Übereinstimmung zwischen den Resultaten beider Meßmethoden. Fig. 14.7 zeigt Meßwerte für den dichtebezogenen T o w n s e n d koeffizienten α/n_g als Funktion der dichtebezogenen Feldstärke E/n_g (nach Tabellen in Ref. 76).

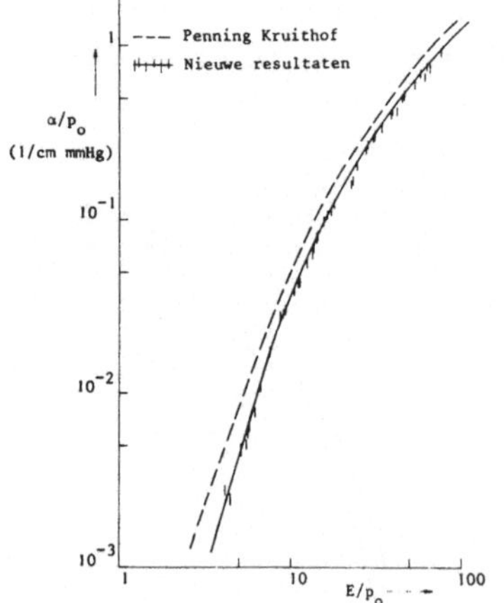

Fig. 14.8 Vergleich von Meßwerten des reduzierten dichtebezogenen T o w n s e n d - koeffizienten α/p für Neon, die aus der Kennlinie ------ und aus der räumlichen Dichteverteilung ——— bestimmt wurden[87].

Fig. 14.8 zeigt einen Vergleich von α/p-Werten von Neon, die aus der Kennlinie bzw. nach dem Verfahren von d e H o o g bestimmt worden sind.

Die Berechnung von T o w n s e n dkoeffizienten ab initio ist - wie wir im vorigen Abschnitt diskutiert haben- ein schwieriges, bisher ungelöstes Unterfangen. Jedoch läßt sich durch ein einfaches Modell ein funktionaler Zusammenhang zwischen α/n_g und E/n_g herstellen, der es erlaubt, α mit Hilfe von nur zwei - empirisch zu bestimmenden - Koeffizienten über weite Bereiche durch eine semiempirische Formel darzustellen.

Wir nehmen an, die Wahrscheinlichkeit für einen ionisierenden Stoß mit einem Gasmolekel für ein Elektron in der driftenden Lawine sei 1, sobald das Elektron eine kinetische Energie ε größer als die Ionisierungsenergie ε_i im Feld aufgenommen hat. Außerdem nehmen wir an, daß die Elektronen im Gas eine mittlere freie Weglänge ℓ besitzen, die unabhängig von der Energie ist. Bei jedem Stoß (auch wenn der Stoß nicht zu einer Ionisierung führt), sollen die Elektronen ihre gesamte kinetische Energie abgeben und wieder mit $\varepsilon=0$ starten. Dann ist α offenbar gegeben durch das Produkt aus $1/\ell$ und der Wahrscheinlichkeit dafür, daß die tatsächliche freie Weglänge größer als ε_i/eE ist. d.h. größer als die Strecke, auf der die Elektronen gerade die Ionisierungsenergie im Feld aufnehmen. Nach Abschnitt 5.8 erhalten wir

$$\alpha= \frac{1}{\ell} \exp \left(- \frac{\varepsilon_i}{eE\ell} \right) \qquad (14.25).$$

Die mittlere freie Weglänge ℓ ist umgekehrt proportional zur Gasdichte n_g. Jedoch sind unsere Annahmen so grob, daß wir nicht erwarten können, daß die Koeffizienten von Gl. (14.25) einen einigermaßen richtigen Wert für α ergeben. Setzen wir jedoch

$$\alpha/n_g= A \exp \left(- \frac{B}{E/n_g} \right) \qquad (14.26)$$

und bestimmen A und B experimentell, so erhalten wir eine Formel, die über weite Parameterbereiche gültig ist.(Bezüglich anderer Ableitungen von Gl. 14.26 vgl. Ref. 93).
Die folgende Tabelle gibt die Koeffizienten A und B für verschiedene Gase und in Spalte 3 den Parameterbereich, über den die Gültigkeit von Gl. (14.26) für das betreffende Gas mit den genannten Koeffizientenwerten geprüft worden ist.
Betrachtet man die Abhängigkeit von α von der Gasdichte n_g, so findet man, daß α bei einer bestimmten Gasdichte n_m ein Maximum annimmt. S t o l j e t o w[94] fand experimentell, daß

$$n_m \propto E$$

ist. Dies folgt auch aus Gl. (14.26). Man nennt daher die Konstante

$$B=E/n_m$$

die S t o l j e t o w-Konstante; wie die Tabelle zeigt, hat B für
jede Gasart einen charakteristischen Wert.

Gasart	A/m^2	B/Vm^2	Gültigkeitsbereich E/n_g / Vm^2
H_2	$1.4 \cdot 10^{-20}$	$3.7 \cdot 10^{-19}$	$(4 \ldots 17) \cdot 10^{-19}$
N_2	$3.4 \cdot 10^{-20}$	$9.7 \cdot 10^{-19}$	$(3 \ldots 17) \cdot 10^{-19}$
CO_2	$5.7 \cdot 10^{-20}$	$1.3 \cdot 10^{-18}$	$(14 \ldots 28) \cdot 10^{-19}$
	$1.4 \cdot 10^{-20}$	$5.6 \cdot 10^{-19}$	$(1.5 \ldots 2) \cdot 10^{-19}$
Luft	$4.2 \cdot 10^{-20}$	$1.0 \cdot 10^{-18}$	$(3 \ldots 23) \cdot 10^{-19}$
H_2O	$3.7 \cdot 10^{-20}$	$8.2 \cdot 10^{-19}$	$(4 \ldots 28) \cdot 10^{-19}$
HCl	$7.1 \cdot 10^{-20}$	$1.1 \cdot 10^{-18}$	$(6 \ldots 28) \cdot 10^{-19}$
He	$8.5 \cdot 10^{-21}$	$9.6 \cdot 10^{-20}$	$(0.6 \ldots 4) \cdot 10^{-19}$
		$7.1 \cdot 10^{-20}$	$(0.08 \ldots 0.3) \cdot 10^{-19}$
Ne	$1.1 \cdot 10^{-20}$	$2.8 \cdot 10^{-19}$	$(3 \ldots 11) \cdot 10^{-19}$
Ar	$4.0 \cdot 10^{-20}$	$5.1 \cdot 10^{-19}$	$(3 \ldots 17) \cdot 10^{-19}$
Kr	$4.8 \cdot 10^{-20}$	$6.8 \cdot 10^{-19}$	$(3 \ldots 28) \cdot 10^{-19}$
Xe	$7.3 \cdot 10^{-20}$	$9.9 \cdot 10^{-19}$	$(6 \ldots 23) \cdot 10^{-19}$
Hg	$5.7 \cdot 10^{-20}$	$1.0 \cdot 10^{-18}$	$(6 \ldots 17) \cdot 10^{-19}$
CH_4	$2.1 \cdot 10^{-20}$	$5.8 \cdot 10^{-19}$	$(0.8 \ldots 3.8) \cdot 10^{-19}$
CH_3OH	$2.0 \cdot 10^{-20}$	$5.3 \cdot 10^{-19}$	$(1.5 \ldots 2.0) \cdot 10^{-19}$
$C_2H_5OC_2H_5$	$7.4 \cdot 10^{-20}$	$1.2 \cdot 10^{-18}$	$(2 \ldots 3.5\ ) \cdot 10^{-19}$
$CH_2(OCH_3)_2$	$9.0 \cdot 10^{-20}$	$1.1 \cdot 10^{-18}$	$(1.7 \ldots 30\ ) \cdot 10^{-19}$
C_6H_{12}	$7.9 \cdot 10^{-20}$	$1.2 \cdot 10^{-18}$	$(2.7 \ldots 3.2) \cdot 10^{-19}$

Die Tatsache, daß $\alpha(n_g)$ ein Maximum durchläuft, liegt an dem Gegen-
einanderarbeiten zweier Effekte. Zum einen steigt die Stoßwahrscheinlichkeit und damit die Ionisierungshäufigkeit mit steigender
Gasdichte an. Zum anderen nimmt mit steigender Gasdichte die pro
freier Weglänge aufgenommene Energie und damit der Energieinhalt
der Elektronenverteilung ab.
Betrachtet man anstelle von α den Ionisierungskoeffizienten n_i,
so findet man, daß er an der Stelle E/n_m ein Maximum durchläuft.
Dieses Maximum läßt sich wie folgt interpretieren: $1/\alpha$ ist die
Strecke, die ein Elektron im Mittel laufen muß, bevor es einmal
ionisiert. Die dabei aus dem Feld aufgenommene Energie ist

$$eE/\alpha = e/\eta_i \qquad\qquad (14.27).$$

Dies ist daher die im Mittel für eine Ionisierung insgesamt benötigte Energie.

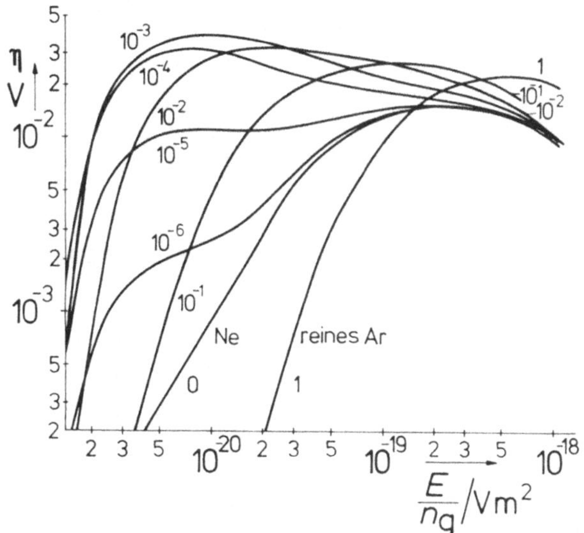

Fig. 14.9 Der Ionisierungsko-effizient η_i für Neon-Argon-Gemische. Kurvenparameter ist der Argonanteil im Gemisch[81].

Das Maximum von η_i bedeutet also, daß die für eine Ionisierung benötigte Energie ein Minimum hat. Fig. 14.9 zeigt den Koeffizienten η_i für Neon-Argon-Gemische von verschiedenem Mischungsverhältnis
(der Argon-Anteil ist als Kurvenparameter aufgeführt). Wie man
sieht, erhält man mit wachsender Argonkonzentration zunächst ein
zweites Maximum der η_i-Kurve, das so stark anwächst, daß es bei
10^{-3} Teilen Argon schließlich das von dem reinen Neon herrührende
Maximum völlig überwiegt (man beachte die logarithmische Ordina-
tenteilung). Anhand dieser Messung wurde die sog. P e n n i n g -
ionisierung (13.26) entdeckt. Wir können diesen Befund so deuten,
daß durch die Wirkung der P e n n i n g ionisierung Energie, die
sonst nur zur Anregung des Entladungsgases gedient hätte, für die
Ionisierung freigesetzt wird. Damit sinkt die für eine Ionisierung im Mittel benötigte Energie. Bei höheren Argonkonzentratio-
nen überwiegt der zusätzliche Energieentzug durch die Anregung von

Argonatomen, so daß die pro Ionisierung benötigte Energie wieder
ansteigt.

Die bisher diskutierten Gesetzmäßigkeiten gelten nur, solange die
Elektronen die Träger negativer Ladung sind. In elektronegativen
Gasen muß der Elektronenverlust durch Anlagerung an Gasmolekel unter Bildung negativer Ionen zusätzlich in Betracht gezogen werden.
Dies ändert sowohl die Form der stationären Charakteristik als
auch den zeitlichen Stromverlauf in einer Lawine. Das Rüstzeug für
eine entsprechende Diskussion ist im Prinzip in Kap. 11 enthalten.
Wir werden die erforderliche Diskussion jedoch an dieser Stelle
nicht durchführen, sondern verweisen auf die Diskussion in Ref. 93.

15   <u>Zündung selbständiger Entladungen im konstanten elektrischen
        Feld</u>
15.1   <u>Vorbemerkung, Begriffsdefinitionen</u>

Mit der Besprechung der Ionisierungskoeffizienten haben wir die Diskussion der Elementarprozesse im Gasraum und der sie beschreibenden makroskopischen Koeffizienten abgeschlossen. Wir haben uns damit das Rüstzeug verschafft, um die bereits in Kap. 3 und 4 ange-
sprochene Thematik - den Übergang der unselbständigen zur selbständigen Entladung - genauer zu diskutieren. Während wir in Kap. 3.4
diesen Übergang anhand eines rein formalen Arguments (Divergieren
der dort abgeleiteten Beziehung für den Entladungsstrom) postuliert
haben, wollen wir uns in diesem Kapitel mit der Dynamik des Prozesses und der im Gasraum ablaufenden Vorgängen beschäftigen.
Dabei gilt zu berücksichtigen, daß mit dem Begriff *Zuendung einer
Entladung* eine Reihe verschiedenartiger Phänomene umschrieben wird,
die entweder den bereits erwähnten Übergang einer unselbständigen
zur selbständigen Entladung oder den Übergang vom stromlosen Zustand einer Elektrodenkonfiguration zum stromführenden zur Folge
haben kann. Bei der später zu besprechenden Zündung im hochfrequenten Wechselfeld setzt im Gasraum ein Konvektionsstrom ein. Äußer-
lich erkennt man diesen Vorgang am Auftreten eines durch die Anregung der Gasmolekel leuchtenden Entladungskanals (daher das deut-
sche Wort *Zuendung*). Da der elektrische Widerstand der Gasstrecke
bei der Zündung schlagartig sinkt und daher ein hoher Strom fließt,

bricht in der Regel die Spannung an der Entladungsstrecke zusammen (daher das englische Wort *breakdown*). Die charakteristische Zeit für das Zusammenbrechen der Spannung kann einerseits von den Zeitkonstanten des äußeren elektrischen Kreises bestimmt werden. Werden diese durch geeigneten Aufbau klein gehalten, so bestimmen andererseits die Zeitkonstanten der beteiligten Elementarprozesse den Zündvorgang. Diese Zeitkonstanten können daher anhand der Zündung studiert werden.

Die Zeitkonstanten der Elementarprozesse können zwischen einigen Nanosekunden und einigen Mikrosekunden liegen. Das Studium der Zündvorgänge ist daher eine typische Aufgabe der Kurzzeitphysik und erfordert Einrichtungen zur Messung schnell ablaufender Vorgänge.
Da der elektrische Strom bei einer Zündung i.a. in kürzester Zeit sehr hohe Werte annimmt, kann im Gas in kurzer Zeit sehr viel elektrische Energie in Wärme umgesetzt werden (z.B. die in dem aus den Elektroden gebildeten Kondensator gespeicherte Energie). Demzufolge wird das Gas im Entladungskanal auf hohe Temperaturen aufgeheizt und es erfolgt ein rascher Druckanstieg. Dieser Druckanstieg kann (bei genügendem Gasdruck) eine Schockwelle auslösen, die das menschliche Ohr als Knall oder Schlag wahrnimmt (vgl. das Donnern nach einem Blitz). Man spricht daher auch von einem *elektrischen Durchschlag*. Diese Bezeichnung wird auch für eine Zündung durch ein festes Dielektrikum (Isolation) gebraucht, da der zurückbleibende Kanal an den Kanal eines Geschosses erinnert.
Ist der Stromanstieg so groß, daß die Spannung an der Entladungsstrecke aufgrund des inneren Widerstandes der Stromquelle und der Widerstände und Induktivitäten in den Zuleitungen unter die *Brennspannung* einer Entladung absinkt, so verlöscht die selbständige Entladung nach kurzer Zeit wieder. Ist die Elektrodenspannung dann nach einiger Zeit wieder bis zur Zündspannung angestiegen, so kann sich der Vorgang wiederholen. Die kurzzeitige Entladung heißt *Funken*.
Wir werden uns in diesem Kapitel darauf beschränken, nur solche Zündvorgänge zu betrachten, bei denen die zum Stromanstieg führende Vermehrung der Ladungsträger sich primär im Gasraum abspielt. Voraussetzung für die Vermehrung der Ladungsträger ist, daß die mittleren freien Weglängen der Elektronen vergleichbar mit oder klein gegen den Abstand der Elektroden sind. Auch bei sehr niedrigen Drucken,

bei denen diese Bedingung nicht erfüllt ist, kann bei genügender
Feldstärke eine Entladung zünden. Der auslösende Prozeß ist hier
Feldemission von Elektronen an einzelnen Metallkristalliten in der
Kathodenoberfläche. Der Feldemissionsstrom durch diese Spitzen
führt zu deren Erhitzung, so daß es schließlich zu einer thermi-
schen Emission von Elektronen kommen kann. Außerdem kann von den
Elektroden Material desorbiert und verdampft werden, so daß sich
die Entladung ihre eigene Gasatmosphäre erzeugt. Man nennt solche
Entladungen *Vakuumfunken* bzw. *Vakuumbogen*[95].

Wir wollen diese Phänomene bei unseren weiteren Betrachtungen jedoch ausschließen. Grundsätzlich lassen sich im Gleichfeld, d.h.
bei konstanter Elektrodenspannung zwei Zündmechanismen unterscheiden:
Bei niedrigen bis mittleren Drucken spielen die Sekundärprozesse
an der Kathode eine entscheidende Rolle. Startet aus irgendeinem
Grund (z.B. einmaliger Lichtblitz auf die Kathode) e i n e Einzellawine, so löst einer (oder mehrere) der früher diskutierten Sekundärprozesse Sekundärlawinen aus, so daß eine Generation von Lawinen entsteht. Der Strom wächst an, und es kommt schließlich zur
selbständigen Entladung (Voraussetzung für die Zündung der selbständigen Entladung ist natürlich die Erfüllung der Bedingung
$\gamma\{\exp(\alpha d) - 1\} \geq 1$). Der hier beschriebenen Zündmechanismus heißt
T o w n s e n d mechanismus oder *Generationsmechanismus*. Er spielt
besonders bei nicht allzu hohen Werten der sog. *Gasverstaerkung*
$\exp(\alpha d)$ eine Rolle. Eine Zündung über diesen Mechanismus läuft in
einigen Mikrosekunden ab.

Bei höheren Drucken kann die Gasverstärkung $\exp(\alpha d)$ so groß werden,
daß die Raumladung einer Einzellawine das Feld verzerrt. Es wird
teilweise aufgesteilt, die Lawine bleibt stehen und bildet einen
Kanal, in dem ein selbständiger Strom fließt. Eine Zündung durch
diesen sog. *Kanalaufbau* oder *Streamer* verläuft sehr schnell, charakteristische Zeiten sind 10 bis 100 Nanosekunden.
Wir wollen diese beiden Zündtypen in den zwei folgenden Abschnitten
besprechen.

15.2   Zündung über den T o w n s e n d mechanismus

Um eine Entladung über den T o w n s e n d mechanismus zu zünden,
müssen zur Entstehung von Lawinen zwei Effekte hinzukommen:
Die Auslösung von Sekundärelektronenlawinen durch Sekundärprozesse und der Aufbau einer Raumladung aus positiven Ionen. Wir wollen
die beiden Prozesse nacheinander betrachten.

15.2.1 Bildung von Folge- oder Sekundärlawinen; Elektronenstrom

Man kann die Bildung von Folgelawinen am besten beobachten, wenn
man die äußeren Parameter so einstellt, daß jede Einzellawine zur
Auslösung genau eines Sekundärelektrons führt. Dieser Fall ist gegeben, wenn die Grenzbedingung für selbständige Entladungen

$$\gamma\{\exp(\alpha d) - 1\}=1 \qquad (15.1)$$

gerade erfüllt ist. Wir wollen im folgenden annehmen, daß die Ur-
sprungslawine (oder mehrere Lawinen gleichzeitig) zu einer definierten Zeit, also durch einen unendlich kurzen Prozeß erzeugt
wird, z.B. durch einen Lichtblitz auf die Kathode. Wir wollen das
Verhalten der Entladung qualitativ für zwei Fälle diskutieren:

15.2.1.1 Sekundärlawinenerzeugung durch Photoemission:

Der wirksame Sekundärprozeß besteht darin, daß von den in einer
Lawine erzeugten Photonen im Mittel eines ein Elektron an der Kathode auslöst, das dann wiederum eine neue Lawine erzeugt. Wie wir
bereits in Abschnitt 14.3 besprochen haben, ist die Anzahl der erzeugten Photonen $\dot{N}_\nu$ der Mächtigkeit der Lawine N proportional, d.h.

$$\dot{N}_\nu(t) \propto N(t) = N_0\exp(\alpha|<\vec{u}_e>|t) \qquad (15.2).$$

Man kann also den Verlauf von $N(t)$ und damit den Verlauf des Elektro-

nenstroms messen, indem man den von der Gasstrecke emittierten
Photonenstrom mit Hilfe eines Photomultipliers zeitaufgelöst mißt.

Aus Gl. (15.2) folgt, daß die meisten Photonen unmittelbar vor
der Anode erzeugt werden. Nehmen wir zur Vereinfachung einmal an,
a l l e Photonen würden direkt an der Anode erzeugt, d.h. zur
Zeit $t_- = d/|\langle\vec{u}_e\rangle|$ nach dem Starten der Lawine entstehen. Dann müßte
unter den oben angenommenen Bedingungen sofort, nachdem eine Lawine
die Anode erreicht hat, an der Kathode eine neue Lawine starten.

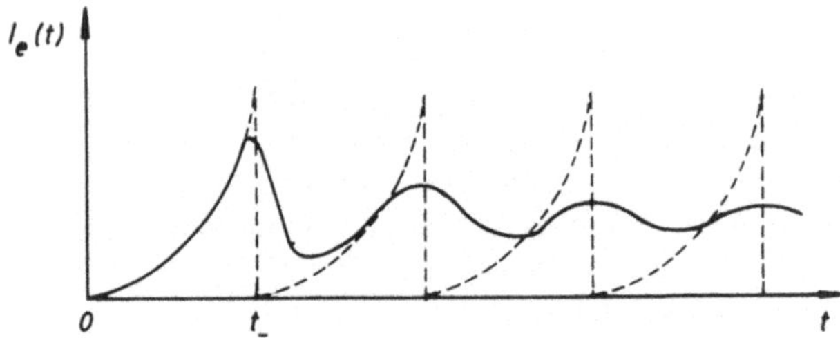

Fig. 15.1
Elektronenstrom
in einer gerade
selbständigen
T o w n s e n d-
entladung, sche-
matisch[90].

Messen wir über den Photonenstrom, wie oben geschildert, den zeitlichen Verlauf des Elektronenstroms, so müßten wir einen Verlauf
wie den in Fig. 15.1 gestrichelt gezeichneten erhalten. Tatsächlich
erhält man einen Verlauf entsprechend der durchgezogenen Kurve, d.h.
die zeitliche Struktur der aufeinander folgenden Lawinen verschmiert
nach wenigen Lawinen zu einem konstanten Mittelwert. Diese Ver-
schmierung beruht auf der Wirkung verschiedener Effekte. Zu nennen
ist das Auseinanderdiffundieren der Elektronen und die endliche
Dauer des Anfangsprozesses (Lichtblitz),der die ersten Lawinen in
der Regel nicht alle genau gleichzeitig startet. Schließlich muß
in Betracht gezogen werden, daß nicht alle Photonen an der Anode
erzeugt werden. Lawinen können schon vor der Zeit t_- starten und
so die Periodizität der Erscheinung zerstören. Solange Gl. (15.1)
erfüllt ist, erhält man auf diese Weise zwar einen stationären selbständigen Strom, aber noch keinen weiteren Stromanstieg. Einen Stromanstieg erhält man, wenn von einer Lawine mehr als genau eine Se-
kundärlawine ausgelöst wird.

Wie bereits mehrfach diskutiert, ist $\gamma\{\exp(\alpha d) - 1\}$ die Anzahl der
pro Lawine an der Kathode ausgelösten Elektronen und damit die Anzahl der Sekundärlawinen. Wir nennen daher

$$M_L : = \gamma\{\exp(\alpha d) - 1\} \qquad (15.3)$$

den Lawinenmultiplikator. Wir können nun die Bilanz der Lawinenan-
zahl im Gasraum aufstellen. Während der Laufzeit t_- einer Lawine
werden M_L Lawinen neu gebildet, eine (die primäre) verschwindet.
In einer Zeitskala, die groß gegen t_- ist, gilt daher für die zeitliche Änderung der Anzahl m der Lawinen

$$\frac{dm}{dt} = \frac{(M_L - 1)\ m}{t_-} \qquad (15.4).$$

Gl. (15.4) läßt sich mit der Anfangsbedingung $m(0) = m_0 \equiv N_0$ integrieren   (die Zahl der Lawinen einer Generation ist gleich der Anzahl der Anfangselektronen, da jedes Elektron eine Lawine auslöst).
Wir erhalten

$$m(t) = N_0\ \exp\left(\frac{M_L - 1}{d}\,|<\vec{u}_e>|\,t\right) \qquad (15.5).$$

Aus Gl. (15.5) können wir den mittleren Elektronenstrom unter Vernachlässigung der in Fig. 15.1 gezeigten Struktur berechnen. Zu diesem Zweck berechnen wir den über eine Lawinenlaufzeit t_- gemit-
telten Elektronenstrom einer Einzellawine. Multipliziert mit $m(t)$
ergibt er den mittleren Verlauf des Elektronenstroms (d.h. in einer
Zeitskala groß gegen t_-) $I_e(t)$. Für eine Einzellawine gilt

$$\overline{I_{e,1}(t)}^{\,t_-} = \frac{1}{t_-} \int_0^{t_-} I_{e,1}(t')\,dt' \qquad (15.6).$$

$I_{e,1}(t')$ ist der Elektronenstrom einer Einzellawine und durch Gl.
(14.21) gegeben. Wir erhalten für den mittleren Elektronenstrom nach
Ausführen der Integration und Multiplizieren mit m

$$I_e(t) = \frac{N_0 e\,|<\vec{u}_e>|}{\alpha d^2}\{\exp(\alpha d) - 1\}\ \exp\left\{\frac{(M_L - 1)\,|<\vec{u}_e>|\,t}{d}\right\} \qquad (15.7).$$

Aus Gl. (15.7) folgt: für M_L = 1 ist $I_e(t)$ konstant, für M_L > 1
steigt der Elektronenstrom exponentiell an, für M_L < 1 sinkt er
exponentiell ab.

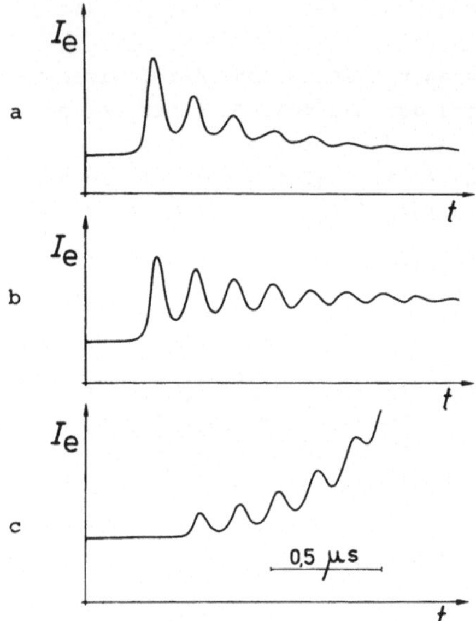

Fig. 15.2   Elektronenstrom
in einer T o w n s e n d-
entladung, die durch einen
Lichtblitz mit $N_0 \approx 10^3$ ge-
startet wurde[90].

Fig. 15.2 zeigt drei Oszillogramme des Elektronenstroms in einer
T o w n s e n d entladung mit M_L = 0.62 (a), M_L = 1 (b) und
M_L = 2.1 (c). Die Feinstruktur der Kurven zeigt einen Verlauf entsprechend Fig. 15.1. Der mittlere Elektronenstrom zeigt den Verlauf, den wir aus unserer Betrachtung gefolgert hatten.

15.2.1.2   <u>Sekundärlawinenerzeugung durch Ionenbeschuß der Kathode</u>

In den meisten Fällen ist Photoemission der dominierende Sekundärprozeß. Man kann jedoch durch geeignete Wahl von Entladungsgas
(Edelgas) und Kathodenmaterial (z.B. Molybdän) und durch eine ge-

eignete Präparierung der Kathode (z.B. durch Ausheizen)den Anteil
der Photoemission senken und die Elektronenauslösung durch Ionen
zum dominierenden Sekundärprozeß machen. Nehmen wir zunächst ide-
alisierend an, alle Ionen benötigen die Laufzeit $t_+ = d/|\langle\vec{u}_+\rangle|$, um
von ihrem Entstehungsort zur Kathode zu driften (d.h. entstehen an
der Anode), so erhalten wir für $M_L = 1$ als Stromverlauf eine perio-
dische Wiederholung des in Fig. 14.5 gezeigten Stromverlaufs. Die
Periodenlänge wäre also t_+ und nicht t_- wie im Fall der Elektronennachlieferung durch Photoemission. Man kann den oben geschilderten Fall in guter Näherung erreichen, wenn γ_i sehr klein ist,
weil man dann zur Erfüllung der Bedingung $M_L = 1$ eine hohe Gasverstärkung braucht.

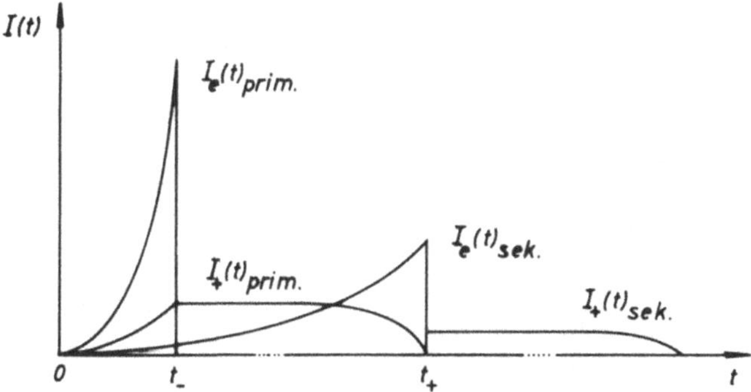

Fig. 15.3   Stromverlauf für primäre und sekundäre Lawinengeneration
für eine T o w n s e n d entladung mit Elektronennachlieferung
durch Ionenbeschuß der Kathode.

Bei großen γ_i hingegen wird die Bedingung $M_L = 1$ schon bei niedriger Gasverstärkung erreicht (Beispiel für $\gamma_i = 0.1$benötigt man nur
exp $(\alpha d) = 11$). In diesem Fall werden schon während der Driftzeit
der primären Ionenwolke laufend Sekundärlawinen erzeugt. Unter der
Voraussetzung, daß m_0 und damit N_0 groß gegen 1 ist, ist der Strom,
der von den Sekundärlawinen getragen wird, proportional dem Strom,
der auf die Kathode auftreffenden Ionen, d.h. proportional dem
zweiten Term in der Klammer von Gl. (14.24). Nach Verschwinden der
primären Ionenwolke verschwindet auch der sekundäre Elektronenstrom,

und der Strom der sekundären Ionenwolke bleibt übrig, usw.
Man kann auf diese Weise verschiedene Lawinengenerationen im Stromoszillogramm erhalten. Fig. 15.3 zeigt schematisch den Stromverlauf der ersten beiden Lawinengenerationen. Wichtig ist, daß $I(t)$
für $t = t_-$ und $t = t_+$ charakteristische Strukturen aufweist. Dies
wird in dem in Abschnitt 1o.2 erwähnten modifizierten H o r n -
b e c k verfahren zur Messung der Driftgeschwindigkeit von Ionen
ausgenutzt.

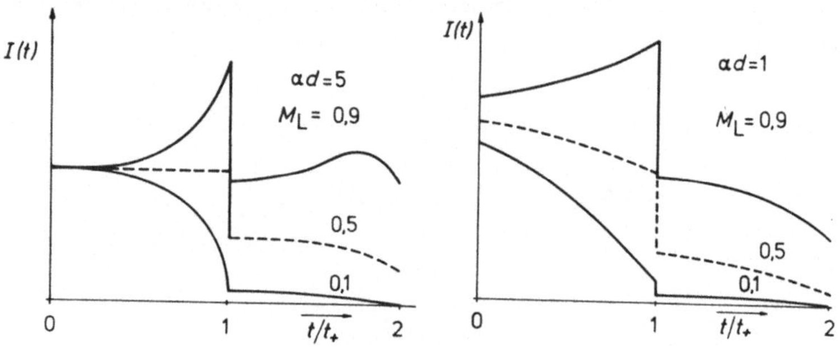

Fig. 15.4   Gesamtstrom in einer T o w n s e n d entladung für verschiedene Werte von Gasverstärkung und Lawinenmultiplikator[39,96].

Man kann den Verlauf des Stroms in ähnlicher Weise berechnen wie
wir es für die Einzellawine im vorigen Kapitel durchgeführt haben.
Als Beispiel zeigen wir in Fig. 15.4 Berechnungen für verschiedene
Werte von αd und γ . Bei geeigneter Wahl der Gasverstärkung kann
man einen konstanten Strom erreichen. Die Bedingung $dI/dt = 0$ verknüpft αd und γ miteinander und erlaubt so, γ aus dem gerade gültigen Wert von αd zu berechnen[96]. Man erhält so eine unabhängige Methode zur Bestimmung des zweiten Ionisierungskoeffizienten.
Da, wie bereits eingangs erwähnt, unter üblichen Bedingungen Photoemission der dominierende Sekundärprozeß ist, sind die hier besprochenen Phänomene weniger für die Zündung von Entladungen als für
Meßverfahren zur Bestimmung von Ionisierungskoeffizienten von Bedeutung. Wir werden daher im folgenden bei der Betrachtung der Ionenraumladung immer die Photoemission stillschweigend als den domini-
renden Sekundärprozeß voraussetzen.

15.2.2   Aufbau der Ionenraumladung, Ionenstrom

Jede Lawine hinterläßt eine Ionenraumladung im Entladungsraum, deren Dichte zur Anode hin exponentiell anwächst. Verglichen mit den Elektronen driftet diese Ladungswolke langsam zur Kathode. Das Verhältnis der Elektronen- zur Ionendriftgeschwindigkeit beträgt etwa 10^2. Die Ionendrift influenziert im Außenkreis den Ionenstrom $I_+(t)$. Wir wollen im folgenden $I_+(t)$ berechnen und zwar zunächst unter Vernachlässigung des Einflusses der Ionenraumladung auf das elektrische Feld im Gasraum. In einem zweiten Abschnitt werden wir dann den Einfluß der Raumladung berücksichtigen.

15.2.2.1 Ionenstrom bei verschwindender Raumladung

Wir nehmen an, N_0 sei 1. Ist nur ein einziges Anfangselektron vorhanden, so können wir davon ausgehen, daß die entstehende Ionenraumladung nur eine sehr kleine Veränderung der elektrischen Feldstärke herbeiführen wird, die wir vernachlässigen wollen. Bei der Berechnung des zeitlichen Verlaufs des Ionenstroms $I_+(t)$ gehen wir von einer Bilanzgleichung aus, ähnlich wie in Abschnitt 15.2.1: Ist N_+ die Zahl der positiven Ionen im Entladungsraum, so nimmt diese aufgrund des elektrischen Stroms der Ionen ab

$$\left(\frac{dN_+}{dt}\right)_{\text{Strom}} = - \frac{N_+ |\langle \vec{u}_+ \rangle|}{d} = - \frac{N_+(t)}{t_+} \qquad (15.8),$$

Weil die Ionen überwiegend unmittelbar vor der Anode erzeugt werden, haben wir in (15.8) zur Vereinfachung angenommen, daß a l l e Ionen die Driftzeit t_+ im Gasraum verbringen. (Eine genauere Rechnung, d.h. eine Mittelung über die Laufzeiten für die verschiedenen Entstehungsorte würde auf der rechten Seite noch einen Faktor $\kappa \gtrsim 1$ bringen). Bei der Ionenerzeugung durch Elektronen wollen wir die in Fig. 15.1 bzw. 15.2 dargestellte Zeitstruktur unberücksichtigt lassen, d.h., wiederum eine Zeitskala, die groß gegen t_- ist, benutzen. D.h. wir setzen als mittlere Erzeugungsrate den Quotienten aus der Anzahl der während t_- erzeugten Ionen und t_- an:

$$\left(-\frac{dN_+}{dt}\right)_{\text{Ionisierung}} = \frac{N_0}{t_-}\,\{\exp(\alpha d)-1\}\exp\left(-\frac{M_L-1}{t_-}t\right) \tag{15.9}.$$

Wir betrachten wiederum zunächst den Fall $M_L = 1$, für den der zweite Exponentialfaktor verschwindet. Aus der Bilanzgleichung

$$\frac{dN_+}{dt} = \left(\frac{dN_+}{dt}\right)_{\text{Strom}} + \left(\frac{dN_+}{dt}\right)_{\text{Ionisierung}} \tag{15.10}$$

erhalten wir mit der Anfangsbedingung $N_+(0)=0$ die Lösung

$$N_+(t) = \frac{N_0 t_+}{t_-}\{\exp(\alpha d)-1\}\{1-\exp(-\frac{t}{t_+})\} \tag{15.11}.$$

Aus (15.11) erhalten wir den Ionenstrom $I_+(t)$ zu

$$I_+(t) = \frac{eN_0}{t_-}\{\exp(\alpha d)-1\}\{1-\exp(-\frac{t}{t_+})\} \tag{15.12}.$$

Aus (15.12) folgt für $t \ll t_+$ ein linearer Stromanstieg

$$I_+(t) \approx \frac{eN_0 t}{t_- t_+}\{\exp(\alpha d)-1\} \tag{15.13}$$

und für $t \gg t_+$ eine Sättigung des Ionenstroms

$$I_+(t) \rightarrow \frac{eN_0}{t_-}\{\exp(\alpha d)-1\} \tag{15.14}.$$

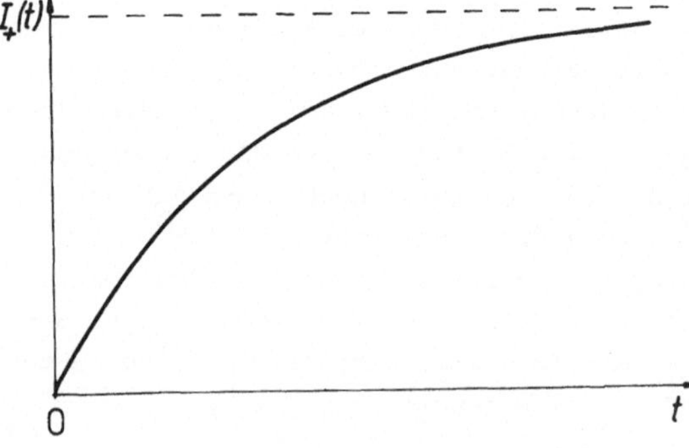

Fig. 15.5 Zeitlicher Verlauf des Ionenstroms für $M_L = 1$.

Die Folge der Sekundärlawinen baut also für $t < t_+$ eine positive
Raumladung auf, wodurch der Ionenstrom zunächst linear anwächst.
Nach der Driftzeit t_+ der positiven Ionen erreichen zeitlich ge-
nauso viele Ionen die Kathode wie neue erzeugt werden (wir haben
ja $M_L = 1$ vorausgesetzt), so daß der Ionenstrom dann in eine Sättigung übergeht. D.h. der Ionenstrom wächst für $M_L = 1$ (und $N_0 = 1$)
nicht unbegrenzt an.

Vergleichen wir den mittleren Elektronenstrom bei $M_L = 1$ mit dem
Sättigungsstrom der positiven Ionen bei $M_L = 1$, so erhalten wir die
wichtige Beziehung

$$\frac{I_{+ \text{ Sätt.}}}{\overline{I_e}} = \alpha d \qquad (15.15)$$

(Diese Beziehung gilt auch für $M_L \neq 1$; vgl. auch Abschnitt 3.3).

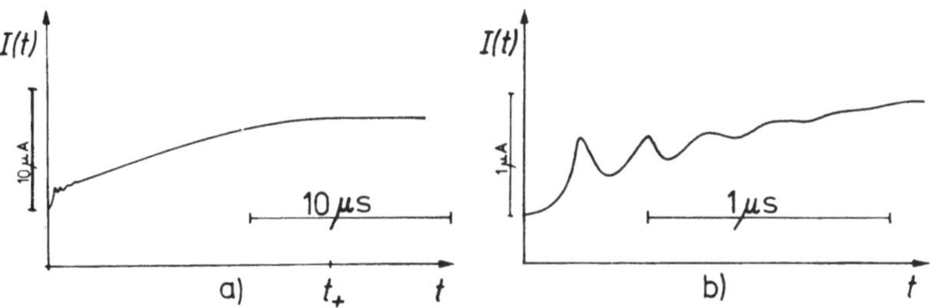

Fig. 15.6   Verlauf des Gesamtstroms in einer T o w n s e n d -
entladung in Wasserstoff für $M_L = 1$ unmittelbar nach der Zündung
a) bis zur Stromsättigung, b) mit höherer Empfindlichkeit und Zeitauflösung für kleine t, wo der Gesamtstrom noch von dem Elektronenstrom dominiert wird (vgl. Fig. 15. 2 b)[97].

Da $\alpha d > 1$ (meist $\gg 1$) gilt, folgt $I_{+ \text{ Sätt.}} > \overline{I_e}$ (meist $\gg \overline{I_e}$).
Wir können also i.a. den Gesamtstrom $I(t)$ dem Ionenstrom $I_+(t)$
gleichsetzen:

$$I(t) \approx I_+(t) \qquad (15.16).$$

Ist $M_L \neq 1$, dann müssen wir in (15.7) den letzten Faktor berücksichtigen. Eine analoge Rechnung ergibt dann:

$$I_+(t) = \frac{eN_0 \{\exp(\alpha d) - 1\}}{t_- \{1+(M_L-1)\, t_+/t_-\}} \cdot \{\exp(\frac{M_L-1}{t_-}\, t) - \exp(-t/t_+)\}$$

$$(15.17).$$

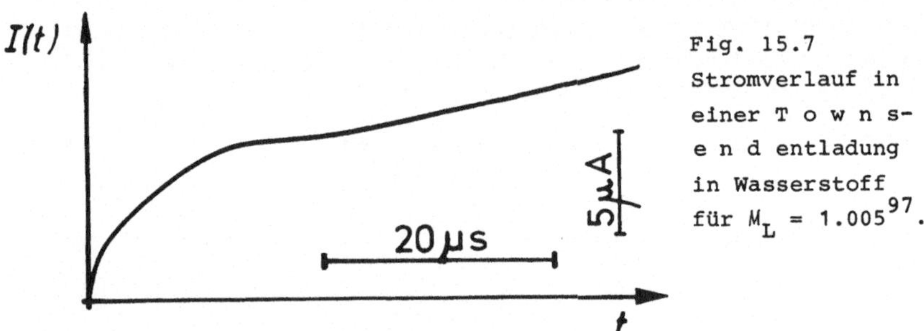

Fig. 15.7
Stromverlauf in
einer T o w n s-
e n d entladung
in Wasserstoff
für $M_L = 1.005$[97].

Fig. 15.6 zeigt Stromoszillogramme einer T o w n s e n d entladung
für $M_L = 1$. Die Anfangsoszillation stellt den Einfluß des Elektronenstroms dar. Man sieht, daß sein Anteil gegenüber dem des Ionenstroms sehr gering ist. Fig. 15.7 zeigt ein Stromoszillogramm in
derselben Entladung für $M_L = 1.005$. Statt einer Sättigung erhält
man für große Zeiten einen exponentiell ansteigenden Strom wie es
Gl. (15.17) fordert.

15.2.2.2 Einfluß der Raumladung auf den Ionenstrom

Experimentell findet man, daß die im vorigen Abschnitt besprochenen Phänomene nur auftreten, solange die Anzahl der Anfangselektronen klein ist. Ist die Zahl der Anfangselektronen $N_0 \gg 1$, so
wird bei $M_L = 1$ die in Fig. 15.5 dargestellte Sättigung des Stroms
experimentell nicht gefunden. Man findet stattdessen im Stromverlauf ein nur kurzes Plateau und dann einen exponentiellen Anstieg

des Stroms mit der Zeit wie in Fig. 15.8 dargestellt.

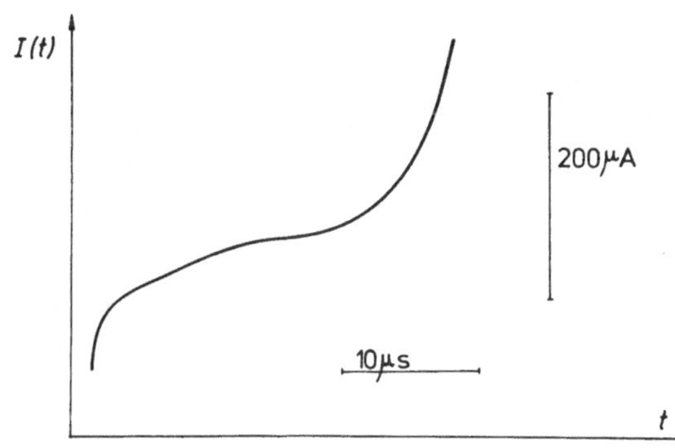

Fig. 15.8
Entladungsstrom
in einer T o w n s-
e n d entladung
für M_L = 1 und
N_0 >> 1 (nach
Ref. 97).

Die Ursache liegt in der Wirkung der Ionenraumladung, die das Feld
verzerrt. Eine Raumladung positiver Ionen hatten wir schon früher
in Fig. 2.4 dargestellt. Man sieht dort den steilen Abfall des
Potentials vor der Kathode (Kathodenfall). Demzufolge herrscht vor
der Kathode ein größeres Feld als im raumladungsfreien Fall. Weil
α von der Feldstärke abhängt und die Feldstärke vom Ort, wird somit α = α (z).
Beim Lawinenaufbau im inhomogenen Feld erhalten wir somit für die
Anzahl der Ionenpaare N

$$\frac{dN}{dz} = \alpha(z)N \qquad (15.18),$$

was auf

$$N(z) = N_0 \exp\left(\int_0^z \alpha(z)dz \right) \qquad (15.19)$$

führt. Wir müssen also in allen Beziehungen des vorigen Abschnit-
tes exp (αd) durch den Integralausdruck gemäß (15.19) ersetzen.
Weil die positive Raumladung erst allmählich in der Zeit $t<t_+$ aufgebaut wird, gilt für diese Aufbauphase zusätzlich E = E(t), was
auf eine Zeitabhängigkeit von α führt. Damit wird auch der Lawinenmultiplikator M_L zeitabhängig:

$$M_L(t) = \gamma\{\exp(\int_0^d \alpha(z,t)dz) - 1\} \text{ für } t < t_+ \qquad (15.2o).$$

Wir wollen nun zeigen, daß M_L wächst:
Dies setzt voraus, daß α stärker als proportional E mit wachsender Feldstärke zunimmt. Wäre nämlich $\alpha \propto E$, so wäre

$$\int_0^d \alpha dz \propto \int_0^d E dz = U \qquad (15.21)$$

unabhängig vom Feldverlauf im Gasraum (auch bei Anwesenheit von Raumladungen ändert sich die äußere Spannung U an den Elektroden nicht). Wir hatten in Abschnitt 14.4 gesehen, daß sich α über weite Parameterbereiche durch Gl. (14.26) darstellen läßt.

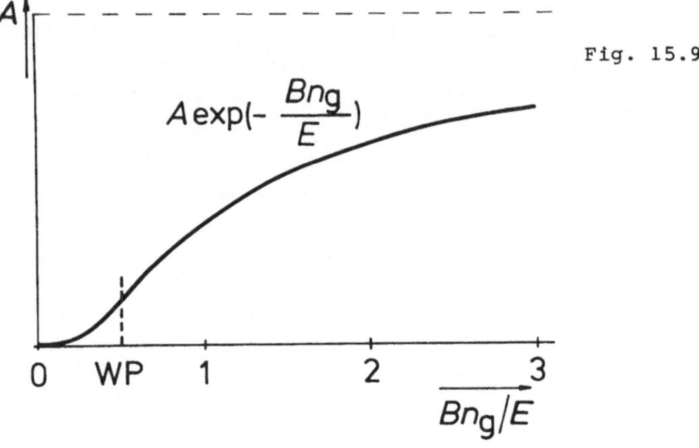

Fig. 15.9

Dieser Zusammenhang ist in Fig. 15.9 dargestellt. Die Funktion $\exp(-Bn_g/E)$ hat für $E/n_g = B/2$ einen Wendepunkt. Wir können daher α für $E/n_g < B/2$ durch eine Parabel annähern. In Wirklichkeit verläuft α für hohe E/n_g steiler als Gl. (14.26) beschreibt, daher nimmt α auch für noch höhere Feldstärken stärker ab als proportional E zu, vgl. Fig. 14.7. (Der Wendepunkt liegt an der Stelle, an der die Tangente in der doppeltlogarithmischen Darstellung die Steigung 1 hat). Wir setzen für unsere Betrachtung

$$\alpha \propto E^l \text{ mit } l > 1 \qquad (15.22)$$

an. Im Vakuumfall erhalten wir dann

$$\int\limits_0^d \alpha dz = \alpha d \propto u^1/d^{1-1} \tag{15.23}.$$

Zur Berücksichtigung der Raumladung ersetzen wir den tatsächlichen
Potentialverlauf durch den in Fig. 15.1o gestrichelt gezeichneten,
d.h. wir nehmen an, daß das Feld von d bis zur Stelle z_1 verschwindet, dafür aber von z_1 bis 0 einen Wert hat, der über dem Wert des
Vakuumfeldes liegt. Es ergibt sich

$$\int\limits_0^d \alpha dz = \int\limits_0^{z_1} \alpha dz \propto u^1/z_1^{1-1} \tag{15.24}.$$

Für das Verhältnis der Lawinenmultiplikatoren der Gasstrecke mit
und ohne Raumladung $M_{L,m}$ und $M_{L,o}$ erhalten wir

$$\frac{M_{L,m}}{M_{L,o}} \longrightarrow \frac{d^{1-1}}{z_1^{1-1}} > 1 \tag{15.25}.$$

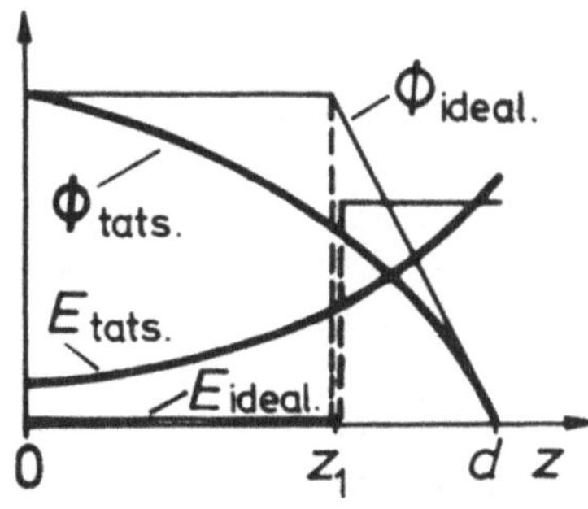

Fig. 15.1o   Tatsächlicher
Feldverlauf und idealisierter
Feldverlauf für eine
T o w n s e n d entladung
mit merklicher Raumladung.

Solange also α stärker als linear mit E wächst, wächst auch M_L.
Es ist sogar möglich, daß Lawinenmultiplikatoren $M_L < 1$ mit wachsender Raumladung ansteigen und schließlich Werte > 1 erreichen,
so daß der Entladungsstrom weiter zunimmt.
Noch ein weiterer Effekt kann auftreten. Wird das elektrische Feld
in bestimmten Bereichen immer weiter aufgesteilt, so kann sich der

Elektronenschwarm schließlich nicht mehr mit dem Feld ins Gleichgewicht setzen, weil die Elektronen zwischen zwei Stößen mehr
Energie aufnehmen als sie bei Stößen abgeben können. Diese Elektronen heißen *runaway - Elektronen*. Sie treten immer dann auf, wenn
der Wirkungsquerschnitt der Elektronen für elastische Stöße rascher
als $(1/\varepsilon)^{3/4}$ mit wachsender Energie ε absinkt. Wegen der hohen Vorwärtsstreuung bei hohen Geschwindigkeiten erhalten wir dann den
Übergang vom driftenden Elektronenschwarm zum beschleunigten Strahl.
Der Energieinhalt im Elektronengas steigt und man erhält einen weiteren Anstieg der Ionisierung, d.h. einen scheinbaren Anstieg von α
und damit von M_L.
Ob M_L anwächst oder der elektrische Strom wieder abstirbt, unterliegt jedoch statistischen Schwankungen, weil die Gasverstärkung
nur im Mittel $\exp(\alpha d)$ beträgt. Es gibt Lawinen mit mehr und solche
mit weniger Elektronen.
Da der Lawinenmultiplikator M_L für $N_0 \gg 1$ von Werten < 1 auf Werte
> 1 anwachsen kann, ist die Zündspannung davon abhängig, wie groß
N_0 ist. Bei großen N_0 kommt man mit niedrigerer Zündspannung aus
als bei kleinen N_0.
Bisher haben wir die Zündung einer Entladung diskutiert für den
Fall, daß nur kurzfristig, nicht ständig, Elektronen im Gasraum bzw.
an der Kathode erzeugt werden. Dies ist die normale Situation beim
Zünden einer Entladung, wo z.B. kosmische Schauer oder die Radioaktivität der Umgebung für die Erzeugung der ersten Ladungsträger
sorgt.
Anders liegen die Verhältnisse bei dem Übergang von der stationären
T o w n s e n d entladung zur selbständigen Entladung, d.h. wenn
mit (im Mittel) konstanter Rate Elektronen an der Kathode ausgelöst
werden. Dann baut sich die Ionenraumladung für $M_L = 1$ automatisch
auf und der Strom steigt linear mit der Zeit an. Die Raumladung
kann hier ebenfalls für $M_L < 1$ eine Zündung verursachen.

15.3   Aufbau eines Funkenkanals (Streamer)

Die charakteristischen Zeiten für die Zündung einer Entladung über
den T o w n s e n d mechanismus betragen einige Mikrosekunden und
sind durch t_+ bestimmt. Experimentell wurde gefunden, daß bei hoher

Gasverstärkung ein sehr viel schnellerer Zündmechanismus einsetzt,
dessen charakteristische Zeitkonstanten vergleichbar mit der Driftzeit der Elektronen in der Gasstrecke , d.h. mit t_-, sind. Diesen
Zündmechanismus, den sog. *Kanalaufbau*, kann man untersuchen, wenn
man den T o w n s e n d mechanismus bei hoher Gasverstärkung unter-
drückt.
Der schnelle Mechanismus muß zum Aufbau eines Entladungskanals aus
einer einzelnen Lawine führen. Charakteristisch ist, daß der Entladungskanal sehr eng ist. Durch diesen schmalen Kanal wird die
Ladung des Kondensators, den die Gasstrecke darstellt, entladen.
Es findet daher innerhalb kürzester Zeit ein Umsatz von erheblicher
Energie statt. Dies kann dazu führen, daß von dem Entladungskanal
Schockwellen ausgehen, wie wir sie als Knall eines Funkens kennen.
Um den T o w n s e n d mechanismus bei hoher Gasverstärkung zu un-
terdrücken, muß man Gasstrecken haben, in denen hohe Gasverstärkun-
gen möglich sind, ohne daß neue Generationen von Lawinen ausgelöst
werden, d.h. der Lawinenmultiplikator M_L muß < 1 bleiben, obwohl
exp (αd) >> 1 ist, d.h. um den Kanalaufbau untersuchen zu können,
muß γ << 1 sein. Ein kleines γ erhält man bei geeigneter Wahl der
Kathodenoberfläche und der Gasart. Eine günstige Kombination ist
z.B. eine Kupferkathode in Äther- oder Alkoholdampf. Die hohe Gasverstärkung, die zur Auslösung des Phänomens nötig ist, bedeutet,
daß eine sehr große Zahl von Ladungsträgern in der einzelnen Lawine
vorhanden ist. So liegt es nahe, anzunehmen, daß die Raumladung
dieser Ladungsträger eine Rolle spielt. Wir betrachten daher zunächst den Einfluß der Eigenraumladung auf die Lawine und danach
den Kanalaufbau.

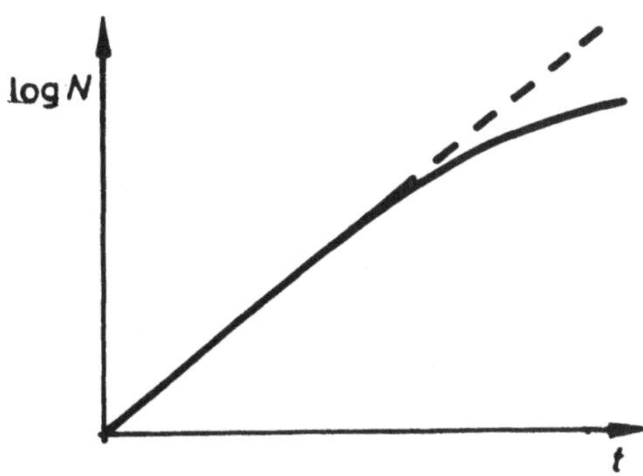

Fig. 15.11 Trägerver-
mehrung in einer Lawine
unter dem Einfluß der
Eigenraumladung.

Man kann den Einfluß der Eigenraumladung untersuchen, wenn man Lawinen auslöst, bei denen die Gasverstärkung gerade noch nicht zum Aufbau eines Funkenkanals ausreicht. Steigt N (d.h. die Zahl der Elektronen in der Lawine) auf Werte von 10^6 und darüber an, so beobachtet man, daß N im weiteren Verlauf der Lawine nicht mehr exponentiell anwächst, sondern schwächer, vgl. Fig. 15.11. Dies ist eine Folge der Einwirkung des Raumladungsfeldes auf die Lawine.

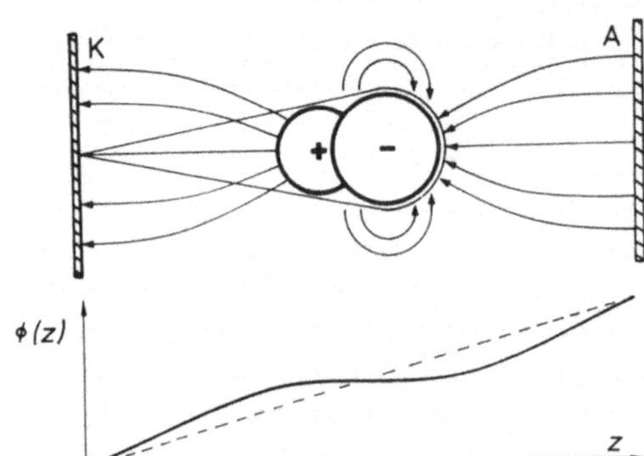

Fig. 15.12 Raumladungsverteilung und Potentialverlauf der stehenden Lawine vor Beginn des Kanalaufbaus.

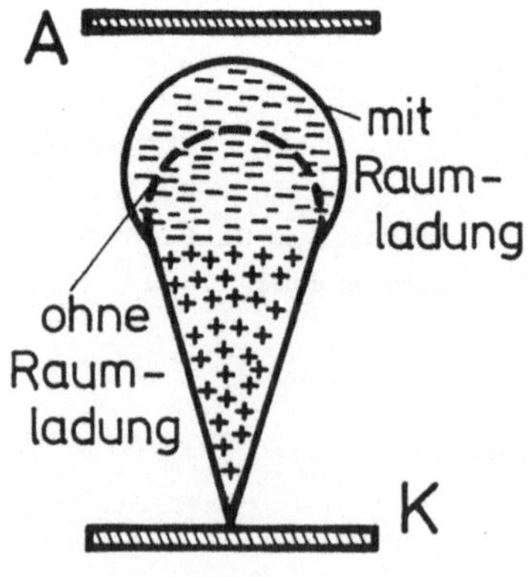

Fig. 15.13 Aufweitung des Lawinenkopfes im Raumladungsfeld.

Im raumladungsfreien Fall bleibt die Ionenraumladung stehen, während die Elektronen unter der Wirkung des Feldes in Richtung Anode driften. Betrachten wir die Ladungsverteilung in der Lawine zu einem bestimmten Zeitpunkt, dann läßt sich diese in erster Näherung durch zwei, etwa kugelförmiger Ladungswolken von etwa gleicher positiver bzw. negativer Ladung beschreiben. Das entstehende Raumladungsfeld wirkt einer Ladungstrennung entgegen (vgl. ambipolare Diffusion), d.h. es bremst die Elektronen (man spricht von *Raumladungsbremsung*). Nun ionisieren die Elektronen schwächer, denn α sinkt mit sinkendem effektiven Feld im Inneren der Lawine. Gleichzeitig findet aufgrund der Raumladungsabstoßung der Elektronen eine Aufweitung des Lawinenkopfes statt. Diese Verhältnisse sind in Fig. 15.12 und 15.13 schematisch dargestellt.

Vor der Lawine und hinter der Lawine wird das elektrische Feld erhöht (vgl. Fig. 15.12). Dort nimmt die Ionisierung zu. Bei niedriger Trägerdichte überwiegt offenbar die Verminderung der Ionisierung durch Abbremsung von Elektronen im Inneren der Lawine die Zunahme der Ionisierung durch diejenigen Elektronen, die im Kopf der Lawine ein erhöhtes Feld vorfinden. Mit wachsender Trägerdichte (etwa ab $N = \exp(20)$) nimmt die Ionisierung im Kopf immer mehr zu, während die Abbremsung der Elektronen im Inneren der Lawine spätestens dann, wenn das elektrische Feld dort zu Null geworden ist, nicht mehr weiter zunehmen kann.

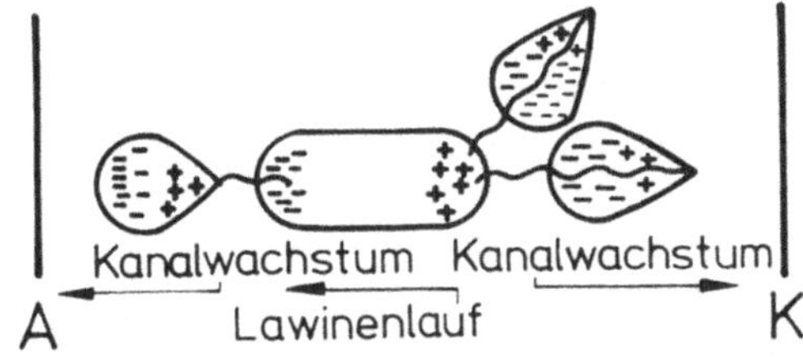

Fig. 15.14 Ausbildung des anoden- und kathodenseitigen Kanals.

Jetzt ändert sich der Mechanismus grundlegend. An den Stellen mit niedrigem Feld bleibt ein ionisierter *Kanal* stehen, während am Kopf weiter ionisiert wird. Es läuft keine Lawine mehr, sondern ein ionisierter Kanal wächst zur Anode hin. Dies wird unterstützt durch die Bildung von Sekundärlawinen, die durch Photoionisierung im Gas vor dem zur Anode wachsenden Kanal ausgelöst werden. Der Kanal (und auch die Lawine) emittiert bei den hohen elektrischen

Feldstärken eine gasionisierende Strahlung mit Wellenlängen zwischen 30 und 100 nm. Dadurch wächst der anodengerichtete Kanal
(*anode streamer*) schneller als eine Lawine läuft (bis zu 10^{1o}m/s;
Driftgeschwindigkeit der Elektronen 10^9m/s), vgl. Fig. 15.14.
Im erhöhten Feld auf der Kathodenseite wächst ebenfalls ein Kanal
zur Kathode hin, der kathodenseitige Kanal (*cathode streamer*). Er
wird allein von sekundären Lawinen gebildet, die durch Photoionisation vor der Lawine entstehen und zur Lawine hin laufen. Während
der anodenseitige Kanal stets längs der Feldlinien läuft, können
an der Kathodenseite Sekundärlawinen auch von der Seite starten;
man erhält so charakteristische Verzweigungen.
Ist der Kanal zwischen Anode und Kathode fertig ausgebildet, so
liegt an den Elektroden zunächst noch die volle Spannung an. Dann
steigt der Strom im Kanal sehr stark an, so daß die Spannung in
etwa 10 ns zusammenbricht (Funke). Den zeitlichen Verlauf des
Elektronenstroms bis hierher zeigt Fig. 15.15.

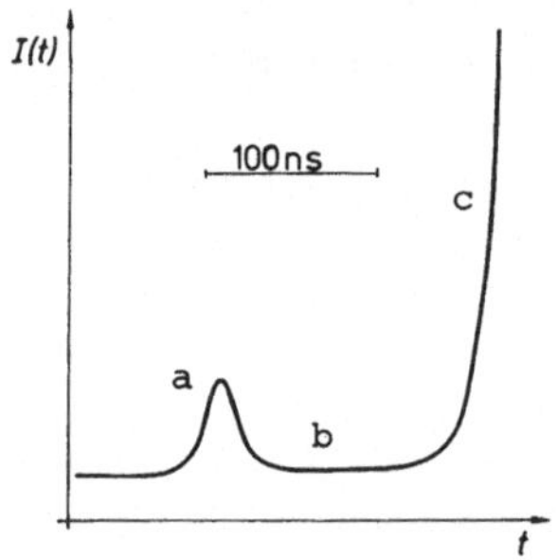

Fig. 15.15   a) Lawinenstrom,
b) stehende Lawine, c) Strom-
zunahme nach Zustandekommen des
Entladungskanals (nach Ref. 9o).

Der Zusammenbruch der Spannung beruht vermutlich darauf, daß die
Ionen im Kanal praktisch stillstehen und gleichzeitig die auf die
Kathode auftreffenden Ionen, die im erhöhten Feld vor der Kathode
sehr viel Energie aufgenommen haben, die Sekundärelektronenemission
erhöhen, so daß der Entladungsschlauch mit einer ständig wachsenden Anzahl von Elektronen gefüttert wird. Die Ionenraumladung bildet ein radiales elektrisches Feld, das die Elektronen auf Bahnen
längs der Achse des Kanals zwingt, so daß ihre Energieaufnahme im
Feld gegenüber dem Fall ohne Radialfeld steigt. Dies erhöht die
Leitfähigkeit immer mehr, bis die Spannung so weit zusammengebro-

chen ist, daß der Prozeß aufhört. Je nach den charakteristischen
elektrischen Werten des äußeren Kreises entsteht eine stationäre
Entladung,oder der Funke läßt die Spannung zusammenbrechen, der
Funke erlischt, die Spannung steigt wieder an,und das Spiel beginnt
von vorne.

15.4   Kanalaufbau im elektronegativen Gasen

Besondere Bedeutung hat der Funkendurchschlag in Luft, in der (wie
in allen elektronegativen Gasen) negative Ionen einen großen Teil
der negativen Ladungsträger der Entladung stellen. Die von der ersten Lawine aufgebaute Ionenraumladung der positiven Ionen wird
hier von den negativen Ionen zunächst kompensiert und wird nicht
wirksam. Erst wenn die negativen Ionen zur Anode gewandert sind
und dort entladen worden sind, setzt der Kanalaufbau ein. Die charakteristische Aufbauzeit (die gegenüber dem vorher betrachteten
Fall, bei dem Elektronen die negativen Ladungsträger waren, viel
länger ist) ist also durch die Driftzeit der negativen Ionen
($\approx$ 10 μs) gegeben. Trotzdem liegt kein T o w n s e n d mechanismus
vor. U.U. spielen sogenannte verzögerte Elektronen eine Rolle, die
durch den Zerfall der negativen Ionen im starken Feld des sich aufbauenden Kanals entstehen und durch Ionisation die Raumladung erhöhen. Mißt man nur den Elektronenstrom einer Einzellawine in Luft,
so macht sich dieser Zerfall von negativen Ionen als sog. *Nach-
strom* bemerkbar[90].

15.5   Anwendungen

Der Lawinenmechanismus bewirkt, daß ein einzelner Ladungsträger bzw.
ein Elektron sich auf exp (αd) -Träger vervielfacht und dadurch ein
elektrischer Strom entsteht, der bequem zu messen ist. Dies läßt
sich zum Zählen einzelner Teilchen ausnutzen. Typische Anwendungs-
fälle sind das G e i g e r - M u e l l e r - Zählrohr, Plattenzähler
und Funkenzähler bzw. Funkenkammern. Eine eingehende Diskussion findet sich in Ref. 9o und 98.

16   Zündung im hochfrequenten Wechselfeld
16.1   Begriffsbestimmungen

Bei unseren bisherigen Betrachtungen hatten wir vorausgesetzt, daß
sich die untersuchten Phänomene in einem (zumindest für eine gewisse Zeit) konstanten elektrischen Feld abspielen. Grundsätzlich
können Phänomene wie Drift, Ionisierung und Aufheizung von Ladungsträgern jedoch auch in einem periodisch oszillierenden Feld auftreten. Entsprechend sollte man auch Entladungen und Zündung beobachten können, wenn man an die Elektroden einer Gasentladungs-
strecke statt einer Gleich- eine Wechselspannung anlegt.
Man kann jedoch die Begriffsbestimmung, die wir bisher für eine
Zündung benutzt haben, nicht ohne weiteres auf eine Gasstrecke mit
Wechselspannung übertragen. Eine Gasstrecke stellt einen Kondensator dar, in dem auch wenn keine Ladungsträger im Gasraum vorhanden sind, bei Anliegen einer Wechselspannung ein Verschiebungsstrom fließt. Zündung kann also nicht den Übergang vom stromlosen
zum stromführenden Zustand der Gasstrecke bedeuten. Es ist daher
günstiger, den Leistungsumsatz in der Gasstrecke zu betrachten.

Das Wort "Entladung" kommt daher, daß man in den Ursprüngen der
Gaselektronik die Entladung eines Kondensators oder einer Batterie
über eine Gasstrecke als das entscheidende Phänomen angesehen hat.
Sieht man eine Batterie oder einen Kondansator als Energiespeicher
an, so bedeutet eine Entladung also Umwandlung gespeicherter elektrischer Energie in andere Energieformen in der Gasstrecke. Diese
Umwandlung findet in der Gasstrecke auch statt, wenn an den Elektroden eine Wechselspannung anliegt.
Solange nur ein Verschiebungsstrom fließt, wirkt die Gasstrecke
als reiner Blindwiderstand, in dem keine Leistung umgesetzt wird.
Bringen wir Ladungsträger in den Gasraum, so oszillieren sie unter der Wirkung des elektrischen Feldes. Diese Oszillation ist
eine gemeinsame Bewegung und insofern als Drift zu bezeichnen. Ist
die Amplitude dieser oszillatorischen Drift klein gegen den Elektrodenabstand d der Gasstrecke, so ist die Drift nicht unbedingt
wie im Gleichfeldfall mit einer Vernichtung der Ladungsträger auf
den Elektroden verbunden (vgl. Kap. 2). Im eingeschwungenen Zustand
stellen die Ladungsträger ein weiteres Energiereservoir dar. Da sie

dann keine Energie mehr aus dem Feld aufnehmen, ist auch die Gasstrecke mit Ladungsträgern ein reiner Blindwiderstand (die Ladungsträger bewirken, daß der Blindwiderstand induktive Komponenten bekommt). Diese Schlußfolgerung gilt jedoch nur, solange neben der Drift keine Mechanismen, die Energieverluste bewirken, auftreten. Diese Annahme ist eine grobe Idealisierung. Wie wir wissen, diffundieren die Ladungsträger zu den Wänden und Elektroden und rekombinieren dort. Diffusion zur Wand ist daher i.a. im Wechselfeld der dominierende Verlustprozeß. Daneben wird Energie durch elastische Stöße von den Ladungsträgern auf das Neutralgas übertragen.

Wir können folgende Analogie zwischen der Gasstrecke mit Gleichspannung und der mit Wechselspannung herstellen.
Der stromlosen Gasstrecke ohne Ladungsträger entspricht die Gasstrecke,in der ein reiner Verschiebungsstrom fließt. Der unselbständigen Entladung entspricht eine Gasstrecke, in der durch Fremdionisierung Ladungsträger erzeugt werden. Diese Ladungsträger nehmen aus dem Feld Energie auf. Wenn sie zur Wand diffundieren und dort entladen werden oder wenn sie elastisch mit Gasmolekeln stoßen, wird diese Energie als Wärme freigesetzt. Daher wird dem Feld dauernd Energie entzogen (die Gasstrecke erhält einen Wirkwiderstand). Nehmen die Ladungsträger soviel Energie im Feld auf, daß sie ionisieren können, so steigt der Energiestrom zur Wand bzw. in das Neutralgas. Dies entspricht der teilselbständigen Entladung.
Wird schließlich so stark ionisiert, daß ohne Fremdionisierung ständig eine endliche Ladungsträgerkonzentration in der Gasstrecke aufrechterhalten werden kann, so sprechen wir von der Zündung einer selbständigen Entladung.
Aus dieser Betrachtung geht hervor, daß es am günstigsten ist, die Zündbedingung anhand der Ladungsträgerdichte als Funktion der Feldstärke zu formulieren.

16.2 Trägerbewegung im elektrischen Wechselfeld

Zur Vorbereitung der Formulierung von Zündbedingungen wollen wir zunächst die Bewegung der Ladungsträger im Wechselfeld näher be-

trachten. Wir wollen dabei zunächst die Stöße der Ladungsträger
untereinander und mit den Gasmolekeln außer Betracht lassen. Im
Gegensatz zum Gleichfeld, wo eine konstante Drift nur unter der
Wirkung der Stöße auftritt, erhalten wir im Falle eines periodisch oszillierenden Feldes auch ohne die Wirkung von Stößen eine
stationär oszillierende Bewegung, die als Drift bezeichnet wird.
Dies beruht auf der Phasenverschiebung zwischen der Feldoszilla-
tion und der Bewegung der Ladungsträger.
Ein freier Ladungsträger der Masse m und der Ladung Q gehorcht
im longitudinalen Wechselfeld

$$E(t) = E_0 \, \exp j \, (\omega t + \phi) \qquad (16.1)$$

der Bewegungsgleichung (E in z-Richtung)

$$m\ddot{z} = QE_0 \exp j \, (\omega t + \phi) \qquad (16.2)$$

mit den Lösungen

$$\dot{z}(t) = u(t) = -j \frac{QE_0}{m\omega} \exp j \, (\omega t + \phi) + u_0 \qquad (16.3)$$

und

$$z(t) = -\frac{QE_0}{m\omega^2} \exp j \, (\omega t + \phi) + u_0 t + z_0 \qquad (16.4).$$

Die Integrationskonstanten u_0 und z_0 sowie die Phase ϕ ergeben
sich aus den Anfangsbedingungen (Erzeugungsort, -zeitpunkt und
Anfangsgeschwindigkeit). Insbesondere ergibt sich u_0 zu

$$u_0 = u(0) + j \frac{QE_0}{m\omega} \exp j\phi \qquad (16.5).$$

Werden die Ladungsträger mit konstanter Rate erzeugt, so ist jede
mögliche Phase von 0 bis 2π im Ladungsträgergas gleich wahrscheinlich. Die Anfangsgeschwindigkeiten sind in der Regel ebenfalls
gleichmäßig verteilt, d.h. bei einer Mittelung der Geschwindigkeiten über das gesamte Ladungsträgergas heben sich die Anteile, die
von u_0 herrühren, gegenseitig auf und wir erhalten

$$\langle \vec{u} \rangle = - j \, \frac{Q}{m\omega} \, \vec{E} \qquad (16.6),$$

d.h. entsprechend unserer allgemeinen Definition (2.7) ist

$$\mu = - \frac{j}{m\omega}$$

die Beweglichkeit der Ladungsträger im Wechselfeld. Aufgrund der Drift fließt ein Wechselstrom mit der Dichte (n Trägerdichte)

$$\vec{j} = Q n \, \langle \vec{u} \rangle \qquad (16.7).$$

Die Dichte der im Feld umgesetzten Leistung dP/dV ist

$$\frac{dP}{dV} = \vec{j} \cdot \vec{E} \qquad (16.8).$$

Im zeitlichen Mittel ist

$$\overline{\frac{dP}{dV}}^{\,t} = \frac{\omega}{2\,\pi} \int_{0}^{\frac{2\,\pi}{\omega}} \vec{j} \cdot \vec{E} \, dt = 0 \qquad (16.9)$$

wegen der in dem Faktor j sich ausdrückenden Phasenverschiebung um $\pi/2$ zwischen Feld und Strom. Der Strom ist ein reiner Blindstrom. Aus Gl. (16.3) erhalten wir die maximale kinetische Energie, die ein Ladungsträger aufgrund seiner Schwingung aufnehmen kann zu

$$\varepsilon_{max} = 2 Q^2 \, E_0^{\,2} / m\omega^2 \qquad (16.lo).$$

Diese Energie reicht in der Regel selbst in selbständigen Entladungen zur Ionisierung von Gasmolekeln bei weitem nicht aus (es ist möglich, Entladungen zu brennen, bei denen $\varepsilon_{max} \approx 1\mathrm{meV}$ beträgt). Wie in Gleichstromentladungen wird die Ionisierung in der (selbständigen) Wechselstromentladung überwiegend von den Elektronen getragen. Die Elektronen können sich im Wechselfeld aufheizen und dabei mittlere Energien $\langle \varepsilon \rangle$ erreichen, die groß gegen ε_{max} sind. Dies beruht darauf, daß Elektronen bei elastischen Stößen mit Gasatomen ihren Impuls stark ändern, aber wenig Energie abgeben (vgl. Kap. 5).

Durch die Impulsänderung fließt daher ständig Energie aus der geordneten Driftbewegung in die ungeordnete thermische Bewegung (Aufheizung). Diesen Vorgang wollen wir im folgenden betrachten.

Bei der Behandlung der L a n g e v i n - Gleichung in Kap. 7 hatten wir gesehen, daß man den Einfluß der Stöße im Mittel durch einen Reibungsterm in der Kraftgleichung berücksichtigen kann - vgl. Gl. (7.2o) und (7.28). Wir setzen daher als mittlere Kraftgleichung für die Elektronen ($Q = e$) an

$$m_e \ddot{z} + \langle \nu_m \rangle \, m_e \dot{z} = - eE_0 \exp j(\omega t + \phi) \tag{16.11}$$

Diese Gleichung hat die Lösung ($z = u$)

$$u(t) = \frac{eE_0\,(\langle \nu_m \rangle - j\omega)}{m(\omega^2 + \langle \nu_m \rangle^2)} \{ \exp j(\omega t + \phi) \; - \exp(-\langle \nu_m \rangle t)\} + u(0)\exp(-\langle \nu_m \rangle t)$$

$$\tag{16.12}$$

Wir sehen, daß die Beweglichkeit nicht mehr rein imaginär, sondern komplex ist, d.h. der mit der Drift der Elektronen verknüpfte Wechselstrom ist kein reiner Blindstrom, sondern hat einen Wirkstromanteil. Entsprechend ist die Phase zwischen Feld und Strom von $\pi/2$ verschieden und zwar um den Winkel χ mit

$$\chi = \arctan \langle \nu_m \rangle / \omega$$

der stets einen von 0 verschiedenen Wert hat, solange elastische Stöße der Ladungsträger stattfinden. Mit Hilfe von Gl. (16.8) bzw. (16.9) können wir den Leistungsumsatz pro Volumen aus Gl. (16.12) berechnen. Wir erhalten

$$\overline{\frac{dP}{dV}}^t = \frac{e^2 n \langle \nu_m \rangle E_0^2}{2m_e(\omega^2 + \langle \nu_m \rangle^2)} \tag{16.13}$$

In der Literatur definiert man häufig die *effektive Feldstaerke* E_{eff}

als diejenige G l e i c h feldstärke, in der die Elektronen die
gleiche Leistung umsetzen würden wie im Wechselfeld. Offenbar gilt

$$E^2_{eff} = \frac{<\nu_m>^2}{(\omega^2 + <\nu_m>^2)} \, E_0^2 \qquad (16.14).$$

Im folgenden wollen wir die mittlere Energie $<\varepsilon>$ berechnen, bis zu
der sich das Elektronengas im Wechselfeld aufheizt. Zu diesem Zweck
betrachten wir die gesamte Leistungsbilanz für das Elektronengas.
Der Wärmestrom pro Volumenelement ist durch die Energieverluste
durch ionisierende Stöße, den Energieverlust durch elastische
Stöße und den Wärmestrom durch Diffusion zur Wand gegeben, d.h.
(für $<\varepsilon> \gg kT_a$)

$$\overline{\frac{dP}{dV}} = n<\nu_i>\varepsilon_i + \frac{m_e}{m_g} \, <\nu_m><\varepsilon> + n<\varepsilon>/\tau \qquad (16.15).$$

Setzen wir dP/dV gleich der im Feld aufgenommenen Leistung, so erhalten wir eine Beziehung zwischen $<\varepsilon>$ und E_0. Bei hohen Neutral-
gasdichten sind die elastischen Stöße der dominierende Energiever-
lustprozeß. Dann ergibt sich

$$<\varepsilon> = \frac{m_g e^2 E_0^2}{2m_e^2 (<\nu_m>^2 + \omega^2)} \qquad (16.16)$$

d.h. $<\varepsilon> \gg \varepsilon_{max}$.

16.3 Diffusionsbestimmte Zündung
16.3.1 Grundlagen

Je nachdem, welche Verlust- und Erzeugungsprozesse dominieren, unterscheidet man verschiedene *Zuendungstypen* (und entsprechend Ent-
ladungstypen), die wir im folgenden besprechen wollen.
Ist die Schwingungsamplitude und die mittlere freie Weglänge der
Elektronen klein gegen die Gefäßdimensionen, insbesondere klein gegen den Elektrodenabstand d, so ist die Diffusion zu den Wänden

258

der dominierende Verlustprozeß. Wegen der geringen Amplitude der
Drift führen die aktiven Elektronen am Ort ihrer Erzeugung viele
Schwingungen aus. Es baut sich lokal eine Ladungswolke auf, die
langsam auseinanderdiffundiert. Prozesse an den Oberflächen spielen für die Bilanz in der Entladung keine Rolle. Diese Bedingungen sind bei einem Elektrodenabstand von 1 cm für Drucke oberhalb
10^{-2} Torr und Frequenzen oberhalb 100 MHz gegeben. Für die Ladungsträgerdichte n erhalten wir die folgende Bilanzgleichung

$$\frac{\partial n}{\partial t} = \nu_0 n_g + \langle \nu_i \rangle n + \Delta \mathcal{D}_e n \qquad (16.17).$$

Hierin ist ν_0 die Ionisierungsrate eines äußeren Agens, $\langle \nu_i \rangle$ die
mittlere Ionisierungsfrequenz der Elektronen und $\mathcal{D}_e$ der Diffusionskoeffizient der Elektronen. Vernachlässigen wir Randeffekte und
nehmen eine im Gefäß konstante Elektronentemperatur an, so reduziert sich (16.17) auf die eindimensionale Gleichung

$$\frac{\partial n}{\partial t} = \nu_0 n_g + \langle \nu_i \rangle n + \mathcal{D}_e \frac{\partial^2 n}{\partial z^2} \qquad (16.18).$$

Bei einer unselbständigen oder teilselbständigen Entladung halten
sich Trägererzeugung und Trägerverluste die Waage. Wir erhalten
also eine nichtdivergierende stationäre Lösung von Gl. (16.18)
für n mit der Nebenbedingung $\partial n / \partial t = 0$. Zündung bedeutet, daß n
ansteigt, also $\partial n / \partial t > 0$ ist, oder aber, daß die mit der Bedingung $\partial n / \partial t = 0$ berechnete Lösung divergiert. Mit der Randbedingung $n(\pm d/2) = 0$ erhalten wir aus (16.18) die Lösung

$$n(z) = \frac{n_g \nu_0}{\langle \nu_i \rangle} \left\{ \frac{\cos\{ z \langle \nu_i \rangle^{1/2} \mathcal{D}_e^{-1/2} \}}{\cos\{ \frac{d}{2} \langle \nu_i \rangle^{1/2} \mathcal{D}_e^{-1/2} \}} - 1 \right\} \qquad (16.19).$$

Diese Lösung divergiert für

$$\frac{\langle \nu_i \rangle}{\mathcal{D}_e} = \left(\frac{\pi}{d} \right)^2 \qquad (16.20),$$

d.h. Gl. (16.2o) ist die Bedingung für das Zünden einer selbständigen Entladung.

In Kap. 8 hatten wir zur Beschreibung der Diffusionsverluste die
sog. Diffusionslänge Λ eingeführt, die für unsere Geometrie gerade
durch d/π gegeben ist. Mit Hilfe von Λ können wir Gl. (16.2o) auch
zu der Bedingung

$$\frac{\langle \nu_i \rangle}{\mathcal{D}_e} = \frac{1}{\Lambda^2} \qquad (16.21)$$

umformen, bzw. mit Hilfe von Gl. (8.26)

$$\langle \nu_i \rangle = \frac{1}{\tau} \qquad (16.22).$$

Die Ionisierungsfrequenz muß gleich dem Reziproken der Diffusionszeit τ sein. Es ist unmittelbar einzusehen, daß die Zündbedingung
in der Formulierung (16.21) und (16.22) unabhängig von der Entla-
dungsgeometrie gilt. Gl. (16.22) besagt, daß die Ionisierung durch
Elektronen im Gasraum die Verluste durch Diffusion aufwiegt, d.h.
daß ein äußeres Agens zur Aufrechterhaltung der Entladung nicht
mehr notwendig ist.
Formulieren wir nunmehr für die selbständige Entladung die Bilanzgleichung ohne ein äußeres Agens (d.h. für $\nu_0=0$), so finden wir,
daß die Trägerdichte aus der Bilanzgleichung nicht bestimmt werden
kann, sofern Gl. (16.22) gültig ist. Ist Gl. (16.22) nicht gültig,
so existiert für das Dichteprofil keine stationäre Lösung. Dies ist
auch unmittelbar aus der physikalischen Deutung von Gl. (16.22) ersichtlich. Als weitere Bestimmungsgleichung für die Dichte muß daher die Leistungsbilanz im Plasma herangezogen werden.
Mit Hilfe der Leistungsbilanz Gl. (16.15) können wir uns auch ein
qualitatives Bild über den Verlauf der Zündfeldstärke verschaffen,
wenn wir annehmen, daß bei der Zündung ein definierter Zusammenhang zwischen der Ionisierungsenergie ε_i des Entladungsgases und
der mittleren thermischen Energie $\langle \varepsilon \rangle$ der Elektronen bestehen muß.
Dann ist $\langle \varepsilon \rangle$ bei der Zündung eine fest vorgegebene Größe.
Wir betrachten zunächst eine Gasstrecke mit so hoher Gasdichte,
daß $\langle \nu_m \rangle$ groß gegen ω und groß gegen das Reziproke der Diffusionszeit ist. Wegen der Gültigkeit von Gl. (16.22) können wir dann in
Gl. (16.15) die beiden Therme mit $\langle \nu_i \rangle$ und $1/\tau$ vernachlässigen.
Für den Zusammenhang zwischen dP/dV und E benutzen wir Gl. (16.13),

260

in der wir ω^2 gegen $<\nu_m>^2$ vernachlässigen. Wir erhalten für die
Amplitude der Zündfeldstärke E_{0z}

$$E_{0z} \propto \left(\frac{m_e^2 \varepsilon_i <\nu_m>^2}{m_g e^2} \right)^{1/2} \propto <\nu_m> \propto n_g \qquad (16.23).$$

Die Zündfeldstärke ist unabhängig von den Gefäßdimensionen und
steigt proportional mit der Gasdichte.
Ist umgekehrt die Gasdichte sehr niedrig, so überwiegt der Energiestrom durch Ionisierung und Diffusion zur Wand. Gl. (16.13) ist
dann streng genommen nicht mehr gültig. Wir benutzen sie mit der
Näherung $<\nu_m> \ll \omega$ und erhalten unter Benutzung von Gl. (16.21)
für die Zündfeldstärke

$$E_{0z} \propto \left(\frac{D_e (\varepsilon_i + <\varepsilon> m_e \omega^2)}{\Lambda^2 <\nu_m> e^2} \right)^{1/2} \qquad (16.24)$$

und somit

$$E_{0z} \propto 1/\Lambda \propto 1/d \qquad (16.25)$$

und

$$E_{0z} \propto \left(D_e / <\nu_m> \right)^{1/2} \propto 1/n_g \qquad (16.27).$$

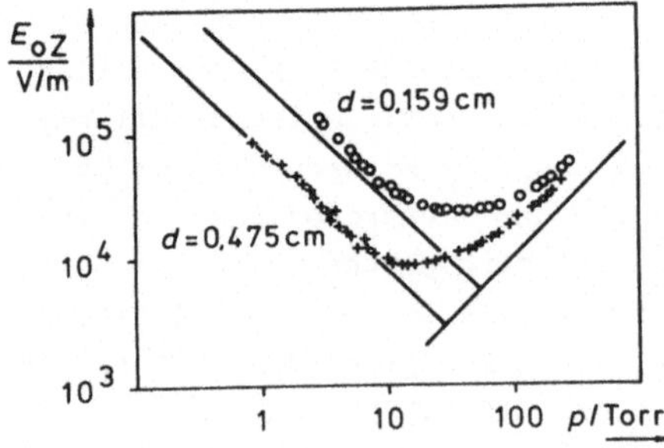

Fig. 16.1   Zündfeldstärke
als Funktion des Gasdruckes
in einer He-Hg-Mischung[99].

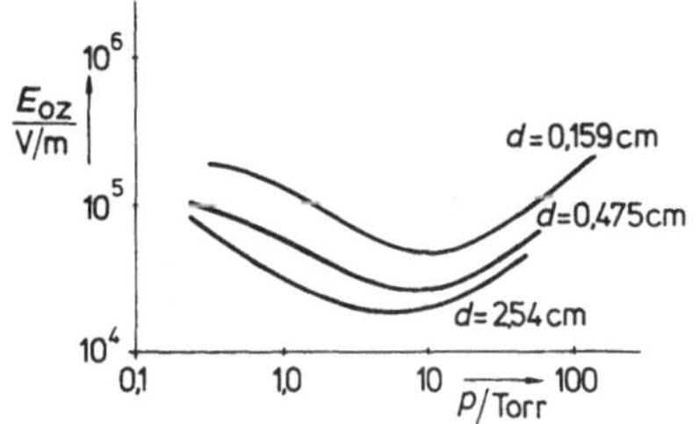

Fig. 16.2   Zündfeldstärke als Funktion des Gasdruckes in Wasserstoff für verschiedene Elektrodenabstände, Feldfrequenz 3 GHz[99].

Bei niedriger Gasdichte ist die Zündfeldstärke von den Gefäßdimensionen abhängig (sie steigt mit wachsender Größe der Gasstrecke) und der Gasdichte umgekehrt proportional. Beim Übergang von hohen zu niedrigen Gasdichten muß somit ein Übergangsgebiet existieren, wo die Zündfeldstärke von der Gasdichte nicht abhängt. Fig. 16.1 und 16.2 zeigen Messungen des Zusammenhangs zwischen Gasdichte, Gefäßgröße und Zündfeldstärke. Wie man sieht, tritt der vorausgesagte Zusammenhang in der Tat ein. Besonders gut ist die Übereinstimmung zwischen Experiment und Voraussage im Helium-Quecksilberdampfgemisch. In diesem Gas reagieren die metastabilen Heliumatome durch P e n n i n g ionisierung mit Quecksilberatomen unter Bildung von Quecksilberionen. Daher sind nahezu keine Metastabilen vorhanden, und unsere Voraussetzungen über die wirksamen Mechanismen sind besonders gut erfüllt. In Wasserstoff findet man hingegen auch bei hohen Drucken eine Abhängigkeit der Zündfeldstärke von den Gefäßdimensionen. In Wasserstoff spielen sich verschiedene Ionen-Molekülreaktionen ab (Bildung von H_3^+ und eventuell H_5^+-Ionen). Möglicherweise spielen daher für die Ionisierungsbilanz bei hohen Drucken Teilchen eine Rolle, deren Dichte durch Diffusionsverluste bestimmt ist. Dies würde die Abhängigkeit der Zündfeldstärke von dem Elektrodenabstand erklären.

In der Literatur wird im Zusammenhang mit der diffusionsbestimmten Zündung ein besonderer Ionisierungskoeffizient ζ_i eingeführt, der eine Analogie zu dem Koeffizienten η_i darstellen soll:
Ersetzt man in der Definitionsgleichung für η_i

$$\eta_i = \frac{<\nu_i>}{|<\vec{u}_e>|E} = \frac{<\nu_i>}{\mu eE^2} \qquad\qquad (16.28)$$

die Beweglichkeit μ durch den Diffusionskoeffizienten D, weil im Gleichfeld die Drift, im Wechselfeld die Diffusion der bestimmende Verlustprozeß ist und E durch die Effektivfeldstärke, so erhält man ζ_i:

$$\zeta_i = \frac{<\nu_i>}{D e E^2_{eff}} \qquad\qquad (16.29).$$

(Wie wir in Abschnitt 14 gezeigt hatten, erscheint die Driftgeschwindigkeit in (16.28), weil zur Definition von η_i der Operator $\partial/\partial\Phi$ transformiert werden muß, die Definition von ζ_i erscheint daher als sehr gekünstelt). Speziell im Falle der Zündung erhalten wir

$$\zeta_i = \frac{1}{e\Lambda^2 E^2_{eff.\ Z}} \qquad\qquad (16.3o).$$

Man kann daher aus der Zündfeldstärke ζ_i und damit η_i bestimmen. Dies gilt jedoch nur mit Einschränkungen, d.h. solange man einen eindeutigen Zusammenhang zwischen Diffusionskoeffizient im Wechselfeld und Beweglichkeit im Gleichfeld hat. Die Strukturen der Elektronenverteilungsfunktionen können sehr unterschiedlich sein.

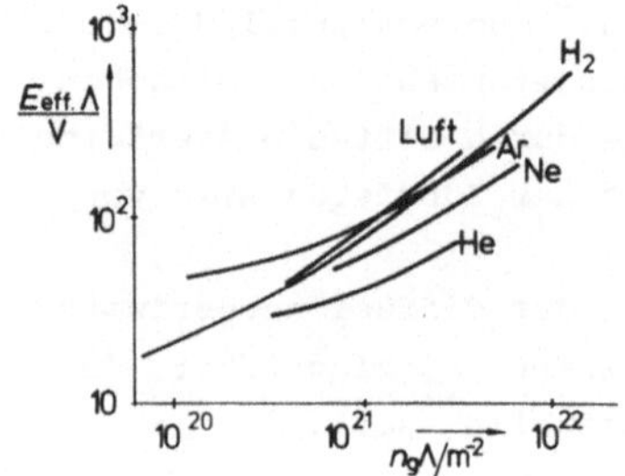

Fig. 16.3   Sog. P a s c h e n - kurven für die Zündung im Wechselfeld, Λ Diffusionslänge in der Gasstrecke[99].

Gelegentlich wird die Zündung im Wechselfeld auch durch ein modifi-
ziertes P a s c h e n gesetz

$$E_{eff}\Lambda = f(n_g\Lambda) \qquad (16.31)$$

dargestellt. Fig. 16.3 zeigt Beispiele für Zündkurven im Wechselfeld. Die Größen E_{eff} und $n_g\Lambda$ sind Ähnlichkeitsvariable wie E/n_g
und $n_g d$ im Falle eines Gleichfeldes. Da im Wechselfeld die Wechsel-
frequenz als zusätzliche Variable hinzukommt, genügen jedoch in der
Regel diese beiden Variablen zur Beschreibung des Phänomens nicht.
(Dies kommt auch im Auftreten verschiedener Zündtypen zum Ausdruck).

16.3.2 <u>Einfluß eines elektrischen Gleichfeldes auf die Zündung</u>

Überlagert man dem Wechselfeld ein statisches elektrisches oder
magnetisches Feld, so kann die Zündbedingung dadurch modifiziert
werden.
Im Falle eines elektrischen Feldes läßt sich dieser Einfluß sehr
einfach beschreiben. Ein statisches elektrisches Feld $\vec{E}$ bewirkt
eine Drift der Ladungsträger, dies bedeutet einen zusätzlichen Verlustmechanismus. Wir erhalten daher als Bilanzgleichung

$$D_e\Delta n + \mu_e e\vec{E}\nabla n + \langle\nu_i\rangle n = 0 \qquad (16.32).$$

Die Lösung dieser Gleichung hängt von den Randbedingungen ab.
Nehmen wir an, die Gasstrecke habe Zylindersymmetrie und das Feld $\vec{E}$
weise in z-Richtung, so erhalten wir eine rein reelle Lösung, unter
der Voraussetzung, daß

$$\frac{\langle\nu_i\rangle}{D_e} = \frac{1}{\Lambda^2} + \frac{(\mu_e eE)^2}{2\,D_e} = : \frac{1}{\Lambda_E^2} \qquad (16.32)$$

ist. Wir können Gl. (16.32) als Definitionsgleichung einer modifizierten Diffusionslänge Λ_E auffassen. Λ_E ist kleiner als Λ. Das
überlagerte elektrische Feld beeinflußt die Entladung also so, als
ob eine verkleinerte Diffusionslänge wirksam wäre, d.h. hat den

gleichen Einfluß wie eine entsprechende Verringerung der Gefäßdimensionen.

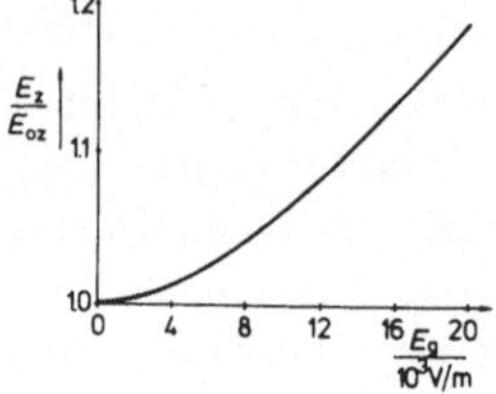

Fig. 16.4   Anwachsen der Zündfeldstärke E_z über den Wert ohne Gleichfeld E_{0z} als Funktion der überlagerten Gleichfeldstärke E_g. Berechnet für Luft von 38 Torr[99,100].

Wie Fig. 16.1 und 16.2 zeigen, bewirkt eine Verringerung der Gefäßdimensionen bei hinreichend niedrigem Druck eine Erhöhung der Zündfeldstärke. Ein entsprechender Einfluß des elektrischen Feldes wird in der Tat beobachtet. Fig. 16.4 zeigt die Zunahme der Zündfeldstärke in Abhängigkeit von der Feldstärke des Gleichfeldes.

16.3.3   Einfluß eines Magnetfeldes auf die Zündung

Ein magnetisches Feld beeinflußt die Zündung in doppelter Hinsicht:

Bei genügend niedrigen Drucken behindert es die Diffusion senkrecht zu den Feldlinien und bewirkt so eine effektive Vergrößerung der Diffusionslänge, d.h. eine Herabsetzung der Zündfeldstärke.

Stehen Wechselfeld und Magnetfeld senkrecht zueinander, so kann die Gyrationsbewegung der Elektronen mit dem Wechselfeld in Resonanz kommen, so daß die Elektronen auch ohne gaskinetische Stöße ständig Energie aus dem Wechselfeld entnehmen.
Voraussetzung für diese sog. *Elektronzyklotronresonanz* ist, daß die Frequenz des Wechselfeldes mit der *Elektronzyklotronfrequenz*

$$\omega_B = \frac{QB}{m} \tag{16.33}$$

der Elektronen übereinstimmt (B magnetische Induktion).
Tritt Resonanz ein, so steigt die Elektronentemperatur, und die Zünd-

spannung sinkt. Wird die Stoßfrequenz der Elektronen für gaskineti-
sche Stöße $\langle v_m \rangle$ bei hohem Druck groß gegen ω_B, so verschwindet die
Resonanz, weil die Elektronen wegen der Stöße keine geschlossenen
Bahnen um die Magnetfeldlinien mehr durchlaufen.

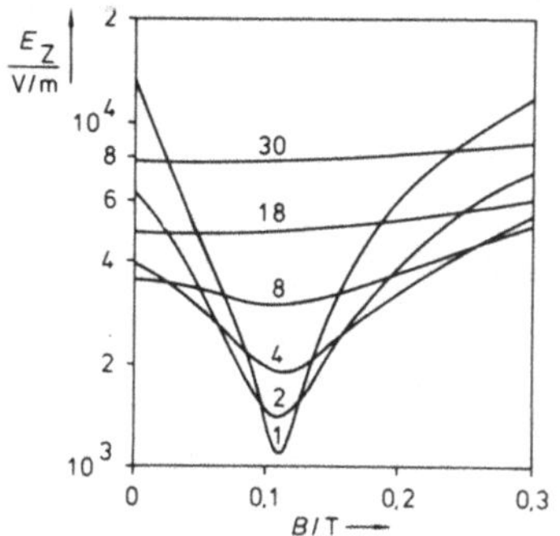

Fig. 16.5   Zündfeldstärke in
Helium bei Anwesenheit eines
transversalen Magnetfeldes als
Funktion der magnetischen Induktion B. Kurvenparameter ist
der Heliumdruck, gemessen in
Torr[99].

Fig. 16.5 zeigt Zündfeldstärken bei fester Frequenz des Wechselfeldes als Funktion des Magnetfeldes und des Gasdruckes in einem He-
Hg-Gemisch. Bei niedrigen Drucken tritt eine deutliche Absenkung
der Zündfeldstärke auf, diese Absenkung wird mit wachsendem Druck
mehr und mehr verwaschen und verschwindet bei etwa 18 Torr schließlich vollständig. Jedoch steigt auch bei hohen Drucken die Zündfeldstärke mit wachsendem Magnetfeld an. Auf die Deutung dieses Effektes
können wir an dieser Stelle nicht eingehen.

16.3.4   Einfluß negativ geladener Ionen auf die Zündung

In unseren bisherigen Betrachtungen hatten wir stillschweigend angenommen, daß freie Elektronen und positiv geladene Ionen die einzig vorkommenden Ladungsträgersorten sind. Dies ist nur unter be-
sonderen Bedingungen der Fall. Gerade in dem technisch besonders
wichtigen Fall der Zündung in Luft spielt die Bildung negativ geladener Ionen durch Elektronenanlagerung an neutrale Gasmoleküle
eine besondere Rolle. Die Bildung negativ geladener Ionen stellt
für die Ladungsträgerbilanz einen Verlustprozeß dar, da negativ ge-

ladene Ionen in der Regel nicht bis zu Energien aufgeheizt werden,
bei denen sie ionisierende Stöße ausführen.
Führen wir in die Bilanzgleichung (16.17) als zusätzlichen Ver-
lustterm

$$\left(\frac{\partial n}{\partial z} \right)_{\text{Anlagerung}} = - <v_a> n \qquad (16.34)$$

ein, so erhalten wir als modifizierte Zündbedingung

$$\frac{<v_i>}{\mathcal{D}_e} = \frac{1}{\Lambda^2} + \frac{<v_a>}{\mathcal{D}_e} = : \frac{1}{\Lambda^2_a} \qquad (16.35).$$

Werden negativ geladene Ionen gebildet, so ist die Wirkung auf die
Zündfeldstärke einer Verkleinerung der Gasstrecke äquivalent, die
Zündfeldstärke steigt an. Aus Gl. (16.35) läßt sich die Zündfeldstärke quantitativ berechnen, wenn man $<v_i>$ und $<v_a>$ aus Bestim-
mungen des T o w n s e n d koeffizienten α und des Anlagerungskoeffizienten η mit Hilfe von Gleichung (14.8) und (11.5) mit Hilfe
der Gleichfeldbeweglichkeit bestimmt, aber für die wirksame Driftgeschwindigkeit die Beziehung

$$|<\vec{u}_e>| = \mu_e \varrho E_{\text{eff}} \qquad (16.36)$$

benutzt.

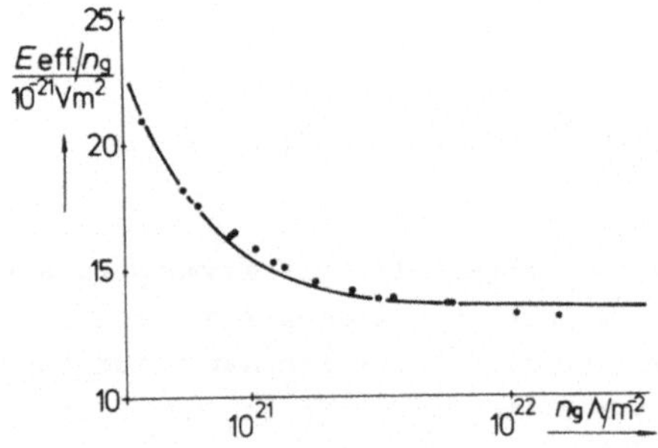

Fig. 16.6   Dichtebezogene
Zündfeldstärke in Sauer-
stoff bei 3 GHz als Funktion
der Diffusionslänge. Die
ausgezogene Kurve wurde
nach Gl. (16.35) berech-
net[99].

Fig. 16.6 zeigt einen Vergleich zwischen der so berechneten Zündfeldstärke (ausgezogene Linie) und Meßwerten (Punkte) in reinem
Sauerstoff.

16.4   Driftbestimmte Zündung

Wir konnten Trägerverluste durch Drift auf die Elektroden nur mit
der Annahme ausschließen, daß die Amplitude der Elektronendrift
klein gegen den Elektrodenabstand d der Gasstrecke war. Diese Voraussetzung ist spätestens dann verletzt, wenn die Amplitude gleich
dem halben Elektrodenabstand ist, d.h. wenn

$$\frac{d}{2} = \frac{2 e E_{eff}}{m_e \omega \langle \nu_m \rangle} \tag{16.37}$$

ist. Experimentell zeigt sich, daß die Z ü n d feldstärke als Funktion der Frequenz genau dann eine Diskontinuität aufweist, wenn
Gl. (16.37) für die Zündfeldstärke erfüllt wäre. Die Zündfeldstärke steigt schlagartig so stark an, daß die Driftamplitude bei der
Zündung groß gegen den Elektrodenabstand wird.

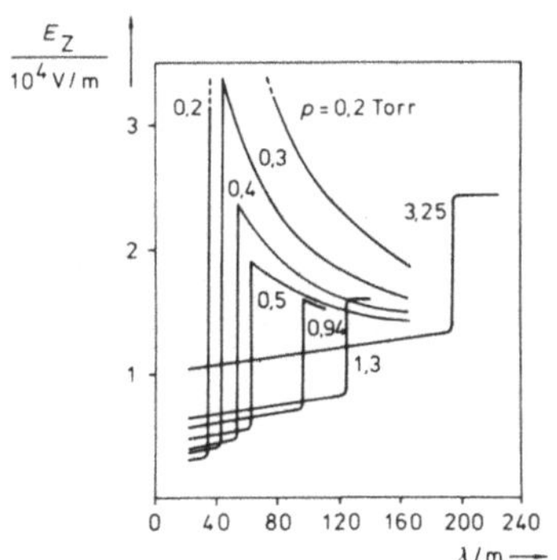

Fig. 16.7   Übergang von der
diffusionsbestimmten zur driftbestimmten Zündung in Wasserstoff, d = 3,55 cm. Kurvenparameter ist der Wasserstoff-
druck in Torr [101].

Fig. 16.7 zeigt einen Satz von Messungen der Zündfeldstärke als
Funktion der Frequenz (bzw. der zugehörigen Vakuumwellenlänge
$\lambda = 2\pi c/\omega$, c Vakuumlichtgeschwindigkeit) für verschiedene Gas-
drucke.
Die Zündfeldstärke muß offenbar soweit ansteigen, bis ein neuer
Mechanismus einsetzt, der wieder eine Zündung ermöglicht. Dieser
Mechanismus ist offenbar so effektiv, daß die Zündfeldstärke bei
weiterer Verringerung der Frequenz wieder absinkt.

Mit steigender Feldstärke und sinkender Frequenz steigt die Driftamplitude weiter an. Die Effektivität des zusätzlich wirksamen
Mechanismusses steigt offenbar mit wachsender Driftamplitude, da
die Zündfeldstärke sinkt. Dies läßt den Schluß zu, daß die Auslösung von Ladungsträgern an den Elektroden eine dominierende Rolle spielt, d.h. daß es sich um eine Annäherung an die Verhältnisse
bei der Zündung im Gleichfeld handelt, bei der die Elektronenauslösung aus der Kathode durch Ionen oder Photonen die Zündung einer
selbständigen Entladung bestimmt. Diese Annahme wird durch die Tatsache gestützt, daß die Zündfeldstärke stark von dem Entladungsgas und von dem Material und der Beschaffenheit der Elektroden abhängig ist.
Nimmt man an, daß die Zündung immer dann einsetzt, wenn die Driftamplitude einen bestimmten Wert erreicht hat, dann muß nach Gl.
(16.37)

$$E_{0z}^{2} \propto (<\nu_m>^2 + \omega^2)$$

sein. Dies wird von der Erfahrung bestätigt.

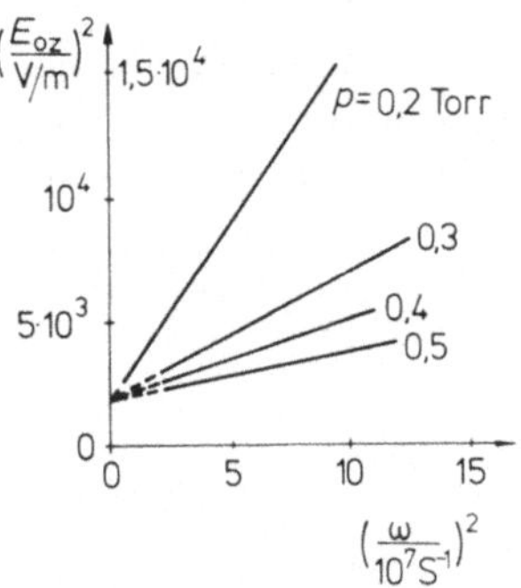

Fig. 16.8   Beziehung zwischen
Frequenz und Zündfeldstärke
bei der driftbestimmten Zündung (Umzeichnung der Kurven
aus Fig. 16.7)[lol].

Fig. 16.8 zeigt, daß das Quadrat der Zündfeldstärke als Funktion
von ω^2 eine Gerade ergibt, deren Steigung vom Gasdruck abhängt.
Variiert man den Druck, so findet man Geraden mit verschiedener
Steigung, die die Ordinate alle im gleichen Punkt schneiden. Dies
bedeutet, daß die zur Zündung erforderliche Driftgeschwindigkeit
der Gasdichte umgekehrt proportional ist. Aus dem Ordinatenschnitt-
punkt (d.h. E_z^2 für die Frequenz 0, also im Gleichfeld) läßt sich
mit Hilfe der Beweglichkeit die Ionensorte bestimmen. Die Auswertung von Fig. 16.8 ergab, daß unter den gegebenen Bedingungen H_2^{+}

das wirksame Ion ist, das die Sekundärprozesse auslöst.

16.5 Zündung einer Entladung im Hochvakuum durch Sekundärelektronen - Multipaktorentladung

Bei sehr niedrigem Druck spielen die Stöße der Elektronen im Gas
keine Rolle mehr. Ist die Schwingungsamplitude genügend groß, so
können die Elektronen auf die Wände bzw. Elektroden aufschlagen
und dort Sekundärelektronen auslösen. Ist die Energie, die die
Elektronen beim Auftreffen auf die Elektroden besitzen, groß genug,
so schlägt ein Elektron im Mittel mehr als ein Sekundärelektron
heraus. Wenn diese Sekundärelektronen nun gerade ein Feld umgekehrter Polarität vorfinden, so werden sie zur gegenüberliegenden
Elektrode beschleunigt und lösen dort wieder Sekundärelektronen
aus u.s.f. Der Effekt setzt bei einer bestimmten Frequenz ein, wenn
sowohl die Laufzeit der Elektronen gerade einer halben Schwingungsperiode entspricht als auch ihre Auftreffenergie einen gewissen Mi-
nimalwert überschreitet. Steigt die Feldstärke, so sinkt die Laufzeit der Elektronen, und damit wird die Phasenbeziehung zerstört.
Daher gibt es für diese Entladung sowohl eine untere als auch eine obere Grenze der Feldstärke, vgl. Fig. 16.9.

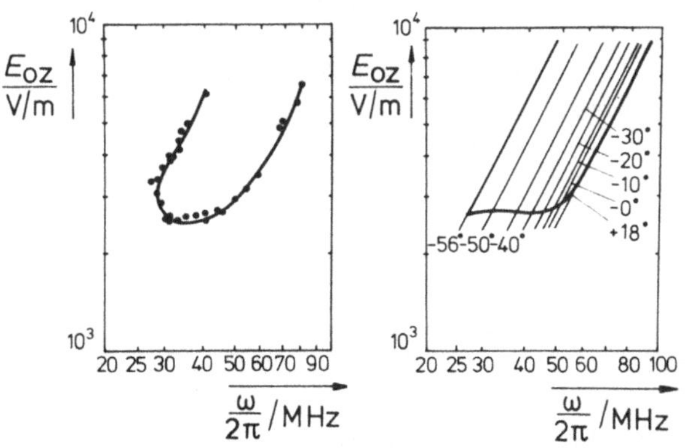

Fig. 16.9
Existenzdia-
gramm der Mul-
tipaktorenent-
ladung zwischen
Elektroden mit
3 cm Abstand in
Wasserstoff von
0.1 µ Torr,
links Messung,
rechts Theorie
(nach Ref. 1o2).

Der Effekt ist für die Konstruktion von Sekundärelektronenverviel-
fachen ausgenutzt worden. Wegen der langen Aufbauzeit der Entla-

dung hat sich diese Anordnung aber nicht durchsetzen können. Die
Multipaktorentladung begrenzt die maximal im Hochvakuum erzielba-
ren Hochfrequenzfeldstärken. Dies ist z.B. in Linearbeschleunigern
von Bedeutung, da dadurch die in einer Stufe erzielbare Beschleunigung begrenzt wird.

17   <u>Literaturverzeichnis</u>

Zusammenfassende Artikel und Monographien sind mit einem Stern *
versehen, eine Raute ◊ deutet auf Sammelwerke oder Tagungsbände
hin, in denen sich weitere Literatur zu dem betreffenden Thema findet.

*   1. Thomson, J.J., Marx, E. Elektrizitätsdurchgang in Gasen,
         Leipzig (19o6)

      2. Child, C.D. Ann. Phys. Chem. 65 (1898) 152

      3. van Montford, L.H. Proefschrift ter verkrijging van de graad
         van doctor, Technische Hogeschool, Eindhoven (1971)

      4. Townsend, J.S. Phil. Mag. (6) 1 (19o1) 198

*   5. Kaminsky, M. Atomic and Ionic Impact Phenomena, Heidelberg
         (1965);

◊* 5a. Little, P.F. in S. Flügge, Handbuch der Physik, Band 21,
         Heidelberg (1956)

      6. Paschen, F. Ann. Phys. Chem. 37 (1889) 69

*   7. von Engel, A. Ionized Gases, 2. Auflage, Oxford (1965)

      8. Hittorf, W. Ann. Phys. Chem. 136 (1869) 1, 197

◊*   9. Francis, G. in S. Flügge, Handbuch der Physik, Band 22,
         Heidelberg (1956)

     1o. Lenard, P. Ann. Phys. 12 (19o3) 714

     11. Mott, N.F. Proc. Roy. Soc. A 127 (193o) 658

*   12. Massey, H.S.W., Burhop, E.H.S. Electronic and Ionic Impact
         Phenomena, Band 1 und 2, Oxford (1969), Band 3 (1971),
         Band 4 (1973), Band 5 (1974)

     13. Ramsauer, C. Ann. Phys. 66 (1921) 546

     14. Akesson, N., Arsskr. Univ. lund, N.F. 12 (1916) 29

*   15. Townsend, J.S. Motion of Electrons in Gases, Oxford (1925)

16. Braglia, G.L. et. al. Rep. Comitato Nazionale Energia Nucleare, Rom (1965); Phys. Letters 17A (1965) 26o

17. Ramsauer, C.,Kollath,R. Ann. Phys. 12 (1932) 529

* 18. Brown, S.C. Introduction to Electrical Discharges in Gases, New York (1966)

19. Alberth, W., Lorents, D.C. Phys. Rev. 144 (1966) 1o9

2o. Schrey, H. Diplomarbeit Bochum(1974)(unveröffentlicht)

* 21. Hirschfelder, J.O., Curtiss, C.F., Bird, R.B. Molecular Theory of Gases and Liquids, New York (1954)

* 22. v. Engel, A., Steenbeck, M. Elektrische Gasentladungen, Berlin (1932)

◊* 23. Allis, W.P. in S. Flügge, Handbuch der Physik, Band 21, Heidelberg (1956)

* 24. Chapman, S. and Cowling, T.G. The Mathematical Theory of Non-Uniform Gases, Cambridge (1953)

* 25. Joos, G. Lehrbuch der theoretischen Physik, Leipzig (1956)

26. Fowler, R.G. Proc. Phys. Soc. 8o (1962) 62o

* 27. Jahnke-Emde-Lösch, Tafeln höherer Funktionen, Stuttgart (1966)

* 28. McDaniel, E.W. Collision Phenomena in Ionized Gases, New York (1964)

◊* 29. Elford, M.T. in McDaniel E.W. and McDowell, M.R.C. Case Studies in Atomic Collision Physics II, Amsterdam (1972)

* 3o. Gilardini, A. Low Energy Electron Collisions in Gases, New York (1972)

31. Hornbeck, J.A. Phys. Rev. 83 (1951) 374

32. Lowke, J.J. Australian J. Phys. 16 (1963) 115

* 33. Townsend, J.S. Electricity in Gases, Oxford (1915)

34. Braglia, G.L.,de Munari, G.M., Mambriani, G. Report C.N.E.N. RT/FI (66) 35, Rom (1966)

◊* 35. Varney, R.N., Fisher,L.H. in Marton L. (Hrsg) Methods in Experimental Physics Vol. 7B, New York (1968)

36. Kunsman, C.H. Science 62 (1925) 264, J.Franklin-Inst. 2o3 (1927) 635

* 37. Tyndall, A.M. Mobility of Positive Ions in Gases, Cambridge (1938)

* 38. McDaniel, E.W., Mason, A.E. The Mobility and Diffusion of Ions in Gases, New York (1973)

*   39. Loeb, L. Basic Processes of Gaseous Electronics, Berkeley,
        (1961)
    4o. Biondi, M.A., Chanin, L.M. Phys. Rev. 94 (1954) 91o
◊   41. Beaty, E.C. Proc. 5. Int. Konf. Ionisationsphänomene in Ga-
        sen, München(1961), Band 1, p. 183, Amsterdam (1962)
    42. Hornbeck, J.A. Phys. Rev. 84 (1951) 615
    43. Varney, R.N. Phys. Rev. 88 (1952) 362
    44. James, D.R. et. al. J. Chem. Phys. 58 (1973)
    45. Schummer, J.H. et. al. Phys. Rev. A7 (1973) 683
    46. McDaniel, E.W., Crane, H.R. Rev. Sci. Instr. 28 (1957) 684
◊* 47. Branscomb, L.M. in Bates D.R. (Herausgeber) Atomic and Mole-
        cular Processes, New York, London (1962)
    48. Prelec, K. Sluyters, Th., Rev. Sci. Instr. 44 (1973) 1451
    49. Dubrovskii, G.V., Ob`edkov, V.D. Theor. Exp. Chem. 2 (1966)
        523
◊   5o. Dimov, G.I. Proc. II. Int. Symposium Ion Sources, Berkeley
        (1974)
    51. Döhring, A. Z. Naturf. 7a (1952) 253
    52. Chanin, L.M. et. al. Phys. Rev. 128 (1962) 219
◊* 53. Bates, D.R. and Dalgarno, A. in Bates D.R. (Herausgeber)
        Atomic and Molecular Processes, New York, London (1962)
◊* 54. Bates, D.R. Recombination, Case Studies in Atomic Physics
        4 (1974) Nr. 2
    55. Natanson, G.L. Sov. Phys. Techn. Phys. 4 (1959) 1263
*   56. Brown, S.C. Basic Data of Plasma Physics, New York (1959)
    57. Biondi, M.A. Phys. Rev. 129 (1963) 1181
◊* 58. Oskam, H.J. in McDaniel, E.W. and McDowell, M.R.C. (Heraus-
        geber) Case Studies in Atomic Collision Physics I, Amster-
        dam (1969)
    59. Biondi, M.A. und Brown, S.C. Phys. Rev. 75 (1949) 17oo
◊* 6o. Flannery, M.R. in McDaniel, E.W. and McDowell, M.R.C.
        (Herausgeber) Case Studies in Atomic Collision Physics II,
        Amsterdam (1972)
*   61. Hellwege, K.H. Einführung in die Physik der Atome, Heidel-
        berg (197o)
◊   62. Fano, U. in Hughes, V.W. et. al. (Herausgeber) Atomic PKy-
        sics, New York (1969)
◊* 63. Seaton, M.J. in Bates, D.R. (Herausgeber) Atomic and Mole-
        cular Processes, New York (1962)

64. Thomson, J.J. Phil. Mag. 6, 23 (1912) 449

◊* 65. Burgess, A. and Percival, I.C. in Bates,D.R. and Esterman, I.
(Herausgeber) Adv. in Atomic and Molecular Physics, Band 4
(1968)

◊* 66. Bates, D.R. and Kingston, A.E. ibid Band 6 (197o)

67. Redhead, P.A. und Gopalaram, C.P. Can. J. Phys. 49 (1971)
585

68. Pleasonton, F. und Snell, A.H. Proc. Roy. Soc. 241A (1957)
141

◊ 69. Bambynek, W. Proc. Int. Conf. Inner Shell Ionization Phenomena, Oak Ridge (1972) 8o

* 7o. Burhop, E.H.S. The Auger Effect, Cambridge (1952)

◊* 71. Ehrhardt, H. et. al. in McDaniel, E.W. und McDowell, M.R.C.
(Herausgeber) Case Studies in Atomic Collision Physics II
Amsterdam (1972)

72. Compton, K.T. und van Voorhis, C.C. Phys. Rev. 26 (1925) 436

73. Tate, J.I. und Smith, P.I. Phys. Rev. 39 (1932) 27o

74. Clarke, E.M. Can. J. Phys. 32 (1954) 764

75. Marmet, P. und Kerwin, L. Can. J. Phys. 38 (196o) 787

* 76. Laborie, P. et. al. Electronic Cross-sections and Macros-
copic Coefficients 1, Paris (1968)

◊* 77. Samson, J.A.R. in Bates, D.R. und Estermann, I.V.(Herausgeber) Advances in Atomic and Molecular Physics 2, London
(1966)

* 77a. Marr, G.V. Photoionization Processes in Gases, New York
(1967)

* 78. Venugopalan, M. (Herausgeber) Reactions under Plasma Con-
ditions, New York (1971)

* 79. Blaustein, B.D. Chemical Reactions in Electrical Discharges,
Washington (1969)

8o. Hornbeck, J.A. und Molnar, J.P. Phys. Rev. 84 (1951) 621

81. Kruithoff, A.A. und Penning, F.M. Physica 4 (1937) 43o

◊* 82. Rundel, R.D. und Stebbings, R.F. in McDaniel, E.W. und
McDowell, M.R.C. (Herausgeber) Case Studies in Atomic Collision Physics II, Amsterdam (1972)

◊* 83. Harrison, M.F.A. in Marton,L(Herausgeber) Methods of Experimental Physics 7A, New York (1968)

* 84. Kunze, H.J. Space Science Rev. 13 (1972) 565

85. Lotz, W. Report IPP 1/62 und 1/75 Institut für Plasmaphysik,
    Garching (1968)

◊ 86. Fuchs, G. IEEE Trans. Nucl. Sci. NS-19 (1972) 16o

87. de Hoog, F.J. Aanslag en ionisatie van edelgasen in Towns-
    endontladingen, Dissertation, Eindhoven (1969)

88. Engstrom, R.W.,Huxford, W.S. Proc. Phys. Soc. 64B (1951)
    397, 519

89. Schlumbohm, H. Z. Phys. 151 (1958) 563

* 9o. Raether, H. Electron Avalanches and Breakdown in Gases,
    London (1964)

◊* 91. Raether, H. in Ergebnisse der exakten Naturwissenschaften,
    Band 22, Berlin (1949)

92. Kruithof, A.A. Physica 7 (194o) 519

◊* 93. v. Engel. A. in S. Flügge (Herausgeber) Handbuch der Phy-
    sik, Band XXI, Heidelberg (1956)

94. Stoljetow, A.G.J. Journ. d. Phys. 9 (189o) 468

◊* 95. Mesyats, G.A. X. Int. Conf. Phen. Ion. Gas, invited papers,
    Oxford (1971) 333

96. Varney, R.N. Phys. Rev. 93 (1954) 1156

97. Kluckow, W. Z. Phys. 161 (1961) 353

* 98. Fünfer Neuert Zählrohre und Szintillationszähler, Karlsruhe
    (1959)

◊* 99. Brown, S.C. in S. Flügge (Herausgeber) Handbuch der Physik
    XXII, Heidelberg (1956)

loo. Varnerin, L.J. und Brown, S.C. Phys. Rev. 79 (195o) 946

lol. Gill, E.W.B. und v. Engel, A. Proc. Roy. Soc. , London
    A197 (1949) lo7

lo2. Hatch, A.J. und Williams, H.B. J. Appl. Phys. 25 (1954) 417

18   Sachwortverzeichnis

Mechanik

Becker: **Technische Strömungslehre**
Eine Einführung in die Grundlagen und technischen Anwendungen
der Strömungsmechanik. 3. Aufl. 144 Seiten. DM 12,80

Becker/Piltz: **Übungen zur Technischen Strömungslehre**
120 Seiten. DM 11,80

Becker/Bürger: **Kontinuumsmechanik**
Eine Einführung in die Grundlagen und einfache Anwendungen
228 Seiten. DM 29,– (LAMM)

Hahn: **Bruchmechanik**
Eine Einführung in die Grundlagen. 222 Seiten. DM 34,– (LAMM)

Magnus: **Schwingungen**
Eine Einführung in die theoretische Behandlung von Schwingungs-
problemen. 3. Aufl. 251 Seiten. DM 22,80 (LAMM)

Magnus/Müller: **Grundlagen der Technischen Mechanik**
300 Seiten. DM 25,80 (LAMM)

Müller/Magnus: **Übungen zur Technischen Mechanik**
292 Seiten. DM 25,80 (LAMM)

Wieghardt: **Theoretische Strömungslehre**
Eine Einführung. 2. Aufl. 237 Seiten. DM 2

Preisänderungen vorbehalten